水戸巌

原発は滅びゆく恐竜である

著作・講演集

まえがき

――小出裕章

◉――戦いの現場にこそ身を置いた水戸さん

本書のタイトル「原発は滅びゆく恐竜である」は、本書の「Ⅲ」にあるように、すでに35年前、『現代農業』1978年9月号に水戸さんが書いた論文「原子力発電は永久の負債だ、原発は原水爆時代と工業文明礼賛時代の終末を飾る恐竜である」から採られた。う〜〜んと唸りたくなるほど、水戸さんらしく、また原子力の本質を余すところなく捉えた表現だと思う。

その水戸さんは、原子力問題で本を書こうとしなかった。書いてくれればいいと願っていた。でも、私自身も本を書く余裕があれば、目の前にある問題そのものに取り組みたいとずっと思ってきた。私が、京都大学原子炉実験所に来てから、私は四国電力伊方原子力発電所の訴訟に加わったが、その訴訟の学者側の中心メンバーだった久米三四郎さんも、そんな一人だった。国家が原子力をやると決め、電力会社、巨大産業、マスコミ、学者、さらには裁判所までが一体となって原子力を進めた。それに抵抗する人たちももちろんいたが、圧倒的な少数者だったし、象と蟻の戦いにもならない苦しい戦いだった。一人ひとりが担わなければならない仕事は山ほどあったし、自分の著書を出すなどということに使う時間の余裕はなかった。私もそうであったし、それ以上に、水戸さんはそうだったに違いない。

水戸さんは何よりも戦いの現場に自分の身を置く人だった。日本中、世界中が原子力の夢に浮かれていた頃に、水戸さんは、原発に狙われた日本中の地域を駆け巡って、住民に寄り添おうとした。その上、水戸さんの活動は原子力問題だけでなく、国家によって虐げられている人すべての救援にも向かった。水戸さんが担った戦いの全体を本に残そうとするなら、きっと何十冊もの本になるだろう。やっと出た本書も、原子力についての水戸さんの講演活動、必要に迫られて折に触れて雑誌に書いた論文、東海第二原子力発電所裁判関連の文章などを集めたものであるが、それらは、水戸さんの活動のほんの一端を記したものにすぎない。それでも、第Ⅰ章の「原子力発電に関する17の質問と回答」では、原子力が持つ本質的な問題を簡潔にして、必要十分に書ききっている。30年も前にこれだけのことを書くことができる水戸さんという人がいてくれたことをありがたく思う。福島第一原発事故についても、第Ⅱ章、第Ⅳ章で具体的に記されているように、すでに水戸さんが予言していた通りの展開になった。その他の章にも、本質を鋭く見抜く水戸さんならではの表現が随所にちりばめられている。

たとえば、原子力発電所と呼ばれているものが、正しく表現するなら「海温め装置」であると、私は水戸さんから教えられた。本書に収められた講演でも水戸さんは原子力発電が効率の悪い蒸気機関であり、発生させたエネルギーのわずか三分の一だけが電気になり、本体である三分の二は捨てるしかないことを語っている。そして、どうやって捨てるかと言えば、海水を発電所に引き込み、その海水にエネルギーを棄てる、つまり海を温めていることを指摘している。そうした行為は、海で生きている生き物の側から見れば、殺戮行為であり、環境破壊そのものになる。今、悲惨な事故が進行中の福島第一原子力発電所も本当なら「福島第一海温め装置」と呼ぶべき代物だった。

●――原子力が夢の時代に

私が水戸さんと出会ったのは、1970年暮、あるいは年が明けた71年の正月、私がまだ東北大学の学生の頃だった。東京大学大学院を修了し、一時、関西の甲南大学で教鞭を執っていた水戸さんは、その頃すでに東京大学原子核研究所の助教授をされていた。当時は、日本中、いや世界中が原子力の夢に酔っていた時代で、大学の教員はみな原子力の旗を振っていた。原子力の安全性に疑問を持つ専門家はもともと少なかったし、仮になにがしかの疑問を持ったとしても、それを表明する専門家は皆無であった。私自身は1970年秋から東北電力女川原子力発電所に対する反対運動に参加していた。女川でぼろぼろの長屋を借りてビラを書き、海沿いに連なる小さな集落を回ってビラを配って歩いた。また、女川の町から原子力発電所まで淡水を送るための送水管の工事も行われるようになり、私は仲間とともに、工事現場で座り込んで工事の妨害をした。そんな中で数名の仲間が逮捕され、私たちは自分たちの行為が正当なものであることを示そうと、略式起訴を拒否し、原子力発電の是非を問うための正式な裁判を受けることにした。国を相手の裁判に協力してくれる学者・専門家はほとんどいなかったが、水戸さんは快くその裁判の証人になってくれた。小さな田舎の集落で開かれる小さな小さな集会にも来てくれ、住民たちに原子力発電の危険性を話してくれた。東北大学で開いた学生相手の講演会にも来てくれた。それも、貧乏学生だった私たちが差し出すほんのわずかの謝礼も受け取らない人だった。

それ以前から水戸さんはパートナーの喜世子さんとともに、国家から弾圧される人々のために救援連絡センターを創設し、その仕事も中心的に担っていた。彼は1986年末、厳冬の北アルプス剱岳で、双子の息子、共生さん、徹さんと一緒に遭難したが、私が水戸さんにお世話になった当初、彼らはまだ小学生だった。水戸さんは公的な仕事でも手を抜かない人だったし、私的な生活でも、子育てを含め自分の役割をきちんと果たそうとした人だった。水戸さんにとっては、公私に亘って膨大な仕事を抱え、身体がいくつあっても足りない毎日だったはずだ。それでも、水戸さんは一介の学生に過ぎない私たちに対しても決していやな顔をせずに、助力を惜しまなかった。

●――ついに起きてしまった福島第一原子力発電所事故と科学の在り方

本書の「Ⅱ」、「Ⅳ」にはチェルノブイリ事故についての水戸さんの報告が幾つか収録されている。その事故が起きた1986年に水戸さんは亡くなってしまったのだが、亡くなるまでに彼がしていってくれた分析の正しさは、四半世紀を経た今、立証された。2011年3月11日、福島第一原子力発電所の事故は起きてしまった。水戸さんは、福島原発と同型炉である東海第二原子力発電所の訴訟にも学者の中心メンバーとして関わった。本書に収められた論文にも示されている通り、破局的事故が起きる可能性について、工学的にも理路整然と指摘し続けた。また、大きな事故が起きた時に周辺で生じる被害についても、自ら計算プログラムを開発して警告を発し続けてきた。その警告の正しさは、福島原発事故が起きた今、事実によって裏打ちされた。真実は時の流れを超えて正しいし、水戸さんはずっと昔からそれを身に着けていた。もし、剱岳で倒れなければ、水戸さんは原子力発電所の破局的な事故を防ごうと、今日に至るまでずっと警告を発し続けてきたに違いない。

それでも、水戸さんが何とかそんな事故が起きる前に原子力を廃絶したいと願ったはずの福島第一原子力発電所の事故は起きてしまった。今、水戸さんが生きていれば、きっと無念の思いで空を仰いだだろう。

マハトマ・ガンジーが遺した遺訓に「七つの社会的罪（Seven Social Sins）」がある。

- 理念なき政治（Politics without Principle）
- 労働なき富（Wealth without Work）
- 良心なき快楽（Pleasure without Conscience）
- 人格なき知識（Knowledge without Character）
- 道徳なき商業（Commerce without Morality）
- 人間性なき科学（Science without Humanity）
- 献身なき崇拝（Worship without Sacrifice）

現在進行中の福島原発事故を見ると、政治・商業・学問・宗教などそれぞれの場で、この七つの罪のすべてが関係している。そして、水戸さんも私もそうであるように、私たちは科学に携わっている。科学は真実を知ろうとする試みだが、その結果が、原爆になることもあるし、原子力発電になってしまうこともある。しかし、ガンジーが指摘するように人間性のない科学など、百害あって一利もない。

本書第Ⅲ章の「原子力におけるエネルギーの諸問題」は、いかにも水戸さんらしい論文である。科学や技術に携わる人たちはともすれば自分の専門だけに閉じこもりがちで、自らの仕事と社会との関わりに目をつぶろうとする。しかし、科学や技術は常に社会の在り方と関係している。さらに、どんな技術を開発し利用するかは、どのような社会を求めるかということと不可分に結びついており、未来の社会を構想することそのものでもある。原子力という技術も、その本質的な性格を問うことこそ大切で、資本主義で使えば悪いが、社会主義、共産主義で使えばいいものだなどとは言えない。

もちろん、これからも真実を知りたいという人間の欲求は抑えることができないだろうし、科学的な営為も続くに違いない。しかし、大切なことはそれによって得られた科学的知識が、一人ひとりの生きる人間にとってどのように現われるかということである。科学者は昔も今も自分のやっていることは「真理の探究だ」と言って、それ以上のことには関わりたがらない。しかし、そんなことでは済まないのだということを水戸さんは教えてくれたし、科学や技術を社会全体の中に位置付けるという視野を忘れなかった。その上で、水戸さんは虐げられている人、社会的立場の弱い人たちと常に共にあろうとした。

●――生きる価値

人は誰も、ある時に生まれ、そして必ず死ぬ。生まれ落ちる場所と時代を自分で選べるわけではない。死もたいていの場合は自分で選ぶのではなく、突然にやってくる。自分で選べるのは生まれて死ぬまでの間をどう生きるかということだけである。

広辞苑で「反骨」を引くと、「権力に抵抗する気骨」とあり、「気骨」は「自分の信念に忠実で容易に人の意に屈しない意気」とある。つまり、「反骨」とは「自分の信念に忠実で、権力に屈せず抵抗する意気」のことであろう。水戸さんはまさにそうした人だった。

私に原子力のことを教えてくれた人はたくさんいる。もちろん大学で原子核工学を教えてくれた教員もたくさんいる。しかし、私が恩師と呼ぶ人は片手で数えられるほどしかいない。その一人が水戸さんである。頭脳明晰、論旨が明確で揺るがないなどは、科学の世界で重要なことで、もちろん水戸さんはそうだった。そして、すでに書いたように、水戸さんは、自分の携わる科学が社会的にどういう意味を持っているかを常に追求し、未来の社会の構想と一体のものとして科学や技術をとらえた稀有の人でもあった。そして、水戸さんが備えていた人柄はもう一つ重要な要素がある。それこそ、私が水戸さんを慕う何よりの理由で、それは、水戸さんが誰よりも優しい人だったからである。彼は、強いもの＝権力には決して屈しない一方、社会的に弱い立場の人たちに徹底的に優しかった。誰に対しても偉そうに接することが決してない人だった。

自分の信念に忠実に、53歳という若さの人生を駆け抜けた水戸さん。すでに私は、その歳を10歳以上超えてしまった。しかし、私は、水戸さん、水戸さん、水戸さん……と彼を呼んでしまう。

（２０１３年９月30日）

小出裕章（こいで　ひろあき）◉１９４９年東京生まれ。京都大学原子炉実験所助教。原子核物理学者。原子エネルギーに夢を抱き１９６８年に東北大学工学部原子核工学科に入学するも、女川原発立地住民と出会う中で原子力の持つ危険性と差別性に気づかされ、以来40年間、原子力の危険性に警鐘を鳴らす研究・発表活動に尽力。福島第一原発の事故発生以降も、情報が錯綜する中で事態の推移を的確に指摘し続けている。「隠される原子力・核の真実」（創史社）、「原発のウソ」（扶桑社新書）、「放射能汚染の現実を越えて」（河出書房新社）など著書多数。

水戸巌著作・講演集

原発は滅びゆく恐竜である――目次

I

反原発入門

『技術と人間　臨時増刊』1976年11月号掲載の誌上シンポジウムにて（写真提供：天笠啓祐氏）

17の質問にこたえる
原子力発電はどうしてダメなのか

ここに収められたQ&Aは『反原発事典シリーズⅠ』（現代書館、１９７８年４月刊）の巻頭文として収められている。

この本の最初のページには、「福島＝１９７７年」として、白血病におかされて病床に横たわる東電福島第一原発の下請け労働者、佐藤茂さん（当時68歳、１９７７年10月８日死亡）の、２ページぶち抜きの写真が目に飛び込んでくる。一瞬１９７７という数字は２０１１の読みちがえではないかと目を疑ってしまう。原発が抱える危険性は34年の月日を経てなんら変ることはない。

70年代後半ともなると、76年３月にはドイツ原発予定地で１万５０００人が建設阻止大会に集まり、５０００人が警官隊と衝突。７月にはコペンハーゲンからスウェーデンのバルセルベック原発に反対して、１万人がデモ。同じころフランスでは高速増殖炉スーパーフェニックスに反対する２万人デモが決行され、弾圧で負傷者多数をだす。11月にはドイツで３万人が抗議行動に立ちあがった。77年４月アメリカでも占拠闘争で１４１４名もの大量逮捕者を出して抗議している。デンマーク、イタリア、スイス、スウェーデン、オランダ、スペインと世界最初の反原発の大きなうねりとなって現れた時代だ（反原発辞典より）。

日本では77年９月、柏崎市役所前に「俺たちの土地と海は渡さない」として２０００人が集まり、『原発反対電調審の認可阻止現地大集会』がひらかれ、10月には「子供たちの未来をかけて」をスローガンに柏崎・福島原発阻止を掲げて東京で集会デモが行なわれた（反原発辞典より）。

世界的な運動の高揚に後押しされるようにして発行された『反原発辞典』。あとがきで編集者は「原発反対の運動をしていて、ビラを書いたりするときに、手元にあると一通りの用がたりる——そんなハンドブックが作りたい、というのがそもそもの編集の狙いだった。……」と書いている。35年を経た今も編集者の意図は生き続けている。


９つの電力会社の連合体である電気事業連合会では、『コンセンサス』（〝合意〟という意味）と名づけられたＰＲ誌を発行しています。１９７６年10月刊行の第9号は、「特集・原子力発電への33の質問」として、問答形式で原子力発電の安全性を宣伝するものでした。

その形式を借りて、芝浦工業大学の水戸厳さんに原子力の危険性を説明していただいたのが、以下の問答です。

01　原子力発電のしくみを簡単に教えてください
02　原子炉と原爆はどう違うのでしょうか
03　現在の原子力発電所で考えられる最大限の事故はどんなものでしょうか
04　非常用炉心冷却装置（ＥＣＣＳ）の有効性が問題になっていますが大丈夫ですか
05　新聞やテレビで「原子力発電所がとまった」というニュースを見聞きしますが、どういうことなのですか
06　わが国は地震国であるといわれていますが、大きな地震が起きても大丈夫でしょうか
07　使用済み核燃料の再処理とはどんなことですか
08　再処理工場から出てくる廃棄物の安全性や最終処分の方法はどうなっていますか

01　原子力発電のしくみを簡単に教えてください

火力発電はボイラーで石油や石炭を燃やしてその熱によって蒸気をつくり、蒸気の力でタービンをまわして発電しています。現在の原子力発電は、「石油や石炭を燃やす」かわりに、原子炉を用いて蒸気を作っているので、そのあとの「蒸気の力でタービンをまわし発電する」という点はまったくかわりありません。じつは、発生した熱のうちどれだけが電気にかわるかという効率の点では、[*1]**原子力発電は火力発電に大いに劣っています**（熱のうち電気にかわらなかった分は、おもに温排水によって環境へ棄てられますので、同じ電気出力の発電所では、原子力発電所による熱汚染のほうがはるかに大きいのです）。

ボイラー内では石油や石炭が酸素と化学反応をして熱が発生しています。それに対して、原子炉内では、「ウラン２３５」という物質の原子核が核分裂を起こしてそのさいに熱を発生しています。

ボイラー内の化学反応のときには、石油分子を構成している炭素、酸素、水素の原子核はまったく何の変化もこうむらないのですが、原子炉内での核分裂反応では、ウラン原子核が核分裂してしまうと、[*2]**ウランとは似ても似つかない別の元素**になってしまいます。しかも、これらの元素は核分裂という大変化をこうむったあとなので大変な興奮状態にあって、その興奮を放射能という形で外に表わします。放射能は生物に対して非常に有害に作用するので、核分裂によって生じた灰（分裂生成物）が「死の灰」と名づけられているのは、至極当然のことです。

◉原子炉のしくみ

原子炉はウラン235のような核分裂性の原子核を連鎖的に、しかもつねに一定数ずつ核分裂させ、そのとき発生する熱を取り出す装置です。そのために次のようなものが装備されています。

①**核燃料**　天然ウラン（ウラン235の含有率0・7%、ほかの99・3%は、一応核分裂しない――燃えない）や濃縮ウラン（ウラン235の含有率を2～4%に高めたもの）が使われます。軽水炉では濃縮ウランが使われています。

②**減速材**　ウラン235の核分裂はウラン235が中性子を吸収したときに起こります。そして核分裂のとき新たに中性子がとび出し、その中性子が、つぎの核分裂を起こすことになる。これが「連鎖反応」ですが、核分裂のとき発生した中性子は秒速2万kmという高速で、これでは、ウラン235に吸収されにくいので、このスピードを大幅に減速してやらなければなりません。この減速材として

核分裂のしくみ

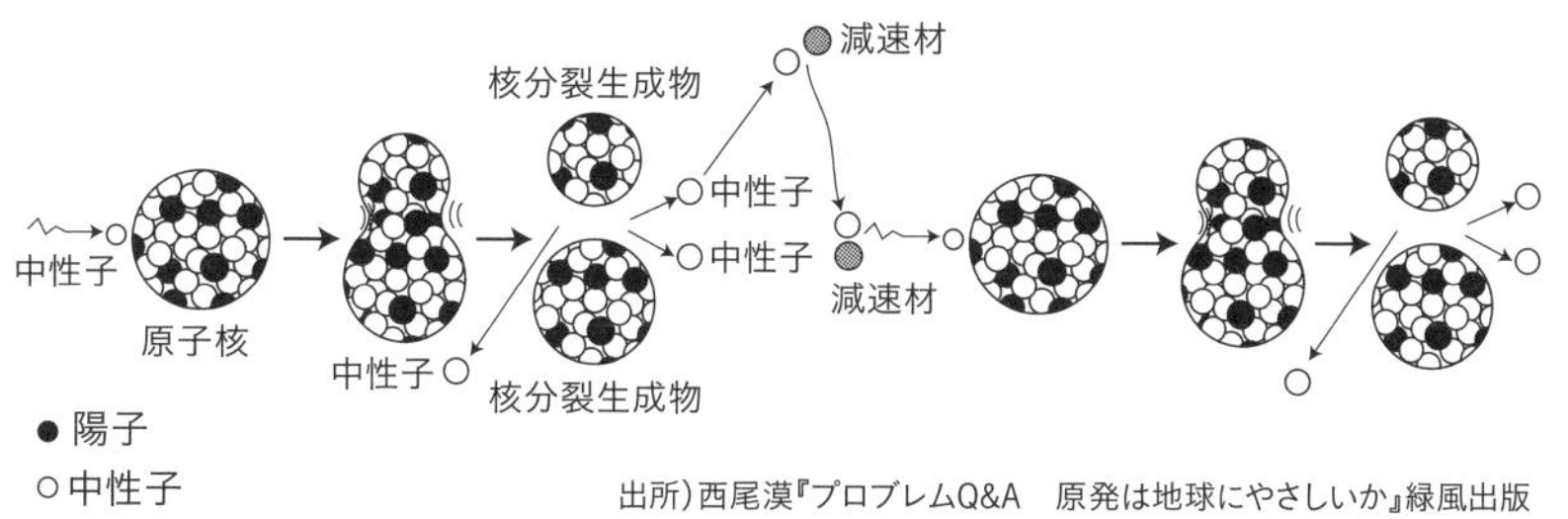

出所）西尾漠『プロブレムQ&A　原発は地球にやさしいか』緑風出版

は、黒鉛や軽水（ふつうの水）、重水（ふつうの水の水素が重水素におきかわったもの）などが使われます。軽水炉は、減速材に軽水を使用するので、そう名づけられているのです。

③冷却材　核燃料で発生する熱をたえず取り除き、燃料棒を一定の温度に保つために必要です。発電炉では、冷却材が運んできた熱で蒸気をつくりタービンをまわすのが目的です。軽水、炭酸ガスなどが使われています。軽水炉では軽水が使われおり、これがそのまま減速材にもなっています。

④制御棒　原子炉内の中性子の数を加減させ、発生する熱、したがって電気出力を加減します。制御材には、中性子を吸収しやすいホウ素やカドミウムが使われます。もちろん原子炉の停止のためにも使われます。

◉いろいろな原子炉

燃料、減速材、冷却材に何を使うかによっていろいろな原子炉の型があります。現在日本で商業炉としてもっぱら建設されている軽水炉は、濃縮ウラン―軽水―軽水の組み合わせですが、東海1号炉（コールダーホール型）は、天然ウラン―黒鉛―炭酸ガスの組み合わせです。

軽水炉では**沸騰水型**[*3]**（ＢＷＲ）**と**加圧水型**[*4]**（ＰＷＲ）**の2種類があります。沸騰水型は原子炉の中でいきなり蒸気を発生させ、この蒸気をタービンに導いています。このため、**環境**[*5]**への汚染は大きく**、また、炉材の損傷事故が頻発しています。

加圧水型は、原子炉内の圧力を１６０気圧という高圧にし、摂氏３００℃の水を蒸気にならないように抑えつけたまま炉および配管（これを一次系という）を循環させます。一次系の熱は蒸気発生装置で二次系に伝えられ、二次系の側で水が蒸気にかえられます。蒸気タービンをまわす蒸気は直接に炉内を通っていませんから、環境への放射能放出は抑えられますが、蒸気発生装置という余分なしかもはなはだやっかいな装置が加わったため、新たな困難が発生しています。蒸気発生装置の細管に簡単に穴があいてしまうのです。これでは、環境汚染がふえ

BWR（沸騰水型）原発の概念図

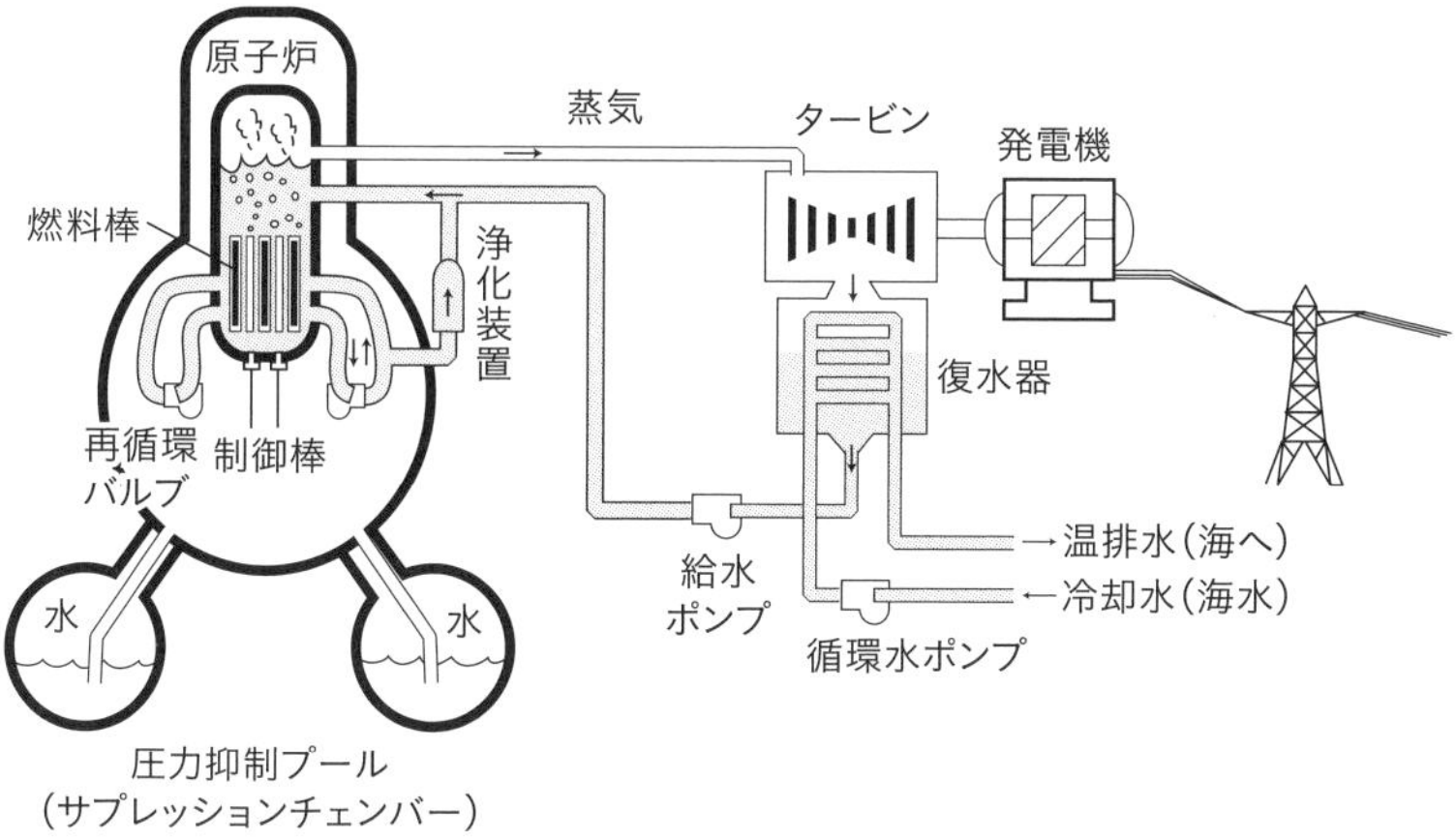

PWR（加圧水型）原発の概念図

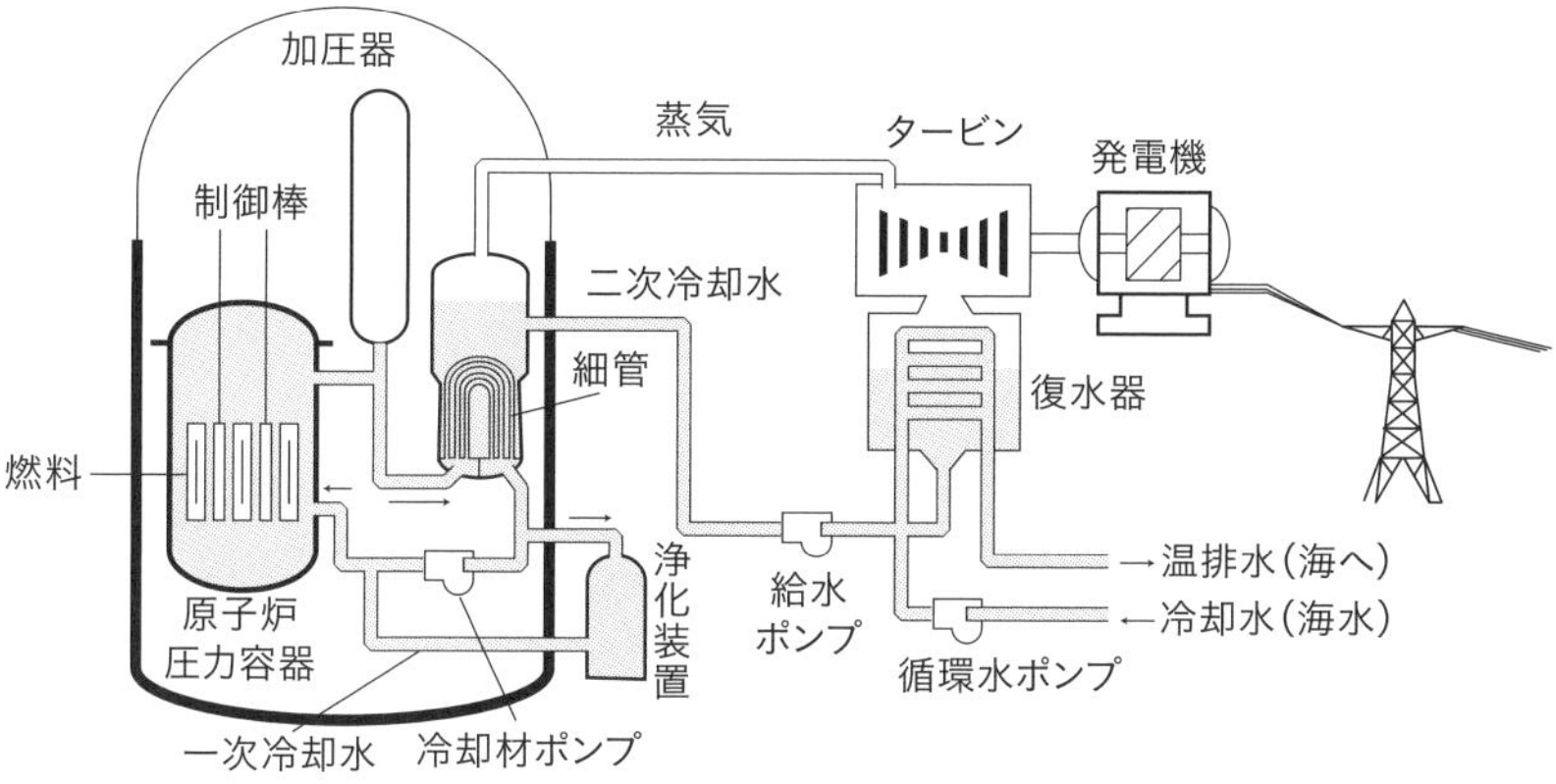

出所）西尾漠『プロブレムQ&A　原発は地球にやさしいか』緑風出版

てしまうだけでなく、冷却水が失われるという最悪の事故になりかねません。また、蒸気発生装置自体が、非常用炉心冷却装置（ＥＣＣＳ／Emergency Core Cooling System の略称）の作動を阻害する可能性もあります。

02　原子炉と原爆はどう違うのでしょうか

どちらも同じウラン２３５（やプルトニウム２３９）の核分裂の連鎖反応を利用している点では共通です。ただ、広島に落とされた原子爆弾は１kgのウラン２３５が１秒間の何百万分の１程度というごく短い時間のうちに核分裂した（と考えられる）のにたいして、原子炉のなかでは、同じ１kgが核分裂するのに約10時間という桁ちがいに長い時間かかっているという違いがあるのです。このため、原子爆弾の方は異常な高温度になり、そこから閃光《ピカ》や爆風《ドン》が発するのに対し、原子炉では、冷却材の効果もあり温度が３００℃程度に保たれています。また原爆では多量の中性子が放出されるのに対し、原子炉では大部分が外に出ないよう遮へいされています。

このような違いはありますが、時間の長短はあれ、１kgのウラン２３５が燃えれば、１kgの死の灰は出るわけですから、ほぼ10時間で広島の原子爆弾がふりまいたのと同じ量の死の灰が原子炉の中にたまり、１日に２〜３kgが蓄積されます。こうして、１年も運転をすれば約１トン、広島の死の灰の１０００倍程度が原子炉の中にたまっていることになるわけです。このように大量の危険物質を内蔵している工業施設はほかには例がないのであって、これが事故の巨大さや廃棄物処理の絶望的な困難さにそのまま直結するのです。

03　現在の原子力発電所で考えられる最大限の事故はどんなものでしょうか

現在、日本で商業用発電に使われている軽水炉では、燃料棒の中のウラン２３５の含有率は2〜4％で比較的少ないために、その原子炉が制御不可能な連鎖反応―原子爆弾のような―を起こしにくいと考えられます。

問題は、日常的に蓄積されている死の灰が何らかの経緯で環境にふりまかれないかということです。その経緯として、いく通りかが可能なのです。そのうちの一つは、炉心部を絶えず通過して炉心部を冷やし続けている冷却水が、パイプや原子炉容器そのものの破断によって失われてしまうという事態です。このような事態が、夢のような、絶対に起こりえない事態でないことは、従来の火力発電所の経験や最近の相次ぐ原子炉故障のなかではっきりしています。

さて軽水炉のばあいは、冷却材である水が失われると、幸いなことに核分裂の連鎖反応は自動的に停ってしまうのですが、燃料棒内の「余熱」および燃料棒内の死の灰が出しつづける熱（「崩壊熱」）によって燃料棒被覆は10秒の間に1000℃という高温に達し、水と反応し、ここで第三の熱「反応熱」を出します。これを防ぐためにECCSがありますが、それが10秒程度のあいだに有効に作動しなかったとすれば、温度はさらに上昇をつづけ、1800℃をこえれば、被覆が融け、2800℃では燃料全体が融けだします。その間に、金属と水の反応によって生じる反応熱が加速度的に加わってゆきます。こうして、100トンから200トン近い燃料全体が溶鉱炉の鉄のような溶融物と化して、原子炉容器の底に崩れ落ちてゆくでしょう（「炉心溶融」）。こうなってしまえば厚さ12㎝という原子炉容器も、コンクリートの格納容器ももはや、安泰でなく、発生しつづける熱や、容器内の圧力の増大によって破壊され、そこから大量の死の灰が外界に放出されてゆくことになります。

このようなことが明らかになったからこそ、非常用炉心冷却装置をとりつけることが義務づけられるようになったのであることを忘れてはなりません。

死の灰の放出によって生じる人的被害や土地汚染の規模は、死の灰の放出量、大気の状態、風速、人口分布などによって違ってきますが、一例として、1965年にアメリカ原子力委員会が行い、9年後にニューヨークタイムス紙に暴露された評価によると4万5000人の死者、ペンシルヴァニア州に相当する面積の汚染ということです。

人口密度がアメリカの7倍半という日本で、人的被害がもっと大きくなることは当然です。東海村で建設中の

110万キロワットの原子力発電所について行った災害評価の一例を挙げますと、死者7万ないし16万人、ガンや腫瘍など晩発性患者220万人。晩発性患者の70％以上が東京都の住民ということになっています。この一例だけでも、原子力発電所事故が100㎞以上の遠隔にまでおよぶこと、東京都の住民がじつは東海村原子力発電所の地元住民なのだということがわかります。

ここで述べた災害は、原子炉内の大量の死の灰の存在という争いようのない事実を根拠とし、

(1) 一次冷却水をまわすパイプの破断または原子炉容器の破断という現実に起こりえる事故、そして、

(2) ECCSが有効に作動しない、という二つの仮定のうえではかならず覚悟しなければならない、

ということに注意してください。日本の原子力委員会などは、この(1)(2)を「技術的見地からは起ることは考えられない」事態（または、それ以上起こりえない事態）として完全に無視してしまっていますが、それはマッカな嘘なのです。

04 非常用炉心冷却装置（ECCS）の有効性が問題になっていますが大丈夫ですか

現在建設されている原子力発電炉のほとんどは50万ないし**100万キロワット以上**[*6]ですが、このような原子炉で冷却水が失われるような事故（「冷却材喪失事故」）が起きてそのまま放置すれば、外界に多量の死の灰が放出され、甚大な災害になることは、はっきりしています（質問**03**）。そこで、冷却材喪失事故が起こったとき、10秒～15秒くらいの間に、大量の水を原子炉内に注ぎこみ燃料棒の温度が上がらないようにするため、ECCSをとりつけることが絶対不可欠の条件とされました。

しかし、何でもいいから原子炉内に水を入れればよいというわけではなく、燃料棒の温度が上がるのを防ぐという目的を果しているのでなければならないのは、いうまでもありません。

ところが驚くべきことに、現に運転中・建設中の原子炉にとりつけられているECCSが、燃料棒を冷やす

作用が本当にあるのかは、一度も実際にためされてはいないのです。このことは、『コンセンサス』9号（特集・原子力発電への33の質問）の『実際の原子炉（熱出力5万5000キロワットの加圧水型）を使って、1977年末から燃料を入れ、非常用炉心冷却装置の有効性を確認する段階にまできている』（傍点は引用者）という文章からもおわかりでしょう。熱出力5万5000キロワットといえば、普通にいう電気出力の数値に直せば、2万キロワットにも達しない小型のものです。それはよいとしても、「1977年末から……有効性を確認」といえば、未だ実験も行われていないということです。その結果が、イエスなのかノーなのかはまったくわかっていないのです。「取らぬ狸の皮算用」もよいところ。

1971年5月、アイダホ国立原子炉試験所でのECCSの有効性をためす実験の一部が、予想とはまったく喰いちがった結果を出して、世界中にショックを与えたことを記憶されている方もおられるでしょう。この結果というのは、せっかくの原子炉内に注入された水が、ほとんど炉心は通らず原子炉容器の壁ぎわを通って破断口から逃げ出してしまう、という恐るべきことだったのです。

前に引用した『コンセンサス』の同じページは「もともとこの実験は、非常用炉心冷却装置の有効性を直接確認するためのものではなく、計算コードと装置の整合を調べる予備テスト用のものだったのです」（傍点は引用者）と書いています。さすがに「有効性を確認するためのものではなく」と言い切れず「直接確認するためのものではなく」と苦しい言いまわしをしています。しかしもっと大切なことは、後半分にあります。この文章は、みずから1971年の実験が「計算コードと装置の整合」が「予備テスト」で否定されたことを告白しているわけです。なぜそれが重大なのか。

現在、ECCSの有効性が実験でたしかめられていないことは前述のとおりです。そうすると、原子力発電所設置の是非、安全かどうかの審査は、何をもって「安全だ、ECCSは有効だ」、という判定を下す「たとえば、「国の安全審査においては非常用炉心冷却装置の安全評価指針に基づき厳しい評価が行われ、その安全性が確認されています」(『コンセンサス』)となっていますが」のかと、誰しも不思議に思うでしょう……。さあおわかりになったでしょうか。それがじつは「計算コード」なのです。その「計算コードと装置の整合」が否定されたことが何を意味するかは説明するまでもありません。アメリカではＥＣＣＳの有効性、したがって発電炉自体の安全性に深刻な不信が表明され、１年間におよぶ公聴会が開催されました。証人として喚問された研究者や責任者はきわめて率直にＥＣＣＳの機能について疑念を述べたのです。

この「事件」のあと、ＥＣＣＳの機能の基準や、計算コードについて変更が加えられましたが、事態の本質は何ら変わったわけでなく、１９７５年にアメリカ物理学会が発表した検討でも、計算コードの近似の度合いや安全余裕の見積もりに、大きな凸凹があることが強く指摘されています。

さきに書いたように、何よりも、実際を模した実験が行われていない現実があるわけですが、そのなかで、強引に安全審査が行われ、原子力発電所が運転されてしまっているのはおそるべきことです。

なお、電気事業連合会の文書などで、しばしば「同じ働きをする幾通りもの系統の装置が取り付けられており」などと述べられていますが、もともと無効なものをいくつくっつけても甲斐はないでしょう。しかも、最近の多くの例で、ＥＣＣＳのパイプの取りつけ箇所に亀裂が入っている故障が生じており、事故を防ぐための措置が事故の原因になりかねない、という悲喜劇になっています。

また、１９７５年アメリカのブラウンズフェリー原発の火災事故では、「多重」のはずの非常用炉心冷却装置が全部動作不可能になり、炉心溶融寸前までいったのでした。

05　新聞やテレビで「原子力発電所がとまった」というニュースを見聞きしますが、どういうことなのですか

この質問は『コンセンサス』９号の13ページの設問をそのままいただいたものです。そこでの答の最初の部分はつぎの通りです。

「最近、２〜３の発電所で、原子炉の水を循環させる装置（再循環系）のパイプに〝ヘアークラック（毛のような小さな割れ目）〟とか〝にじみ〟とかで表現される異常が発見されたため、原子炉をとめて点検、修理をするということが起こり、新聞にも取りあげられました。また、アメリカで非常用炉心冷却装置（ＥＣＣＳ）の配管に小さなヒビ割れが発見されたということで、わが国でも同じ型の原子炉の総点検が行われました」。

「最近」というのは、１９７４年９月の敦賀、福島１号炉、浜岡１号炉での再循環パイプのヒビ割れ事故を指しているようです。「またアメリカで……」では、わが国での総点検の結果どうだったのか一言半句も書いていませんので、ここに補足しておきましょう。敦賀および福島１号炉で、アメリカで起こったのと同じヒビ割れが発見されたのです。それは、『コンセンサス』が無視してよいほど小さな亀裂だったのでしょうか。いいえ、いいえ、福島１号炉でのヒビ割れの大きさは、長さは７・９cm、５・０cm、３・９cm、敦賀では、外表面で長さ１・５cmのヒビ割れが肉厚の約１cmの管を貫通し、内面での幅が０・４cmというヒビ割れだったのです。

この文章についてもう一つ言っておく必要があります。「最近、２〜３の発電所で……」という書き出しで、こちらの方の故障は、日本で自然に発見されたかの印象を与えられますが、じつは、この再循環パイプのヒビ割れもまずアメリカで発見され、その通報に基づく総点検の結果はじめて発見されたので、二番目のほうのＥＣＣＳの配管のヒビ割れ発見の過程と何ら変わることはありません。

なぜ、両方ともアメリカからの通報ではじめてわかったと書かなかったのでしょうか。それは、この文章のあとで「多少でも原子炉の水がも

敦賀原子力発電所

れるようなことがあれば、すぐ発見できる」と書いていることと完全に矛盾してしまうからでしょう。

一事が万事、『コンセンサス』はじめ電力会社や電気事業連合会の装飾美麗な宣伝誌や広告文はこういう巧妙な「まるまるウソとはいえないウソ」で充満しています。

さて、冒頭の文章のあと、加圧水型発電炉の致命傷になる蒸気発生器細管の減肉、漏洩事故について、これも「ごく小さな」とか「わずかに」などの修飾辞をつけて言及しています（実際は、原子炉本体よりも大きいこの蒸気発生器は美浜ではそっくり廃棄・交換されることになっています）。

さてその次に「しかし原子力発電所がとまる場合の事故や故障の多くは、原子炉と直接関係のない電気系統や機械類で起こったものです」となっています。

じっさいに１９７０年はじめの敦賀発電所操業以来の炉停止事故を調べますと、この記述どおりではないことがわかりますが、それはさておいて、最初に引用した文章が触れている１９７４年９月の沸騰水型発電炉の配管のヒビ割れ事故以後の事態がそれ以前と一変してしまっていることがわかります。すなわち、このあと、配管、原子炉容器自体という冷却材喪失事故に直接結びつく一次系の損傷が続発しているのです。配管容器の直接損傷の事故を並べて見ましょう。

74年9月　敦賀、福島1号、浜岡……再循環パイプのヒビ割れ

福島第一原子力発電所（1975年当時）

75年2月　敦賀、福島1号……ECCS配管のヒビ割れ
77年3月　敦賀、福島1号、同3号、島根……圧力容器（制御棒駆動水戻しノズル部分）ヒビ割れ
77年同月　福島1号、浜岡（未公表）……圧力容器（一次冷却水給水ノズル部分）ヒビ割れ

1、2の炉に偶然におきたことでなく、沸騰水型炉に共通していっせいにおきていることが重要です。この種の事故は、決してありふれたことでもなく予想されたことでもありません。『コンセンサス』は、これらの原因がすべて〝**応力腐食割れ**〟[*7]であるかのような書き方をし、ついで「こういうことは技術的に見て、ある程度はやむをえないといわれています」と述べていますが、第一に本当の原因がわかっていないのであり、第二にこんなに頻々とおこるとは、誰も予想していなかったのです。もし予想していれば、だれもこんな炉を作りはしなかったでしょう。なぜなら、強い放射能にさらされた修理は尋常な作業ではなく、修理のための停止は何カ月にも及ぶのですから。

沸騰水型炉は、運転後わずか2〜3年でパイプ、容器の材料に共通の欠陥が露呈し始めたのです。長さが10㎝にもおよび、深さが管の肉厚を貫通するようなヒビ割れを放置しておけば、それが、冷却材喪失事故に結びつくことは容易にわかるでしょう。

意図的に放置することはありえないことですが、現実は、アメリカの通報で総点検して、はじめて発見しているのですから、「多少でも水が漏れることがあれば、すぐ発見できる」というのは、まったく現実と反しています。

その修理も容易なことではありません。強い放射能にさらされての作業です。表向きは、「従業員の安全管理」がうたわれていますが、一番危険な作業は、下請けのまた下請けに任されており、その被曝実態はヤミに包まれています（くわしくは質問**15**に後述）。

06　わが国は地震国であると言われていますが、大きな地震が起きても大丈夫でしょうか

◉地震とはなにか

第一にはっきりしていることは、大地震が原子炉の最大事故を惹き起こしうるもっとも大きな可能性をもっていることです。つまり大地震こそは、原子炉の巨大な危険性を現実化させるものだ、ということです。直下型大地震による不等沈下などの事態下では、パイプ破断は起きたが非常用冷却装置は作動するなどということは夢物語になってしまうでしょう。

第二にはっきりしていることは、日本列島全体は南北米大陸の西岸とともに、世界第一の地震地帯だということです（**図1**）。地震国日本に住んでいる私たちにとって、大地が揺れ動くということは、日常的な事件になっていますが、ヨーロッパ、南北米大陸の中部東部、ロシア等、世界の大部分の人びとには一生に一度も経験しない奇怪な事実なのです。サンパウロなどにそそり立つ高層ビルは、その地であるからこそであって、東京へでももってきたら他愛もなく崩れてしまうシロモノです。

日本は、世界の中でのまったくの特殊地帯なのだということを抜きにして、地震のことを論ずるのは、こっけい至極です。

もう一度**図1**をごらん下さい。1960年代以降、地震原因説として登場し、最近の地震学界の主流にのしあがってきたプレートテクトニクス説が、この巨大地震の分布を鮮やかに脱明していることがわかります。巨大地震の大部分が、地球の表面直下にあって一つの層をなし、流動循環している「プレート」と「プレート」がぶつかり合うプレート境界上に位置していることがわかります。そして、日本列島は、ユーラシア大陸を支える地殻の最東端に位置し、太平洋をその上に浮かべているプレートは、この地殻にぶちあたり押し下げられ、日本海溝から下へもぐりこむという運動をくり返している（**図2**）、というのです。日本海溝は地表面の巨大な割れ目な

のです。

　このようなモデルによって地震エネルギーの蓄積と、その解放（地震）の周期性も鮮やかに説明され、これが[*8]**最近年の地震予知に大きな力を発揮**していることは、ご存知の通りです。

◉地震の大きさと震度

　地震そのものの大きさは、マグニチュードであらわされ、東京なら東京という1地点におけるその影響の大きさは震度であらわされます。震度には、激震（震度7）、烈震（震度6）……などという定性的ないいあらわし方が用いられてきましたが、最近ではもっと定量的に、地面の揺れ動く運動の最大加速度であらわされるようになってきました。加速度の単位に「ガル」という単位（加速度という概念の発見者ガリレオ・ガリレイにちなんでつけられた）が用いられますが、たとえば、10トンの重量物が100ガルの加速度をもつと、およそ1トン重の力を及ぼすことになります（1トン重は1トンの物をもち上げるのに必要な力）。

　表1に、最近起こった大地震の大きさと観測された震度（最大加速度）を掲げておきます。

　このように、比較的小さな地震でも震源が近ければ

図1　巨大地震の分布とプレート境界

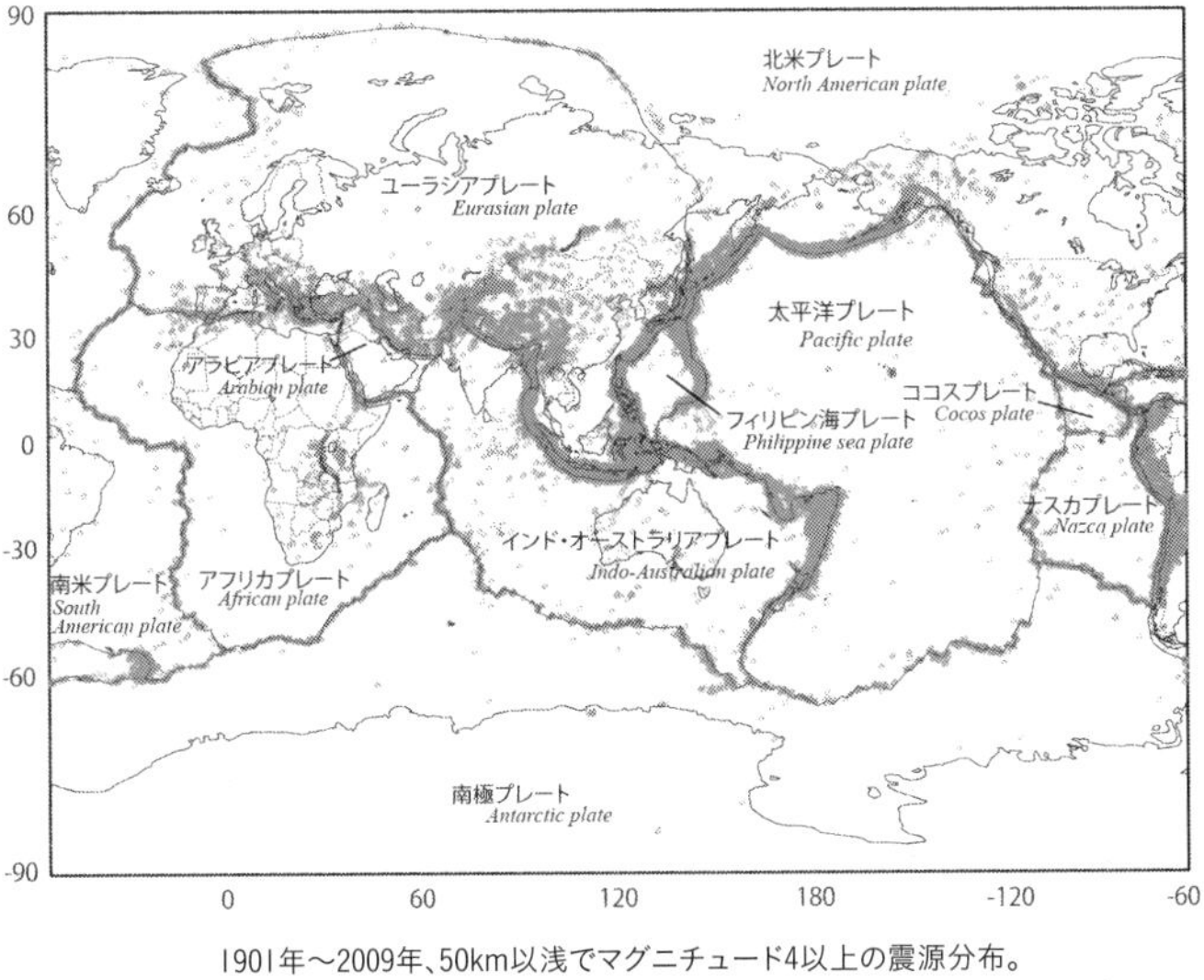

1901年～2009年、50km以浅でマグニチュード4以上の震源分布。
1963年までは、エングダルらのカタログ、1964年以降は米国地質調査所PDEカタログより。

1000ガル以上の激しい効果を与え、日本でも400ガル、500ガルといった大きな加速度が実際に観測されています。

◉これに対して、原子力発電所は、どのような最大加速度に耐えるように設計されているでしょうか

日本の原子力発電所では「**設計用地震加速度**[*9]」を想定し、その地震に対しては、「その機能喪失が原子炉事故をひき起すおそれのあるもの」、つまり原子炉格納容器や一次配管などは耐えうるように設計する、と決めています。いいかえればこの地震までは大丈夫という値です。その値は、浜岡、美浜の300ガルが最高で、福島、東海第2号炉の180ガル、そして東海1号炉の100ガルが最低となっています。

この値を**表Ⅰ**の現実に起きている地震とくらべて下さい。こういうと「**表Ⅰ**の値は軟弱地盤上の値だ。原発は岩盤上にたてることになっており、岩盤上のガル値は、軟弱地盤上の値の半分くらいになる」という弁明がされるかもしれません。しかし半分だという保証はありません。また、**表Ⅰ**の下のほうに記載されているように、福井地震や新潟地震では、岩盤上でも、400ガル以上と推定されるのです。さらに、原子力発電所の設計では、上下動の加速度は水平動の2分の1と一律にきめていますが、**表Ⅰ**の一部に示したように、上下動の加速度（したがって力）が水平動の2分の1以上になっている例はざらにあるのです。

何よりも驚くのは、このような基準が、地震大国、日本の独自な研究成果の上に作成されているのではなく、

図2　プレートテクトニクスと地震

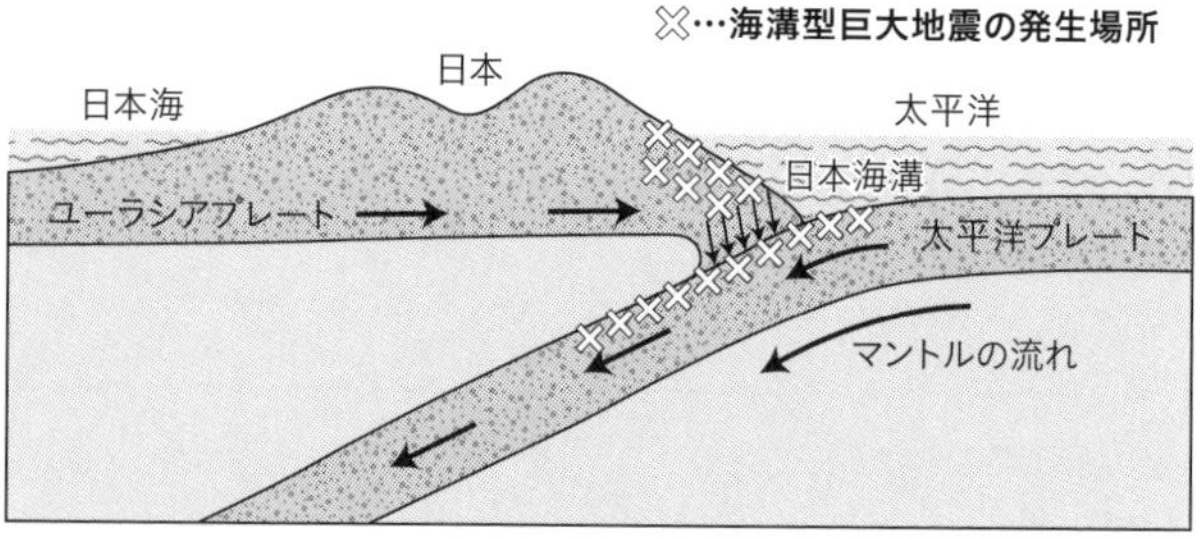

米国の基準のやき直し、それをさらに過小評価したものになっている（後述）ということです。原子力委員を辞任後の田島英三立教大学教授は「委員になってもっとも驚いたことの一つは、世界に誇れるはずの耐震設計があまりにも貧弱なことだった」と述べています（京大の講演会で）。

『コンセンサス』は「重要な構造物は、すべて建築基準法に定められた耐震強度の３倍の強さに設計してあります」と誇っています（この値が最高３００ガルです）が、建築基準法（１９５０年制定）は、どうしょうもないほどの時代遅れの規定であり「ある程度の破壊は許す」という哲学に基づいて作られているもので、これを土台とするということ自体がどうかしているのです。

◉諸外国の実情

ヨーロッパや米国東部が比較の対象にならないのは、この質問のはじめにのべた通りです。比較の対象になるのは米国西岸ですが、第一に建設中のものを含め六基（運転中は2基）ほどしかありません。米国全体の７％以下です。第二に、米国では、最新のプレートテクトニクス説の強い影響のもとで、地震の要因として「活断層」を重視しています。そして、ボドガ・ベイ発電所、マリブ発電所の２基が、計画発表後発見された断層が「活断層かもしれな

表1

名称	年	大きさ（マグニチュード）	水平加速度（ガル）（測定場所）	上下加速度（ガル）
コイナ	1967	7.0	440	350
サンフェルナンド	1971	6.4	1030（パコイヤダム）	696
松代	1966	5.4	540（保科）	
豊後水道	1968	6.6	437（宇和島）	140
日向灘	1968	7.5	375（宇和島）	
インペリアルバレー	1940	7.1	326（エル・セントロ）	230
福井	1948	7.3	400〜600（岩盤上推定）	
新潟	1964	7.5	390（同上）	
南海	1946	8.1	400（同上）	

い」との理由で、計画を断念させられています（それぞれ、1963年、1973年）。

運転中の**サン・オノフレ発電所**[*10]での『設計地震加速度』は660ガルという値をとっています。もっとも660ガルに対応した耐震設計が本当に可能なのかどうか疑問があるところで、事実上は、**設計可能な値は**[*11]**600ガルどまり**ではないかといわれています。

いずれにせよ、米国西岸以上の地震地帯である日本の300ガルという値の低さが目立ちます。

さらに「活断層」無視の結果として、日本列島の最大の中央構造線（**図3**）沿いの愛媛県伊方に、原子力発電所が建設され運転を開始しようとしています。中央構造線はその規模といい、その活動の活発さといい、1906年のサンフランシスコ大地震（マグニチュード7・8）の原因と考えられるサンアンドレアス断層に匹敵する大断層ですが、これに起因する大地震が、歴史上起こっていないのは事実です。しかし、大断層に起因する巨大地震が起こる周期は、長いのが法則ですし、「歴史上」というのがせいぜい一千数百年であることを考えれば、中央構造線が巨大地震を準備しているということは、ほぼ確実でしょう。

図3　中央構造線とフォッサマグナ

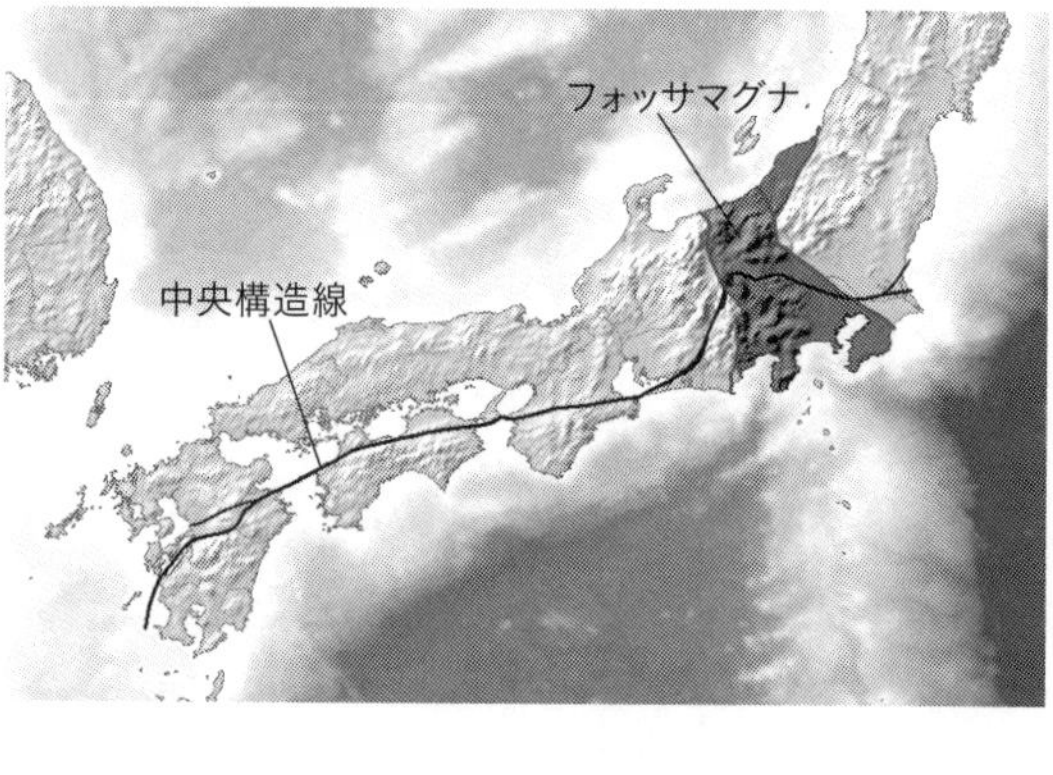

残念ながら、伊方原発の審査が開始された1972年頃には、中央構造線のこのような性格がようやく学界内で注目されはじめたばかりだったのです。現在の最新の知見のもとで安全審査をやり直すのが当然でしょう。

新潟県の柏崎（ごく最近77年8月に安全審査許可となった）でも同じことが起こっています。予定地は羽越活褶曲地帯の中にあり、東京電力のボーリング調査の結果から判断しても活断層の存在する証拠があり、多くの文献にも活断層の存在が示唆されているのです。
また、プレートの動きから、数年以内に静岡大地震がおこると予想されている地域のド真中にある浜岡原子力発電所の存在と運転が、そのままつづけられているなどは言語道断というほかはありません。

◉――この項については、文献１（本稿脚注）の荻野晃也氏の論文を参照しました。

07　使用済み核燃料の再処理とはどんなことですか

原子力発電所である程度使用した核燃料の中には、もえかすの死の灰がたまり、ウラン２３５の燃焼（核分裂）を阻害しますので、ウラン２３５が燃えつきる以前に死の灰を除去する必要が生じます。それが「核燃料の再処理」ですが、じつは、そのとき、もともとは燃えないウラン（ウラン２３８）が変わって、新たに生じたプルトニウム２３９をとり出すという副産物がつきます。いま、副産物と書きましたが、歴史的に言えば、このプルトニウム２３９の生産こそが、世界最初の原子炉と再処理工場の運転の目的であったのです。もういうまでもなく、長崎に落とした原子爆弾の製造のために、です。

ここまで述べてきたことだけから、つぎのようないくつかの大変な問題が派生してくることが、すぐわかります。

第一に、それまで燃料棒の中に密閉されてきた死の灰がすべて開放されるのですから、工場施設内および環境へ放出される死の灰の量は、原子力発電所自体に比べて格段と多くなること（再処理工場による放射能汚染）。

第二に、純粋にとり出されたプルトニウム２３９は、原子爆弾の材料になるくらいですから、核燃料とはちがって、連鎖反応事故を起こす可能性があること（再処理工場の危険性）。

第三に、純粋にとり出されたプルトニウム２３９は、容易に原子爆弾の製造に転用されること（核武装、核拡散）。

再処理工場からえられたプルトニウムを使ってインドが原爆実験を行い、世界中を驚かせたこと、米国の現カーター政権が、再処理工場を通しての核拡散を恐れてその稼動の制限を打ち出したことは、周知のとおりです。

第一、第二の問題も、第三の問題に劣らず深刻です。米国では、唯一の民間再処理施設であったＮＦＳが環境をひどく汚染してしまい、ニューヨーク州当局の厳しい警告を受けたのち、工場拡大を口実に操業を中止してしまい、また、ゼネラル・エレクトリックス社が完成した再処理工場は、その危険性を伴う欠陥のゆえに操業開始を断念してしまいました。

現在、米国で民間の再処理工場はまったく運転されていないのです。イギリスのウィンズケールも、プルトニウムを回収する部分でわずかながら臨界状態になるという事故を起こし、１９７３年以来運転を中止しています。

ただひとつフランスの**ラ・アーグ再処理工場**[*12]が動いていますが、その環境汚染はいちじるしく、ラ・アーグの周辺の30㎞の範囲内で水産物中の放射能濃度が、創業開始10年のあいだに約4倍になってしまっています。

ラ・アーグ再処理工場

東海村の再処理工場は、その設計上の放出量だけ見ても、原発のそれにくらべて数10倍から数１００倍が「認め」られていますし、そのための敷地周辺での空中放射線量の増加は０・３２ミリシーベルト／年と、原子力発電所のばあいの同じ量にくらべて6〜10倍も高い数値が見積もられて許可されているのです。

再処理工場の危険性について、さきには、プルトニウムの連鎖反応事故（制御できない分裂反応）の可能性を挙げましたが、じつはそのほかに、再処理工場には一般の化学工場と同様、さまざまな薬品を使用することにともなう危険性をもっており、この一般的危険性が、放射線をともなうことによってさらに増大されているのです(化学物質の放射線分解や強放射能のため監視がゆき届かないことなど)。このため、再処理工場では大量の被曝事故が相次いでいますし、被曝による死亡事故も起きています(1958年ロスアラモスなど)。

また、最近1973年9月にはイギリスのウィンズケール再処理工場では35人の作業員が多量の放射能ガスを吸入するという事故を起こし、これが操作ミスなどではなく施設自体の不備であることがわかり、それ以後、操業ストップに追いこまれています。

再処理工場は、当然、何基分かの原子力発電所の燃料——それもたっぷりと死の灰を含んだもの——を処理するわけですから、原子力発電所1基あたりのもつ死の灰の何倍かの死の灰を抱えこんでいます。比較的小さな東海村再処理工場でも10基分ほどを抱えこみます(寿命の短い放射性物質は減衰していますが、セシウム137とかストロンチウム90など半減期の長い問題核種は、ほとんど減衰しないので)。そのため、再処理工場の潜在的危険性は、原発にくらべてはるかに大きくなります。

最近西ドイツの原子炉安全研究所が評価した(1976年8月)最大限事故の内容が暴露されました。西ドイツで計画されているものは、年間処理能力1400トンというもので、東海村のそれの7倍ほどのものですが、これによると、「風向きによっては死者は3000万人にのぼる」というのです。

この数は東海村の規模にしたばあい、少くとも100万人に相当するものと思われます。詳しくは文献の原子力資料情報室発行『核燃料再処理工場』をごらん下さい。

08　再処理工場から出てくる廃棄物の安全性や最終処分の方法はどうなっていますか

再処理工場からは、

①核燃料棒の中に蓄えられたすべての死の灰(分裂生成物)

②プルトニウム239をはじめとした長い半減期をもった各種の超ウラン元素

この二種類の放射性廃棄物が出てきます。後者は、燃料の中の燃えないウラン238が中性子を吸収してできたもので、このうちプルトニウム239は新しい核燃料または原子爆弾の材料として回収されますが、現段階では0・5%が回収しきれず廃棄物となっています。プルトニウム以外の超ウラン元素の大半は最終廃棄物とされています。

これらの放射能廃棄物は、原子力発電所から出てくる廃棄物とは比較にならないきわめて高放射能と毒性をもち、その毒性は約400万年にわたって持続されます（今から400万年前ってどんな時代だったでしょう）。核分裂生成物のうち寿命が長く毒性の高いものは、原爆の死の灰でもおなじみのストロンチウム90やセシウム137ですが、これらの毒性が無視できるようになるまでに約800年かかります。

超ウラン元素の大部分は、動物の骨に沈着しやすく、また、アルファ線という放射能のうちでも生体にとってもっとも害のある放射線を出すので毒性の高いものですが、さらにその半減期は、プルトニウム239の2万4000年など、きわめて大きいのです。しかも廃棄物になってあとの**元素のうつりかわり**[*13]**によってプルトニウム239の量は漸次増加**し、1万年後には最初の2倍になり、以後漸減してゆくという経過をたどるので、その毒性が無視できるようになるまでには、数百万年という途方もない時間がかかるのです。

これらの毒性の根拠は、原子核という物質のもっとも奥深いところにあるので、これを変化させ無害化させることはきわめて困難です。世にある毒物、青酸カリにしても、あるいはコレラ菌にしても、いかに大量にあっても、これを分解したり熱で殺してしまえば、何の変哲もない無害な物質に変えることができます。放射能はそう手軽に無害化できません。

この廃棄物をどうしようとするのか。たとえば『コンセンサス』は、「この廃棄物は人類の生活圏から隔離されたところに安全に管理・処分されることになります」と書いています。

再処理工場の事故史

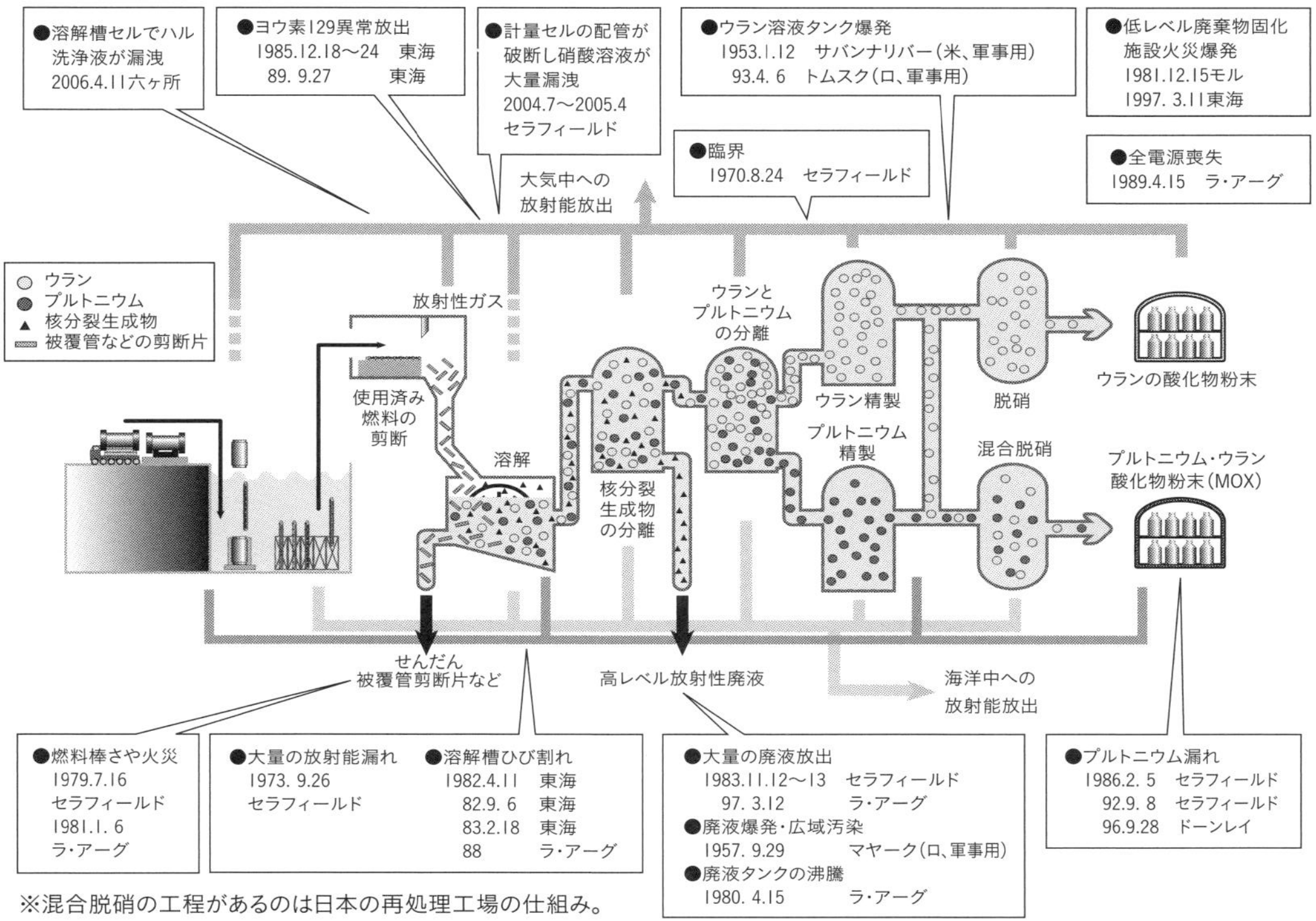

●溶解槽セルでハル洗浄液が漏洩
2006.4.11六ヶ所
●ヨウ素129異常放出
1985.12.18〜24　東海
89. 9.27　東海
●計量セルの配管が破断し硝酸溶液が大量漏洩
2004.7〜2005.4
セラフィールド
●ウラン溶液タンク爆発
1953.1.12　サバンナリバー(米、軍事用)
93.4. 6　トムスク(ロ、軍事用)
●低レベル廃棄物固化施設火災爆発
1981.12.15モル
1997. 3.11東海
●臨界
1970.8.24　セラフィールド
●全電源喪失
1989.4.15　ラ・アーグ
大気中への放射能放出
ウラン
プルトニウム
核分裂生成物
被覆管などの剪断片
放射性ガス
使用済み燃料の剪断
溶解
核分裂生成物の分離
ウランとプルトニウムの分離
ウラン精製
プルトニウム精製
脱硝
混合脱硝
ウランの酸化物粉末
プルトニウム・ウラン酸化物粉末(MOX)
せんだん
被覆管剪断片など
高レベル放射性廃液
海洋中への放射能放出
●燃料棒さや火災
1979.7.16
セラフィールド
1981.1. 6
ラ・アーグ
●大量の放射能漏れ
1973. 9.26
セラフィールド
●溶解槽ひび割れ
1982.4.11　東海
82.9. 6　東海
83.2.18　東海
88　ラ・アーグ
●大量の廃液放出
1983.11.12〜13　セラフィールド
97. 3.12　ラ・アーグ
●廃液爆発・広域汚染
1957. 9.29　マヤーク(ロ、軍事用)
●廃液タンクの沸騰
1980. 4.15　ラ・アーグ
●プルトニウム漏れ
1986.2. 5　セラフィールド
92.9. 8　セラフィールド
96.9.28　ドーンレイ

※混合脱硝の工程があるのは日本の再処理工場の仕組み。

原子力資料情報室作成

４００万年にもわたって「人間」（という動物が存在しているとして）が管理するなどということを本気に考えているわけではないでしょうから、いつかは人間の手から離れた隔離をすること（これを「管理」と区別して「処分」という）を考えることになります。そして岩塩坑、南極氷、深海溝、さらに宇宙ロケットによる太陽へのぶちこみに至るまで、さまざまな案が提出されますが、いずれも調査が進むと、ノーの材料が出てくるという状態です。そこで「たとえば、高レベルの放射性廃棄物に中性子をあてて、〃原子核を変換させ〃放射線の出ないものにかえてしまう〃放射能消滅処理〃の研究もその一つです」と、放射能消滅処理に大きな期待が寄せられてきているのです。

　これは、現在のプルトニウム回収率99・5％を99・999％にし、その他の超ウラン元素（アクチナイド）も同じく回収してしまい、最終廃棄物中の超ウラン元素の毒性を１０００分の１程度にしてしまう、回収した超ウラン元素は、高速中性子炉の中で燃やして（核分裂させて）しまうというものです。

　回収率99・5％を99・999％にたかめる（未回収率0・5％を５００分の１の０・００１％に下げる!!）ことに原理的な困難はないとしても、現実は容易ではないでしょう。こういうことは少量ではできても大量に行うのはむずかしいのが常識で

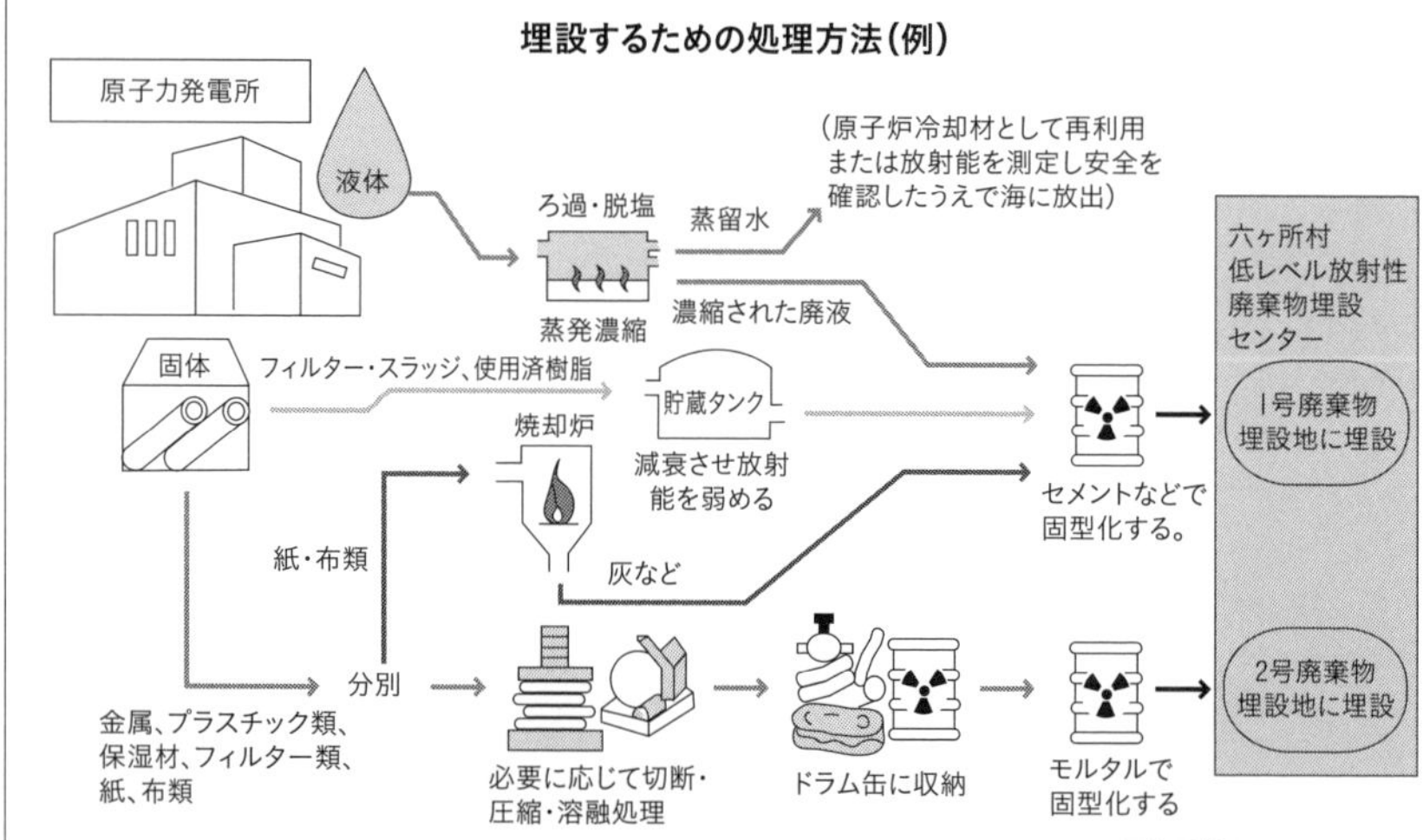

日本原燃ホームページより

す。この方法が成功して、現在すでに地球上に蓄積されてしまった超危険物質を滅害化することは、焦眉の急といってよいでしょう。

しかし、第一に右に述べた方法が本当に可能だとは実証されていません。その方法が本当に可能なことが判明する以前に、高放射能廃棄物をどしどし溜めてしまうといった無謀は、人類の生存に対する敵対行為でしかありません。

第二に、この方法が大量処理に適していないことは容易に想像できることで、現在計画されているような開発のテンポは不適当だということがいえるでしょう。

第三に、仮にこの方法が実現したとしても、分裂生成物の放射能は〝消滅〟できません。むしろ超ウラン元素のもえかすとしての分裂生成物が加わってきます。とすれば、どうしても「800年間の管理」が子孫に課せられます。800年といえば『源氏物語』の時代から現代までの期間です。その長い期間、「人類の生活圏から隔離されたところに安全に管理されることになります」という、この「ことになります」というソラゾラしいものの言い方の中に、現在の原子力推進側の無責任さがよくあらわれています。

結論としていえば、『コンセンサス』をはじめ推進側も認めるように、再処理工場の高レベル放射能廃棄物については、当面の固形化処理にメドがついただけで、最終処分に到ってはお先真暗、消滅処理についても「絵にかいた餅」に過ぎません。「方法の開発のプラン」だけが存在していて、「現実に実行可能な方法」は皆無なのです。

09 原爆製造の過程で出てきた再処理工場からの廃棄物はどうなっていますか

きれいごとはともかく、現実を見るのが一番手取り早いので、原爆製造過程での高レベル廃棄物の貯蔵状態を見ることにしましょう。

現在米国では約1万京ベクレルの再処理工場からの廃棄物がワシントン州**ハンフォード**[*14]、サウスカロライナ州サバンナ・リバーの両施設に貯蔵されています。(約１万京ベクレルといえばちょっとびっくりしますが、こんなものは何のその、米国では今の通りの原発計画が進行すれば西暦２０００年までには74万京ベクレルたまるのです)。この廃棄物の大部分は液体のまま地下の炭素鋼製タンクに貯蔵されています。その量は約３億４０００万リットル、約１１０万〜４９０万リットルのタンク約２００個に収められています。タンクの寿命は50年といわれてきましたが、予期に反して次々とタンクの破損が報告されています。ハンフォードでは、１９７０年までにおきた11個の破損によって、タンクの下の地中にセシウム１３７が約５１８０兆ベクレル放出されているということです。

１９７３年６月の事故では約44万リットルが漏出し、セシウム１３７が約１４８０兆ベクレル、ストロンチウム90が約５１８兆ベクレル漏出しました。事故は６月８日に発見されましたが、この漏出は、７週間前から始まっていたと推定されています。

地中に漏出した液体中のプルトニウムがどうなるのかがもっとも関心を惹くところですが、ハンフォードにあるプルトニウム最終処理工場では、廃液の地下処理に用いられた溝（Ｚ－９）の中の土に、プルトニウム約１００kgが蓄積されている（１９５５年から７年の間に）と推定されています。これはある条件下で十分に核分裂連鎖反応を起こしうる量であり、１９７２年、米国原子力委員会は、この土を除去する作業を行ったのです。

10　毒性が強いといわれるプルトニウムの論議が盛んですがどんなものですか

プルトニウム２３９は、原子炉の燃料が含んでいる燃えないウラン２３８が中性子を吸収すると変化して生成されます。そして燃料の再処理のさいに大部分は回収され、一部は廃棄物として出てきます。そして、

①ウラン２３５と同じく核分裂連鎖反応をする性質を持っているので、核燃料にも核兵器にもなります。

②動物、とくに骨に好んで沈着する性質をもち、入りこんだら最後、ほとんど一生出ていきません。

③プルトニウムは強いアルファ線を出します。アルファ線は、ガンマ線にくらべてその生物への損傷の度合は10倍も強く、損傷の結果は骨ガン、肺ガンなどのガンを発生させます。

②③の性質のため、プルトニウム239は、数ある放射性物質の中でももっとも毒性の強いものとされ、現行基準でも、職業人の最大許容負荷量は、6gの1000万分の1と決められています。この重量は、猛毒とされているボツリヌス菌の出す毒物の重量と同じ程度です。一般人についての最大許容負荷量は、一般に、職業人のそれの10分の1とされてきましたが、現在、米国では100分の1と切り下げられていますので、プルトニウムの場合は1億分の1gの約半分が最大許容負荷量ということになります。

以上、現行基準にしたがって考えても、プルトニウムこそは人間が見出した最悪の毒物だということがうなずけます。

1974年に、1963年以来米国原子力委員会で放射能の生物学的影響の研究を10年余にわたって担当してきた生物物理学者タンプリンと医学者コックランは、プルトニウムについての現行基準をさらに約10万分の1に切り下げるべきだという提案を行いました。というのは、肺に沈着した酸化プルトニウム粒子（**ホット粒子**[*15]）は、その局所的照射を考慮すると、従来考えられていたのより10万倍もの強い効果をもつことが理論的に示され、そして、つねに安全が第一だと考える立場からいえば、プルトニウムがホット粒子にならないという保障がない以上、プルトニウムの最大許容負荷量は、ホット粒子の最大許容負荷量をとるべきである、としたのです。

この挑戦にたいして、米国原子力安全委員会は反論を発表していますが、この論争がどこに落ちつこうと、現行基準が大幅に切り下げられることは避けられないでしょう。

日本原子力文化振興財団の広告（朝日新聞75年7月26日）――核実験でばらまかれたプルトニウムは5トンもあってタンプリンらの主張どおりならば、「北半球の全人口に肺ガンを発生させるほどの量ですが、現在までにそのようなことは生じておりません。このことは、プルトニウムがそれほど恐ろしいものではないことを証拠だています」——などは、米国原子力安全委員会の反論の尻馬に乗って、タンプリン＝コックランの周到な主張の内容をまったく理解していないごまかしの主張です。しかし、原爆でこれだけ地球が汚れているのに、原発で少しくらい汚れてもガタガタ言うな、という原発推進論者の本音がチラと顔をのぞかせており、記憶にとどめておいてよい主張です。

すべてのプルトニウムがホット粒子の状態になっていないのは当然ですが、ホット粒子となっている可能性をいかに考慮して、プルトニウムの最大許容負荷量を定めるかは難しい問題です。しかしいずれにせよ、プルトニウムが肺ガン発生因子として最悪の物質であるという事実に変わりはありません。

これが、再処理工場の作業、その廃棄物処理、そしてプルトニウム加工工場という「核燃料サイクル」全体に救いようのないかげを投げかけているのです。

①の核兵器の材料であるという点から発する問題、つまり、原子力発電所あるところ核拡散あり、ということについては長々と語ることはないでしょう。

11　自然からうける放射線と原子力発電所の人工の放射線とは違うのでしょうか

この質問も『コンセンサス』からそのままいただいた質問です。なかなか面白い質問です。

『コンセンサス』は、「〝もと〟はちがいますが、放射線そのものについては、自然のものも、人工のものもまったく同じです」と自答しています。

一つだけ、大きな違いがあります。自然の放射線はその大部分（8割）が外部からの放射線であるのに、災害や現場労働者のばあい、問題になる被曝は、身体内に摂取された放射性物質によるものであり、その中には、アルファ線を出す物質もあるということです。自然の放射線の約2割は身体内のカリウム40からのものですが、これはアルファ線を出しません。

『コンセンサス』やその他の広告文では、このような問題をとり上げるとき、わざと平常時の公衆被曝のことだけ、しかもあえて外部からの被曝のことだけとりあげ、内部被曝のことを無視しています。

以上は、自然科学的な違いという話ですが、社会的関係まで考えると、もっと違いがあります。

第一に自然の放射線は、私たちが地球上に生きるかぎり避けることのできないものであり、人工の放射線は、人びとの意思によって受けないですむ（原発を建設しなければ）放射線です。

第二に、自然の放射線は一つの地方全体ではほぼ一様に存在する放射線ですが、人工の放射線は、原子力施設の付近の住民にかぎって、平常時にも事故時にもより多く押しつけられるということです。

さて、『コンセンサス』は、「まったく同じだ」ということを前提にしながら、つぎに、「自然放射線は1年間に約１００ミリレム【約1ミリシーベルト】」「自然放射線は、地域によってかなり差が認められる」「医療用の放射線は1回あたり10〜１００ミリレム【０・１〜１ミリシーベルト】」と並べてきて、つぎに、「これらに比べると原子力発電所からの放射線は、敷地境界線に住んでいる人でも1年間に通常5ミリレム【０・０５ミリシーベルト】以下という微量です」という比較論をやっています。

これは正しいでしょうか。

まず第一に、極微量放射線によってガンと遺伝障害が発生することが知られていますが、この症状が現われることに対して、これ以下なら安全という量は存在しないのです。理論的にもそうであり、可能なかぎりの低線量までこの理論は実験でたしかめられています。

第二に、いわゆる許容量は、これ以下なら安全という量ではなく、放射線を浴びることによって、その個人が利益を受ける（たとえばX線による結核の診断）ことが明白なばあい、その利益と放射線を浴びる損失とのバランスで決められる量なのです。

このような基本に立って考えれば、自然の放射線よりも小さいから無害だという根拠はまったくありません。

もちろん自然の放射線もガンや遺伝障害を発生させているのですし、人工放射線で増えた分は、そのまま、ガンや遺伝障害を増加させることになります。

「地域による自然放射線のちがい」は、何のためにいっているのか良くわかりませんが、「地域によってこんなにちがうのに、ガンや遺伝障害の発生率にちがいはない」といいたいのかもしれません。しかし、生活条件のちがい、人間の移動など考えれば、そんな統計が出せるはずもなく、じっさいに試みられたこともありません。「ちがいがある、という結論が出ていない」という事実と「ちがいがない」という事実は、まったく別の二つの事柄です。

医療用X線との比較は、X線の診断が有害だということを知りながら、その利益のほうをとってあえて放射線を受けているのですから、無害だという論拠にはまったくなっていません。しかも現在では、X線診断による有害さが段々はっきりしてきたため、乱用がいましめられるようになってきています。

『コンセンサス』は、つぎのような独断をのべています。

「人類が地球上に現われてから、たえず年平均100ミリレム【1ミリシーベルト】程度の放射線をうけつづけてきたわけですので、5ミリ【0・05ミリシーベルト】程度の放射線は人体に実質的な影響を与えられるとは考えられません」。この叙述を、75年11月30日に朝日新聞に記載された日本原子力文化振興財団の広告と較べてみるともっと驚きます。

「私たち人類が、自然放射線を浴びつづけながら今日まで進化してきたことを思えば、1年間に100ミリレム【1ミリシーベルト】くらいの放射線は、人類にとって何らの害もないと考えてよいといえます」。

かたや0・05ミリシーベルト、かたや1ミリシーベルト。自然放射線の平均値を1ミリシーベルトとすれば、かたや5％の増加、かたや100％の増加です。この人びとにとっては0・05でも1でもどっちでもよいのでしょうが。

自然放射線が生物にとって有害であることは自明のことです。その有害さと闘いながら、1ミリシーベルトという量に抗してギリギリの耐性を作りながら、進化してきたと考えるのが自然です。それを一挙に2倍にするということが、どれほど破滅的な事態をひきおこすかはかり知れません。また、5％増加という事態の結果が、5％の変化しかひきおこさないだろうという予想も独断にすぎません。

放射線という分子・原子レベルでの有害物のもとで、それに耐える進化をどのように果たしてきたのかという遺伝生物学の最高の秘密が解き明かされるまでは、どのような結論も独断にすぎません。そのような状況下で、「5％の変化ぐらい大丈夫だ」とか「100％の増加ぐらい無害だ」という無責任な独断論をふりかざすのは、学問と人類に対する冒涜ではないでしょうか。

12 放射能と放射線はどう違うのでしょうか

放射能は文字どおり放射線を出す能力です。たとえていえば、電灯のワット数が放射能の大小にあたり、照らされている場所の明るさ（と時間の積）が放射線の大小にあたるといえましょう。

放射能の大小は、一定時間に出す放射線の数であらわします。普通使われる1ベクレルという単位は「**1秒間に1本**」[*16]に相当します。これに対応して放射線の強さをあらわすのに、一定面積を通過した放射線の数であらわしてもよいわけで、それでいくと、1㎠の面積を約10億本のガンマ線が通過した状態が1レントゲンにあたります。しかし放射線の種類によって物質に与える効果がちがいますので、放射線の効果をあらわすのには物質への影響を直接考えた方が手取り早いので、一定量の物質にどれだけのエネルギーを与えるか、あるいは、生物学的にどれだけの効果を与えるかで放射線の強さをきめるのが普通です。後者の観点から見た放射線の強さの単位が「シーベルト」という単位です。

X線やガンマ線のばあいは、1㎠の面積を10億本が通過したのがほぼ10ミリシーベルトにあたり、アルファ線や中性子では同じ面積を1億本通過したのが10ミリシーベルトにあたります。

放射能と放射線にこうした違いがあるのは事実で、はっきりと区別することが放射能汚染との闘いに重要なこともあると思いますが、一方では、不要な区別立てで問題をウヤムヤにするために利用しようとする悪企みにも警戒しなければなりません。

原子力船「むつ」事件（1974年）で、「放射線が漏れたのを、放射能が漏れたと誤解されたむきもあった」（『コンセンサス』9号）と、放射能が漏れたわけではないから、たいしたとはないと言わんばかりですが、話は逆です。現在の原子炉はもともと微量の放射能（放射能をもつ物質）は出すシロモノ（その意味では欠陥原子炉ですが）ですが、直接あんな放射線を漏洩するなどということはありえぬことなのです。

また「よく原子力発電所から、微量だが放射能がでていると言われますが、この場合は正しくは放射性物質が出ているというべきでしょう」（同誌）などは、わざと問題を混乱させるための区別立てにすぎません。放射性物質の量を放射能であらわすのはむしろ普通に行われていることで、専門家でも、放射性物質というかわりに放射能《アクティビティ》ということはしばしばです。

ようするに、放射能＝放射性物質は放射線を出す「源」。放射線の強さは放射線の与える「効果」で測られると、『源と効果』の関係でとらえておけばよいでしょう。

13　温排水とは何ですか。原子力発電所はその周辺の魚介類に影響を与えるでしょうか

現在の原子力発電所は、火力発電所のボイラーの代わりに、原子炉を置き換えただけで、発電方式そのものに新しい工夫がされているわけではありません。しかも原子力発電所の危険性からいって、一次冷却水の温度は、火力にくらべてずいぶん低い所で使われています。その結果、原子炉で発生した熱の約3割しか電気にかえられず、残りの7割は棄ててしまっています。その大部分が海に棄てられるわけで、それが温排水の形をとっています。火力ではボイラーで発生した熱の約4割が電気に変えられ、残りの6割が海にすてられています。

このことから計算してすぐわかることですが、同じ電気を作る（同じ電気出力をえる）ためには、原子力発電所では火力の場合の1・6倍の熱を棄てているのです。当然温排水の温度上昇も高く、その量も多くなります。

◉温排水の量

100万キロワットの場合、1日600万トン（1秒当り約70㎥、利根川の平均流量は毎秒200㎥）。1972年発表の原子力委員会の計画に基づいて計算すると、1990年には原子力だけで年間1500億トン、火力と合わせて年間2700億トンという数字になります。日本全国の年間河川流量4000億トン、年間降水量の6000億トンに匹敵する、このような大量の温排水が発電所周辺はもとより、日本全国の気象に大きな影響を与えることはあきらかです。

◉温排水が被っている変化

混排水は、もとの海水とどんなふうに変わっているでしょうか。

第一には、温度が急上昇しています（4～9秒間に8～14℃上昇）

第二に、溶存酸素量が低下しています。

第三には、復水器ポンプやこし網を急激に流れるため機械的な運動が加えられています。

第四に、冷却管内の付着生物を殺すために塩素などの物質が加えられます。

以上の4つの要因によって、温排水中のプランクトンはじめ微小生物、小生物の半分くらいが死んでいます。「冷えてしまえば元の海水」（75年6月12日『日経』に掲載された日本原子力文化振興財団の広告）が、いかに無知をさらけ出した文章であるかがわかります。「元の海水」どころか「生物学的には半分死んだ海水」なのです。

塩素は、松島火力発電所がカキを殺してしまったので有名ですので「塩素は使わない」という弁明があるようですが、何らかの薬品を使用することは確かで、その有害さが塩素に劣るとは限らないでしょう。

第四に、放射能が混ざっています。「温排水に放射能が直接まじることはないわけです」（『コンセンサス』）は、まことに苦心した文章で、ちょっと読むと「放射能はまじっていない」と読めますが、「ウソつくな」といわれたときには「直接まじることはないので間接にはまじります」という言いわけができるようになっています。「間接」というか、つまり「低放射能廃液」を温排水にまぜて廃棄しているのはまぎれもない事実です。そのために、ヤツマタモク、ワカメ、ムラサキイガイ、クロダイという海中生物の中からコバルト60やマンガン54が検出、定量化されています。これらの放射能は、原子炉容器やパイプの材料が強い放射線によって照射された結果、生成された物質です。

温排水養殖などがさかんに宣伝されていますが、「死んだ海水」そのものを使ったのでは良い結果がでるはずはなく苦心惨たんの現状で、しかも本気にやっているわけでなく一向に成果は上がっていません。漁場を失う漁業者たちへの甘言のつもりでしょうか。

「200カイリ問題で苦難の時代に入った水産界の期待されるホープといったところか」（77年6月16日『日経』、日本原子力文化振興財団広告）などというならば、漁獲高、水揚げ、経費など具体的な数字を出したらどうなのでしょうか。

14 高速増殖炉といわれる「新しい」原子炉はどんなものですか

1977年4月、高速増殖炉「常陽」が試験運転に成功したというので、新聞は一面トップをさいて大々的に報道しました。

増殖炉は、その名前のとおり、消費した燃料（プルトニウム239を使います）よりも多くのプルトニウムを作りながら運転を続けていく、しかも新たに作られるプルトニウムの源は、天然ウランの99・3％を占めるウラン238だというわけでもてはやされています。プルトニウムを燃料としながら運転を行い、炉心のまわりを天然ウランの「毛布」でつつみ、プルトニウムの核分裂でとび出してきた中性子をウラン238に吸収させて、プルトニウム239を作る――つまり普通の軽水炉でも自然に行われていたことを、もう少し目的意識化して消費されたプルトニウムよりも、作られるプルトニウムの量を上まわらせようというものです。これなら、天然ウラン全部を核燃料に変えられるではないか、夢の原子炉だ！　というわけです。

増殖炉にもいろいろな型がありますが、米国では、「高速」中性子を用い冷却材に液体金属を用いる方式がとり上げられ、1968年の高速増殖炉計画発表以来、実用プラント建設を目標に異常なほどの予算を注ぎこんできました。エネルギー研究開発国家支出の37％～45％が当てられてきたのです。

日本の増殖炉開発も、米国のそれをそのまま踏襲した液体金属ナトリウムを冷却材とした高速増殖炉の実用化として進んでいるので、これを「新しい」といえるかどうかわかりませんが、その技術困難のゆえに実用になっていないことはたしかです。

液体金属ナトリウム高速増殖炉の最大の問題点は、なんといっても、この炉が軽水炉にはありえない連鎖反応暴走事故を起こす可能性があることです。燃料中には100％のプルトニウム239の燃料棒が挿入されており、炉心熔融がおこれば、これが塊となって、核爆発をおこす可能性があります。

炉心熔融をおこす原因についても、液体ナトリウムによる冷却が不十分になるのと同時に核分裂が増大するというやっかいな問題があり、1966年10月には米国のフェルミ発電所で炉心の一部が熔融するという事故を起こしています。これが大暴走に至らなかったのはまったく偶然でしかなかったのです。

さらに一般的にいって、金属ナトリウムは化学的にまったく不安定な物質であって、その取り扱いが著しく困難だということがあります。

このように、断崖絶壁上の綱渡りのような技術の上になりたつ現在の増殖炉計画に、異常な重点をかけた米国のエネルギー開発にたいして、米国の世論の批判が集中していったのは当然です。1975年は、増殖炉計画をめぐっての「再評価法案」が上下院で激しく争われました。結局は、推進側の勝利に終わったものの下院では批判派が3分の1を上まわったのです。

1977年に入ってのカーター新政策、核拡散の防止・再処理工場運転の停止は、プルトニウム生産を絶対の前提とする高速増殖炉計画の停止をともないましたが、その背景にはこのような事情もあるのです。

フランスのマルヴィルに建設されようとしている高速増殖炉にたいして激しい反対運動が闘われており、その中で、77年7月には、一人の青年教師が警官の催涙ガス弾の直撃をうけて死んだと伝えられています。次いで9月には、ドイツのカルカールに建設予定の高速増殖炉にたいしても全ヨーロッパから6万人が集まり抗議の大集会を開きました。

高速増殖炉のおそるべき危険性を考えるならば、反対運動のこのたかまりは当然といえるでしょう。

15　原子力発電所の安全に対する国の規制や監督はどうなっていますか

『コンセンサス』は、この質問の答として、「安全審査」についてかなりの分量をさいています。その中で「審査会は、原子力関係はもちろん、地震や気象まで含めた、わが国を代表する学者、専門家で構成された権威あるもので、原子力発電所の設計が適正であるかどうか、安全対策は十分か、などを審査します」としていますが、本当でしょうか。

一例だけあげましょう。

「『地震が怖い』といって、東京から東北地方の三陸海岸に引越した有名な地震学者がいる。気象庁の木村耕三元観測部長である。この人こそ、伊方原子力発電所の安全審査段階で、たった一人の地震担当審査委員だったのである。『地震が怖い』だけでなく『審査するのも怖かった』らしく、ただの一度も審査に参加しなかった良心的(?)

な人なのである」(「伊方原発訴訟にみる安全論争」『技術と人間』77年8月号)。

ほかの諸先生も似たりよったりで、欠席の多いひと月1回ほど2~3時間の会合が十数回で「十分」な検討ができるとは思えません。その結果が「むつ」の放射線漏れです。あの遮へい設計も、もちろん安全審査会で「設計が適正であるかどうか審査」済みのものであったのです。「むつ」事件のとき、安全審査会会長の内田秀雄東大教授は国会で「審査は申請書類の数字が基準に適合しているかどうかを見るので審査としては誤りはない」旨の答弁をされています。帳尻の数字を見るだけで、その数字を導きだす過程については検討しないというのです。

安全審査の内容として、『コンセンサス』は、「技術的にみて、これ以上の事故が起こるとは考えられないような『重大事故』を想定し、さらに実際に起こり得ない、重大事故よりもうひとまわりも大きい事故(仮想事故といいます)が起こったとしても、周辺の住民の安全が保たれることを確認……」と書いていますが、仮想事故以上の事故が起こりえることは、米原子力委員会のいくつかの報告でもあきらかですし、内田秀雄会長自身が「〃理論上絶対安全〃の施設・装置はあり得ないのである以上、想定された設計基本事故(仮想事故)を上回る大きな事故が起こらないとはいえない」と書いていることからも明白です。ただそれは、天災だと思って諦めてくださ い(「設計基本事故を上回る事故がかりに起これればそれは……いわば自然力災害における天災の類であって、当事者にとっては計画・設計上は免責される事故であると考えられてよいと思う」)と言っているのです。

『コンセンサス』は、「そのほか発電所内外の放射線監視の結果や故障を含む運転状況の報告を義務づけているのはいうまでもありません」と締めくくっています。それでは、事故は包み隠さず報告されているのでしょうか。また報告義務を怠った企業は、業務停止などの処罰をうけているでしょうか。

残念ながらそうはいえません。燃料の大破損という大事故を関西電力が3年半も隠しつづけ内部告発とそれを受けたルポ・ライター、科学者、社会党議員らの追及で、ついに隠しきれず白状した、しかも関西電力の「報告義務違反」という行政法上の犯罪行為は「時効」(3年)を過ぎたということで不問にされたという事件があるのです。関西電力を監督する立場にあった通産省も何の責任も問われていない、という大変不思議な事件です。

事故が起きたのは、美浜1号炉。事故は、1973年3月の定期点検の時に発見されたということです。一件露見のあとの調査によると、2本の燃料棒上部が約70㎝にわたって折損し、7片以上の破片になっていたとのことです。それまでの燃料棒のピンホール事故などとはまったく異質の大事故であったことは間違いありません。

関西電力は極秘裡にこれを処理してしまいました。そのためにわざわざ燃料の配置をかえ、本来取り換える必要のなかった破損燃料（を含む集合体）2体が、この配置換えの結果として不用になったといつわって、使用済み燃料プールにしまいこんでしまったのです。

この事故から3年近く経って、雑誌『展望』に原子力問題を追及する連載を執筆していた田原総一朗氏のもとへ、73年3月に大事故が起きていたとの手紙が寄せられました。

田原氏は科学者と相談、まず燃料配置図を調べてみると3月の点検後に設計変更があり、事故があったと指摘された燃料集合体が、まったく必然性がないのに交換されていることがわかりました。この告発の信頼性に確信をもった科学者が、さらに、事故発生後の美浜発電所排出口付近の海藻放射能濃度のデータを調べてみると、その約4カ月後に異常に増加していることもわかりました。もっともその直前に中国の核実験が行われ、美浜以外でも放射能が異常に高くなっているのですが、さらによく調べてみると美浜の分は、他とはちがって「古い放射能廃液」によるもの――つまり中国核実験によるものとはちがうということもわかったのです。つまり、美浜発電所は、事故が発見された点検時の放射能廃液を発電所内にしまっておき、中国核実験のしらせを受けとると、これに合わせて放出したらしいことがはっきりしました。

田原総一朗氏は、小説『原子力戦争』を単行本で刊行するとき、巻末に「田原総一朗の報告」を加え、事故告発の手紙および以上のデータを付して公表しました。

衆議院で社会党石野久男議員が、「田原総一朗の報告」を片手に、通産省にたいしてこの事実の有無を明らかにせよと迫り、燃料プールに貯蔵されている問題の燃料集合体の調査を要求しました（1976年8月25日）。この要求にたいする政府委員の答弁が傑作です。もちろん「そんな報告はうけとっていない」といった上で、「燃料は放射能が強く近づくことが難しい。写真も簡単にとれない」などと答えています。

点検時には燃料集合体の一つ一つについて異常の有無が調べられているのです。当時から3年以上経って放射能が桁ちがいに低くなっているというのに、堂々とこのような答弁をしているのです。そして10月になると、「異常がないと思われる」とし、その証拠として、事故が発見された3月の点検をはさむ時期の冷却水中の放射能濃度その他の資料を提出してきました。「異常がない」ことの証明として出されてきたこれらのデータを仔細に点検してみると、まさに燃料棒数本の破損事故に相当する異常放射能の増加が見出されたのです。

12月7日、ついに、原子力委員会は燃料棒折損事故のあった事実を認め、関西電力に「厳重注意」をしたと発表しました。

しかし、それでも政府・関西電力は事故を小さく見せようと、「運転中の事故ではない。原子炉からの取り出し作業中に、何らかの理由で折損した」と見えすいたウソを発表しました。しかし、それが本当なら作業現場は大変な放射能汚染をこうむったはずです。そのような記録はもちろん存在せず、燃料棒内の放射能がそれ以前（つまり運転中）に原子炉内に放出されてしまっていたことはたしかです。つまり折損事故はやはり運転中に起きていたことは間違いありません。のちの折損片についての原子力研究所の調査の結果からも「運転中の事故」であったことは確認できています。

図々しいからなのか無知だからなのか、おそらくその両方に起因すると思われるこの度々の見えすいた虚言、そして異常を示すデータを示しながら「異常がない」というこの神経。このような人びとが原子力を推進して「監督」しているのです。

事故が運転中に生じていたこと、しかもそれに気づかずに運転が継続されていたことはまったく恐るべき事実です。さらに大きな事故に発展しなかったのは、ほんの偶然にすぎなかったのです。

このような重大な事故を起こし、かつ、それを隠し続けていた関西電力。そして公訴時効が過ぎたと不問にし、監督の立場にあった通産省も何の責任もとらないというこの無責任体制。ふたこと目には「国民のコンセンサス」などと叫んでみても、誰が信用するでしょうか。

16 原子力発電所で働く従業員の安全管理はどうなっていますか

『コンセンサス』は、原子力発電所内部では放射線の管理が厳重に行われているし、「放射能で汚染するおそれのあるところ（汚染管理区域）への立ち入りは、さらに厳重な安全防護が行われていますし、一定期間がたつと、必ず血液検査や医師の診断を受けるなどの健康管理を実施していますので、発電所で働く人たちが放射線によって障害を受けるという心配はありません」と言い切っています。たしかに、原子力発電所の正社員に対しては、そうなっているかもしれません。

しかし、原子力発電所で働いている労働者の9割弱が下請け労働者なのです（**表2**）。

しかも、25ミリシーベルト以上という大量被曝者になるとほぼ全部が下請けに背負わされていることが明白です。

『コンセンサス』は、「工事関係、とくに下請け業者に対しても発電所側が従業員に対すると同じような安全管理を指導しています」（傍点は引用者）と書いています。

「下請け業者に指導している」と自信の無さを白状していますが、下請―孫請―ひ孫請という日本の下請け労働の底なし状況を御存知の皆さんには、その安全管理の実態は容易に想像できるでしょう。

このような状況は、原子炉の運転年数が経過すると加速度的に悪化します。福島第一原発のばあい、5年目には約8倍に増加していることがわかります（**表3**）。その理由は年とともに原子炉機器の汚れが増大するということもありますが、何といっても、故障の続発に伴う修理作業の増加によります。

島根原発の圧力容器内部の「ヒビ割れ」の削り取りでは、本来人間が中に入ることなど予想していなかった所ですから、大量の労働者が危険な作業に従事しています。7000人の労働者が投入され、しかも1日1ミリシーベルト以下という基準が適用できず、3倍の1日3ミリシーベルト、一定期間は1日10ミリシーベルトというおどろくべき基準の特攻作業が行われました。

身体中が内外ともに放射能によって汚染されてしまったことでしょう。しかし、この種の作業は、1日に5分働くと、もう基準をこえてしまうという作業で、本人は苦痛も何も感じません。

そこで次のような話になります。

「Aさんは釜ヶ崎で手配師に〝3日間8本（8000円）の仕事がある〟と誘われ敦賀につく。原発の仕事と聞いて尻込みするが、〝いやなら帰ってもいいがタクシー代をよこせ〟とすごまれひき受ける。さて1日が終わって発電所を出る時、Aさんは〝明日からこないで良い〟といいわたされた。3日間の仕事の予定が被曝線量のため1日でだめになってしまったわけである。外には手配師が待っていたので〝約束が違う〟というと、〝それなら別の口があるから黙ってついてこい〟というのでついていくと、翌日は美浜の発電所で働くことになった。こうして、A

表2　全国原発従事者の被曝放射線量分布（1976年）

	5mSv以下	5mSv〜15mSv	15mSv〜25mSv	25mSv〜50mSv	合計（人）	総線量（人・Sv）
社員	2011	443	94	7	2555	7.69
下請	13591	2850	585	215	17241	54.73
合計	15602	3293	679	222	19796	62.42

表3　福島第一原発従事者の被曝放射線量年度別変化

	71年	72年	73年	74年	75年
総線量（人・Sv）	2.2	4.82	8.65	11.08	17.45

さんは敦賀、美浜、高浜と3カ所の原発で働くことになった」(『原発黒書』原水爆禁止日本国民会議)。

77年の衆議院予算委員会で、楢崎弥之助議員が、原発関連の下請労働者の死亡調査を発表しています。その調査によれば、これまで稼動している8基について死亡総数106、うち転落など事故によるもの31で、残り75が業務外死亡です。業務外死亡の内訳は、ガン33、白血病3、脳出血など24、心臓関係13、その他5。ガン、白血病が39%を占めていることが注目されます。

統計の上では、被曝による被害が現われ始めているといえますが、一人ひとりについて原発作業との因果関係を証明するのは困難です。下請労働者の作業内容、被曝歴などが明確でないからなのです。

このような原発作業従事者の被曝実態は、個々の労働者の健康と生命にとって大変な問題であるだけではなく、国民全体の遺伝線量の問題としても重大になってくるでしょう。とりわけ、農地や漁場を失った地元住民が汚染除去など重汚染地区の作業に従事させられているという現状で、周辺住民の集団全体としての線量がたかまることが憂慮されます。これは環境放射能以上に大きな影響をもつものと思われます。

17 原子力発電はどうしてダメなのでしょうか

1　原子力発電の致命的欠陥は、ぼう大な量の死の灰をともなうということです。そのため、

①最悪の事態では、範囲数十kmにおよび一地方全体を人的、土地汚染の両面で潰滅してしまう可能性をもつ。

②超ウラン元素を含む放射能廃棄物が、短くても10世紀、悪くすれば400万年(!)ものあいだ、人類の生存を脅かしつづける。

という、どうしようもない結果をひきおこします。さらに現に進行していることとしては、

③些細な故障であっても放置すれば日常的汚染を一挙に増大させ、また①につながる危険を増大させる。

④原子力発電所のきわめて些細な故障の修理も、作業従事者にとってきわめて危険なものになっている。

⑤以上の結果として、原子力発電所の操業率はきわめて低くなっており、また、運転年数の経過とともに、故障数が増大し、故障の質が悪化し、修理に要する日時が長大化する傾向が明白になっています。運転3年目くらいから、1年の半分は点検と修理のため休業、運転しているときは規定の出力の6割くらいに出力を下げているというのが実情です。

2　問題は、①②のような本質的に危険な産業がなぜ許容されているのかということです。もともと原子力は、原子爆弾製造という軍事産業の延長として存在しているからです。いくら原子力発電所の最大限事故の規模が巨大だといっても、原子爆弾の投下には比すべくもないのは当然です。いくら原発の修理作業や再処理工場の作業が危険で野蛮だといっても、戦争遂行下の作業には比すべくもありません。戦争産業そのものとして生まれ、現在もそのへその緒の切れていない原子力産業は、こういう比較のもとに、その危険を許容されてきたのです。そして、依然として原水爆時代でしかない今日の社会も、戦争の危険との比較のもとに、原子力産業を許容しているのです。

現存している原発の技術も再処理工場の技術も、本質的には「軍事産業の技術」であって、決して「平和利用の技術」ではありません。「人類はまだ原子力平和利用の技術を手にしていない」ということを明確にしなければなりません。

3　エネルギーをどうするのか、という問いが出されます。エネルギー消費量の問題は、自然科学的法則の問題ではなく、人間社会の問題であり、政治・文化の問題です。その解決を、もっぱら技術に求めるのは、大きな間違いでしょう。

政治や生活を変えようとせず、もっぱら技術的解決を試み、軍事技術でもよいから使用せよという態度は悲惨な結果を招くだけです。
原子力についていえば、現在なお、私たちが「原子力平和利用の技術」を手にしていないという事実を直視し、そこからすべてを判断しなければなりません。

◉本文中で特に明記しなかった参照文献

1 『原子力発電における安全上の諸問題』 原子力技術研究会 原子力情報センター発行

2 原子力発電の危険性『技術と人間』76年11月臨増号

3 『原子力は必要か』 大場＝小出著 技術と人間発行

4 『被爆32周年原水爆禁止世界大会討議資料（1977年8月号）』 原水禁国民会議発行

5 『原発闘争情報』 各号 原子力資料情報室発行

6 『核燃料再処理工場―その危険性のすべて―』 原子力資料情報室発行

＊1――原子力発電は火力発電に大いに劣っています

21世紀初頭現在の原子力発電における熱効率は30％程度なのに対して、一般的な火力発電の熱効率は約47％、最新のガス・コンバインドサイクル火力発電にいたっては約60％である。原子力発電の場合、電気に変わらなかった70％の熱が海水など環境へ棄てられている。3・11以前は盛んに「原発はCO_2を排出しないクリーンなエネルギー」といったキャンペーンが行われてきたが、温室効果ガスの排出量増大で懸念されるのは、地球温暖化による海水温の上昇がもたらす気候変動とされている。だとすれば、原子力発電所から棄てられる温排水は、CO_2排出以上に直接熱汚染をもたらすものであり、キャンペーンは世論の誤誘導と言わざるを得ない。

＊2――ウランとは似ても似つかない別の元素

ウラン235が核分裂するとストロンチウム90やセシウム137のような放射性物質が160種類くらい生まれます。その他に核燃料の中に多く含まれる核分裂をしないウラン238や核分裂でできたセシウム133が中性子を吸収して生まれるプルトニウム239やセシウム134、冷却水や圧力容器などが中性子を浴びて生まれるトリチウムやコバルト60などを含めるとおよそ200種類の放射性物質が原子炉の中で生まれます。

＊3――沸騰水型（BWR）

Boiling Water Reactor（沸騰水型原子炉）の略称。2011年3月11日の大震災によって事故を起こした福島第一原発の原子炉がこのタイプの原子炉である。

＊4――加圧水型（PWR）

Pressurized Water Reactor（加圧水型原子炉）の略称。1979年3月28日、米国で事故を起こしたスリーマイル島原発の原子炉がこのタイプである。

＊5――環境への汚染は大きく

加圧水型（PWR）では、原子炉の外にある水で蒸気を作り、その蒸気でタービンを回して発電する。一方沸騰水型（BWR）は、原子炉内で作られた蒸気で直接タービンを動かすため、炉内の放射能を含んだ蒸気がタービンなどから建屋内に漏れる。このため、BWRのほうが通常運転においては環境汚染が大きい。

＊6――100万キロワット以上

最大の定格出力の原子力発電は、最新の改良型沸騰水型軽水炉（ABWR）で、およそ135万キロワット。

＊7――応力腐食割れ

溶接などによって接続部分に残る力により材料に引張応力（引っ張る力）がかかっており、原子炉内部の環境が接続部にもたらす腐食作用が加わって材料に割れを生じさせる現象。

＊8――最近年の地震予知に大きな力を発揮

気象庁では1969年に地震予知連絡会（予知連）が発足し、旧科学技術庁では1974年に地震予知研究推進連絡会議が発足したように、本稿執筆当時は地震予知に対する期待が大きかった。国策として進められた地震予知研究であるが、これまで全体で約2000億円もの税金が投入されたにもかかわらず、今日に至ってもさしたる成果を上げられていない。

＊9――設計用地震加速度

本稿執筆当時は、原子力発電所の耐震設計に用いられていた基準地震動として、「設計用地震動」と「安全余裕検討用地震動」が各電力事業者によって示されていた。ここに示された地震加速度の数値は当時のものである。1981年に制定された「発電用原子炉施設に関する耐震設計審査指針」で、基準地震動は「設計用最強地震（S1）」と「設計用限界地震（S2）」に名称変更されたが、設計用地震加速度の数値自体はほぼ踏襲された。しかし1995年の「兵庫県南部地震」を契機に「指針」の見直しが始まり、2006年に改訂される。基準地震動については旧指針の「S1およびS2」が「Ss」に統合され、後期更新世（約12～13万年前）以降に活動した活断層や過去の地震の徹底調査、「敷地ごとに震源を特定して策定する地震動」と「震源を特定せず策定する地震動」の2つを考慮するなど、耐震性の向上を目標としていた。ところが、新たな「指針」に基づいた基準地震動の策定も相変わらず電力事業者任せのため、活断層や地震の連動性を過小評価するなど、調査自体が疑問視されている。

＊10――サン・オノフレ発電所

近傍約8㎞に活断層が存在する、米カリフォルニア州南部の原発。2012年1月に蒸気発生器の配管破損が見つかり緊急停止し、原子炉2機全て運転停止に。その後の調査で、三菱重工業が製造した蒸気発生器の設計ミスが原因とされた。原発の運営会社である「南カリフォルニア・エジソン社」は早期の再稼動を目指したが、住民の強い反対やアメリカ原子力規制委員会（NRC）の許可が下りず、2013年6月に全機廃炉を決定した。蒸気発生器の製造メーカーである三菱重工業に対しては、契約上の責任上限を超える40億ドル以上の損害賠償請求がなされた。

＊11――設計可能な値は600ガルどまり

本稿が執筆されて以降、耐震技術は向上し、2012年に国内で唯一再稼動された大飯原発3・4号機の耐震性能は700ガル、2007年に中越沖地震に見舞われた柏崎刈羽原発は1000ガルに向上したとされている。

＊12――ラ・アーグ再処理工場

フランス北部のラ・アーグ岬にある使用済み核燃料を再処理する核施設。もとは軍用プルトニウムの生産工場だった。1979年1月、民生用に転換して最初に受け入れたのが日本からの使用済み核燃料である。

＊13――元素のうつりかわりによってプルトニウム239の量は漸次増加

ウラン燃料の大部分を占める燃えないウラン238が順次中性子を5個吸収してアメリシウム243に変わり、

7370年の半減期でアルファ崩壊してネプツニウム239になり、ネプツニウム239が半減期2355日でベータ崩壊してプルトニウム239になる。この分が廃棄物の中にもともと存在しているプルトニウム239に漸次加わってゆく。

＊14――ハンフォード

アメリカ・ワシントン州の東南部に位置する。マンハッタン計画の下、長崎に投下された原爆に使用されたプルトニウムが生産された。周辺地域は廃棄物管理のずさんさから放射能によって高濃度に汚染されている。

＊15――ホット粒子

ホット・パーティクルと呼ぶことが多い。一般的には放射性物質でできた非常に微細な粒子のこと。大きさに比べて放射能は非常に強い。

＊16――1秒間に1本

1ベクレルという単位は原子核が1秒間に1個崩壊する場合の放射能を表す単位。1ベクレルの放射能を持つ物質が、α線を放出するα崩壊やβ線を放出するβ崩壊する場合は1秒間に1個のα線やβ線を放出する。α崩壊やβ崩壊の結果として放出されるγ線は、1ベクレルの放射能が1個のγ線を出すとは限らない。例えばセシウム137は1ベクレルでおよそ0・85個、セシウム134は2・2個のγ線が放出される。

原発はいらない

1979年3月28日、アメリカ合衆国東北部ペンシルバニア州のスリーマイル島で、原子炉冷却材喪失事故が発生した。事故当日、事故を起こした2号炉は営業開始からわずか3カ月経過、定格出力の97%で営業運転中であった。

2次系の脱塩塔のイオン交換樹脂の移送中にこの移送鞄管に樹脂が詰まり、移送用の水が弁を制御する計装用空気系に混入したため弁が閉じて主給水ポンプが停止し、最終的には加圧器逃し弁が開放されたまま熱によって弁が固着、冷却材が喪失し、スクラム（緊急時に制御棒を炉心に入れ核反応を停止させる）に至った。

ＥＣＣＳは作動したが、すでに炉内の圧力低下によって冷却水が沸騰し、ボイド（蒸気泡）が水位計に流入することで正しい水位を示さず運転員の誤判断を招き、ＥＣＣＳは手動で停止された。

このあと1次系給水ポンプも停止されたため、開いたままになっていた安全弁から500トンの冷却水が流出、炉心上部3分の2がむき出しとなり崩壊熱によって燃料棒が破損した。

結局、炉心熔融で燃料の45%、62トンが熔融し、うち20トンが圧力容器の底に留まったとされる。国際原子力事象評価尺度においてレベル5（最大が7）とされた。

皮肉なことに、この事故はメルトダウンからメルトスルーに至る原発事故を題材にした米映画「チャイナシンドローム」封切りの12日後に起きた。

この講演は、事故の衝撃から間もない79年6月16日に、芝浦工大・大宮校舎において同大生協・自治会共催による新入生歓迎会の中で行われた。学生を対象にした講演ということもあり、反原発運動の入門書的内容と言える。

〈放射能の恐ろしさ〉〈原発と火力発電所の違い〉〈原発事故の特徴〉〈原子力発電の原理とスリーマイル島事故の教訓〉〈エネルギーと文明〉というテーマに分け、分かりやすく説明されている。

1 原発——その巨大な危険性

原子力発電所がどんなに大きな危険性をもっているか、ということを中心にお話したいと思いますが、それに連なって、たとえば石油危機とか、エネルギー危機のことについても後の方で私自身の考えを少し述べてみたいと思います。

原子力発電所の非常に大きな危険性というのは、先日のスリーマイル島の事故で、理屈でなくて現実のものとして多くの人に知らされたと思うんですが、そこは工学部の学生諸君ですし、もっとその深いところで理解していくということが重要だと思います。

原子力発電所は、ウラン、ウランのうちでもウラン235という同位元素の分裂反応を利用しています。広島に落ちた原子爆弾、これもウランの核分裂の連鎖反応を利用しています。その時にだいたいどのくらいの量のウラン235が核分裂したかということは、覚えておいた方がいいと思います。だいたい1kgぐらいであろうと思われます。ウラン235で1kgは手のひらにのるくらいですね。もちろん1kgが核分裂反応を起こすためには、数kgのウラン235が使われたでしょう。これは100％純粋ウラン235です。ウラン235は、ある一程度以上集積しますと、自然に連鎖反応が起こるわけです。これは「臨界量」といいます。臨界量以下に分けておきますと反応が起きないわけですがそれを瞬間的にくっつけて押え込んでおくと、その数分の1が核分裂を起こすということになります。

これが15万人もの人々が即死され、あと10万人程の人々が、原爆症のために亡くなられたという広島のあの惨状を成した一瞬なのです。その頃、「ピカドン」という言葉が使われています。おそらく核爆発の瞬間、超高熱の爆風によって焼死したり建物の倒壊や火事によって死者が出たわけですが、しかし、たとえそのピカドンがなくてもやはり10万人程度の人が即死状態であったろうと思われるのです。これは、核分裂の瞬間に出てくる中性子の放射線によって、爆心直下の人々は致死量の放射線を浴びたからです。

今言いました放射線は核分裂の行なわれたその瞬間だけ起ったわけですが、その時に大量の死の灰がその周辺にまかれるのです。それは何かと言いますと、1kgのウランがさっき分裂したと言いましたけれども、その核分裂を起こしたウランがウランでなくなったわけですね。ウランがそれ以外の、たとえば、バリウム、クリプトンというような物質に分かれたのです。それが放射能を持っているのです。その死の灰の量は、当然1kgのウランが分裂したものですから1kgです。これが死の灰となって、それは黒い雨と言われました。放射能を帯びた塵が上空へ舞い上がって雨をつくり、黒い雨となったわけです。あるいは、中性子の放射線を浴びなくても後にやはり原爆症となっていったのです。それからその被爆の中心地に、その翌日ぐらいに自分の家族を訪ねて行った人々の中からも原爆症が発生しています。これらは、みんな死の灰、つまり核分裂生成物の放射能を浴びて、そのために原爆症になったか、あるいはまだその辺に死の灰があったのを呼吸したために、やがて原爆症に侵されていくわけです。

こういうふうに、死の灰の恐しさというのは、広島の人々には知られていたのですが、一般の人々はその時ピカドン、それから、その瞬間に出た中性子の放射線、こちらの方に気をとられていて本当に死の灰の恐ろしさということは認識されていませんでした。それがはっきり認識されるようになったのは、それから約9年後の1954年のビキニ、死の灰事件です。

この時には日本の第五福竜丸がちょうど禁止区域のギリギリの所に来ていて死の灰を浴びています。その中の一人の久保山愛吉さんという方が数カ月後に亡くなられました。これが日本の原水爆禁止運動の発端となったわけですが、実は同時に、マーシャル群島の住民約240名の人々が同じ死の灰を浴びていました。翌日、アメリカ軍が来てこの人々を皆退避させたのですが、既に体の中に放射能を吸い込んで、非常に多くの被爆者を出しています。その時に妊娠していた十数名以上の女性のほとんどの人が流産をしてしまいました。それから10歳以下の子どもが19人いたのですけれども、2人を除いて全員が甲状腺の癌、或いは甲状腺の腫瘍という病気になってしまったのです。

以上のようなことは、現在では教科書にも載る程度にはっきりしてきていることですが、私達日本人は、久保山さんや第五福竜丸のことは随分騒いだんですが、このマーシャル群島の住民のことについてはほとんど何も知らなかった、ということがあるわけですね。

原水爆禁止運動のような中にも、そういうことをしてしまったというのは残念なことです。もちろん、今から数年程前から、日本のジャーナリストや科学者がマーシャル群島に行って、ヤシの実や土壌の中に非常に濃厚なセシウム137、ストロンチウム90などの放射性物質が残留している状況を調べたりしています。とにかく1954年の死の灰事件で、核分裂生成物の恐しさというものがクローズアップされるようになったわけです。

●——甘い放射能への認識

放射性物質の本当の恐しさについては、認識がまだまだ甘い。我々人類の認識は、非常に甘いのです。それは何よりも私達が、放射性物質に接するようになったのは、キュリー夫人のラジウムの発見、これが19世紀末ですね。

19世紀末ギリギリの年です。そのころはまだ放射性物質の恐しさというものを知りませんから、科学者達は平気で掌に乗っけて歩いたりいろんなことをしたのです。従って非常に多くの科学者達が白血病で亡くなられています。ラジウムを発見したキュリー夫人、その娘イレーヌ・ジョリオ・キュリー、その御婿さんのジョリオ・キュリー、非常に優れたフランスの物理学者ですが、皆白血病で亡くなられました。それから世界で最初の原子炉は何のために作ったかというと、長崎のプルトニウム原子爆弾を作るために作ったものですから、日本人にとっては、あまり良い気分がしませんが、それを作ったエンリコ・フェルミというイタリアの非常に優れた物理学者でこの人も白血病で亡くなっています。つまり自分で放射性物質を、地球、我々の世界に招いた人々は放射能の危険性というものをほとんど知らずに自ら犠牲になっていったんです。本当に死の灰、放射能というものの恐しさがわかったのは、1945年の広島の経験以後と言っても差し支えありません。

今、我々が放射線の影響を知る時の資料となっているのは、広島・長崎・ビキニ島です。それまで殆んど知ることがなかったのです。

最近になって更に現在まで蓄積されていた知識よりもっと恐しいということがわかってきたのは、ネバダでアメリカ軍が原爆実験をやった時、作戦に参加していた兵士達の間で癌がどんどん発生してきているということが知られてきたからです。これに非常に慌てて資料を集めているようです。軍当局自ら兵士達を実験材料に使ったのか、それとも、本当の放射性物質の恐しさということに対して非常に甘い考え方を持っていたということでしょう。

そういう中で、この原子力の開発というのがどんどん続けられています。

現在の原子力の利用というのが、まったく原水爆技術、原子兵器技術の延長上でしかない。あるいはそのお余りだというふうに私は言えてると思うんです。つまり、戦争技術であれば多少それを製造する人、そこに働く人、労働者に危険があるということを無視しても強行されたのです。

そのやり方が現在そのまま原子力開発の上に、平和的利用の原子力開発の上に続いているということが根本的にあるというふうに思っています。

●——原発の中にヒロシマ死の灰1000発分

具体的にどういうふうに危険なのかという事に移りましょう。

先程、広島の原子爆弾、広島で有効に使われたウラニウムは約1kgであると言いましたが、ちょうどそれと同じ量は、出力100万キロワットの原子力発電の中で約10時間で消費されます。従って、100万キロワットの発電所の中には、1年間操業した時に1トンの死の灰が内蔵されています。死の灰の放射能の恐しさということを考えますと、その危険性は非常に大きなものだと言えますね。広島の死の灰の約1千発分が、原子力発電所の燃料棒の中に蓄積されているわけです。ですからそのうちわずか0・1％でも漏れれば広島の原爆の死の灰と同量が撒き散らされることになるわけです。その潜在的危険性の巨大さがわかると思います。

単に放射能があるということだけでなく、もう一つの側面は放射能というのはそのままエネルギーだということですね。普通、バラバラになってしまった放射能を考えますと、そこから出てくる放射線が人間の身体に危害を加えるという、その点だけが問題にされるわけですが、広島の死の灰の千倍というような形で大量に固まっている場合には、それの出す熱量の膨大さがまた問題になります。

その大きさは電気出力の約5分の1ですから、100万キロワットの原子力発電所では、死の灰の持っている出力は20万キロワットです。20万キロワットの発電所と言いましたら非常に大変なものですね。

皆さんも、発電ということについては興味を持っていらっしゃると思いますが、例えば黒部川の水力発電所の電気出力が26万キロワットですね。26万キロワットの熱出力というのは、ものすごいものであるということがおわかりだと思うんです。

その点が火力発電所と違うところです。火力発電所でしたらこの間のスリーマイル島の事故のような時には、火が消えてしまえばそれでおしまいですが、原発ではこの20万キロワットを冷却し続けなければならないのです。

●――原発事故の特徴

スリーマイル島の事故は二次系の給水系故障から始まりました。発電所というのは皆さんもご存知のように、かならず熱の何倍かは冷やして海へ捨ててやらなければなりません。これが排熱ですが、これは熱力学の原理によって縛られていて、如何に頑張ってみても熱を全部電気に換えることはできません。

原子力発電所の場合には100万キロワットの電気出力を得るために、なんと200万キロワット相当の熱を海に捨てているわけです。技術的にも残念なことですが、これがまた、温排水として環境を汚染します。熱汚染ですね。200万キロワット分の熱を外へ取り除いてやる、ということをどうしてもしなくてはいけない。

その冷却系統が故障したというのがスリーマイル島事故の出発点なわけですが、火力発電所でしたら冷却系統が故障したら直ちに石油の供給を止めてしまってボイラーの火を止めてしまえば、それで済んでしまいます。まあ停電になりますから一刻も早く復旧しなくちゃならないわけなんですが、しかし事故としてはそれでおしまいですね。ところが原子力発電の場合には給水系が止まったらただちに制御棒が入って核分裂反応を止めてしまいます。スリーマイル島の場合には、約8秒後に制御棒が全部入って核分裂反応は全部止まったと言われています。

核分裂反応は止まってしまったのですが、まだ出力は続いているのです。死の灰の20万キロワットという熱出力です。ここが火力と原子力のまったく違う所だということをよく肝に銘じておいて下さい。

したがって冷却系が故障したということが起きたら、ただちに他の冷却系が働かないと大変なことになります。もし働かなかった場合、沸騰水型の原子炉では約150トンの燃料棒、それから、加圧水型の原子炉では約90トン程度の燃料が使われていますが、これが全部ドロドロに溶けてしまいます。その熔融温度は2800℃という非常に高いものなんですけども、それが２８００℃を超えてしまい、固まりのドロドロの溶解物になってしまうのです。

更に、原子炉圧力容器といって燃料棒を入れているボイラーと考えて下さればいいんですけれども、厚さが13㎝、直径数m、高さが15m以上のものです。それが全部熔けてしまいます。死の灰の熱出力はこれだけの能力を持っているのです。

そして更に、格納容器の底部のコンクリート、これは厚さ数mというものですが、それが熱によって分解されて地面の中に潜り込んで行く。これがよく言うチャイナシンドロームとして想定されたのです。チャイナシンドロームということが盛んに言われますけれども、チャイナシンドロームというのは、まだ幸運なケースなんですね。

もっと恐しいのは、そこまで行く前に、たとえば、ドロドロに熔けた燃料棒が原子炉圧力容器の底の水に落ち込んで、水蒸気爆発を起こし原子炉が圧力容器の蓋を吹き飛ばすことです。格納容器といって更に圧力容器の周りにもう一つ覆いがあるんですけども、その格納容器の天井をも吹き飛ばすということが考えられています。そのようなケースは、事故が始まってから数時間の間に起こると考えられています。

そうすると非常に**フレッシュな死の灰**[*]が環境の中にまき散らされてしまうのです。こういう時が、実は、被害としては大きくなるんです。水素爆発というようなことも控えています。

原子炉には非常に沢山の金属があります。当然圧力容器も金属ですし、燃料棒の鞘に使われている物も金属です。金属と水が反応する時、金属―水反応が起こります。金属が水の中の酸素を奪ってしまって水素が分離されて水素発生ということが起こります。とくに現在の原子力発電の中の燃料棒の鞘に使われているジルカロイという金属は、ジルコニウムを主体とした合金ですが、そのジルコニウムは特に水と良く反応して水素を発生させる性質があるんですね。スリーマイル島の事故でもご存知のように水素が大量に発生して、水素爆発を起こすということが非常に危惧されたわけです。この水素爆発がもし、原子炉圧力容器の中で起きれば、さっき言った水蒸気爆発と同じように原子炉圧力容器を吹き飛ばして、その破片によって格納容器も潰されてしまう、という事態が考えられます。

とにかく様々な経過があり得るわけですが、いずれにしても、死の灰の熱を取り去ることに失敗した場合には起こってくるわけですね。

もう一度要約しますと、大量の死の灰、その大量の死の灰の一つの側面は、非常に大量の熱を発生し続けるということ、ただそこに熱があるというのではなくて熱が発生し続けるという側面です。それがバラバラとなって撒き散らされて人々の頭上に降り注ぐ時には、今度は放射線として生物学的な危害を加えるという、こういう二つの側面で死の灰の潜在的危険性を考えていくことが必要です。

●――原発事故からの被曝

外界に撒き散らされた死の灰は、それではどうなるんだろうということですが、これもやはり二つの側面を考えておく必要があるのです。たとえば、東海村の１００万キロワットの原子力発電所がありますが、そこに内蔵されていた死の灰の１割が放出されるとすると、どういう物が出てくるかといえば、ガス状のもので揮発しやすいもの、高温で揮発しやすい物質、セシウムとかヨウ素とかいった物質です。これらは、熱い蒸気の雲といっしょに出てきます。私達の頭上をその雲が通り過ぎるとき、その雲からγ線という放射線が出てきます。我々がこれにさらされるならば、原爆症の原因となります。この被曝は一過性ですね。事故が起きている数時間の間、雲が我々の頭上を漂っている間だけ被曝するわけです。

もう一つは、その雲の一部分を私達が呼吸によって体内に吸い込んでしまう、こういうのを内部被曝と言います。しかし、呼吸を止めているわけにはいきませんから、私達はセシウム１３７、ストロンチウム90、ヨウ素

131等を含んだ空気を吸い込んでしまいます。これはいずれも死の灰の一部分です。そういった物が身体の中に取り込まれますと、それらは私達の身体の骨とか、あるいは甲状腺という所に大部分が吸収されます。それは一過性ではありません。ひとたび私達の身体の中へ取り入れられたら、これは物理的半減期、および生物学的半減期で自然に減っていくのを待つ以外にないんです。

放射線を出しながら、放射能の強さが半分になる時間を半減期と言います。たとえば、セシウム137という放射性物質は30年経って漸く半分になります。60年経つと4分の1になり、90年経って漸く8分の1になります。決して半減期だからその2倍経つとなくなってしまうわけではなく、指数関数的に減少します。

それから、ストロンチウム90も約30年の半減期で、ヨウ素131は8日間で半分になりますが、有効期間は約30日。ひと月間ぐらいの間絶えず甲状腺を放射線で侵し続けるのです。これが、マーシャル群島の住民のうちの子供達殆んど全員が甲状腺腫瘍になった原因であるヨウ素131です。

その他ストロンチウム90といった物質は骨の中にまで入り込んで一生出て行くことはなく、骨およびその周辺の器官を照射し続けます。このことによって白血病とか骨髄の癌になることもありますし、その他様々な癌を誘発する可能性があります。

今話したように、原子力発電所の事故によって出てきた雲は、外部照射と内部照射との二面によって私達を照射するということを忘れないで頂きたい。スリーマイル島事故のとき、どれだけの線量を浴びたかというのは新聞記事で見たかと思いますがこれは、外部照射雲からの直接照射というだけであって、その時どれだけ吸い込んだか、吸い込んだ物質によってどれだけ被曝したか、こういうことが出ていないということに注意しなくてはならないのです。実際、大部分の事故の場合には内部照射の方が一過性の外部照射によるよりもずっと影響が大きいのです。

私達の所で試算した結果では、一過性の外部照射によるものは10％程度です。その他大部分は、内部照射によるものです。だから、スリーマイル島の事故で、これからどういうふうに被害者が出るか、まったくわからないというわけですね。

●――被曝の影響

その被害の表われ方ですけれども、昨日事故が起きて、明日死ぬという形では表われません。もちろん非常に大量の放射能を浴びせられた場合には急性症状で、1週間以内に下痢とか毛が抜ける広島の被爆者が典型的に表わしたような症状を表わします。もっと少量の、微量だけ浴びた場合には、5年後、10年後、20年後に発生するというふうに、後になって出てくるわけです。

ですから、たとえばスリーマイル島でそういう人が今後出てくると思うのですが、この人が果たしてスリーマイル島の事故でなったのか、それとも自然の他に起きている、癌だろうか区別する方法がないんですね。そこに、原子力公害、放射能被害の場合の、他の公害の場合と非常に違う点があります。因果関係を証明して、原発事故による被害なのだということを証明するのは難しいという点があるのです。これはまた被害が現実の問題となって、スリーマイル島のような場合にどう考えていくのかということですね。

スリーマイル島の周辺の人々は、放射能の被害が発生した場合に全てこれは、原子力発電所の事故によるものだ、ということを主張してゆくべきだということなのです。個別に、これはスリーマイル島の事故によるもの、これは自然に起きている癌だというようなことを区別しろと言われたら、これは原理的に不可能です。そういう非常に困難な問題もあるわけです。

ですから、今、スリーマイル島の事故で人一人死ななかったではないか、こんなに大騒ぎをしてなんだ、というような反論がちらほらあるようですけれども、とんでもない話です。一人急性の死者が出るような場合には、数万人の人が癌で死ぬということが約束されているわけです。一人の死者も出なかったなどというのは、原子炉公害のことを知らない人の言うことです。

2　スリーマイル島事故の教えるもの

●――事故の経過――人為ミス説批判――

スリーマイル島の事故は、どう起きたか。新聞記事で読んだ人は何がいったい本当なのか、よくわからない、いろんな話が変っていってわからないと思うんですが、最近では、『技術と人間』という雑誌の5月号にかなり詳しく出ていますし、6月号にも詳しく発表されています。だんだん、明らかになってきているんですけれども詳細はそちらで読んで研究していただきたい。

ただ一つだけ言っておきますと、あの事故は人為ミスで起きたのであって日本の運転員は訓練されているのであああいうことは起きないというようなことを、原子力委員会の安全審査委員で東大工学部教授の内田秀雄などという人が言っております。これは非常に間違った考え方です。

スリーマイル島の中で、人為ミスと言えるのは、一つぐらいだと思います。しかし、内田さんが言っていることが本当だとしても、それは従来まで内田さんが主張してきたこと、つまり、原子力発電所というのは非常に巨大な潜在的危険性を持っているが、どんなことがあっても事故にならないようにできているんだ。とりわけ人間が誤まったことをしても、事故を発生しないようにできているということをこの人が言っているように、たとえば制御棒を間違えて引きぬいてしまったような場合、それでも暴走しないようにできている。つまり、ある数以上の制御棒は、絶対に人間のミスで引きぬけないように設計ができている、というふうなことをさかんに言っていたのですが、それを完全に裏切っている。

つまり、人間が操作する以上、人間のミスというのは、避けられないことですね。人間のミスが、あれだけの事故になる、非常にありふれた人間のミスであると、もし主張するのであれば、それは今まで自分が主張をしてきたこととまったく違うことを言うことであり、そしてまた、ますます危険だということを宣言なさったことになると思います。人為ミスだから、原子炉そのものが安全だというようなことは成りたたないということを私は言っておきたいのです。

しかし、今回の、スリーマイル島事故は決して人為ミスだけで起きたというわけではないんです。たとえば、人為ミスの一つと言われているのは、一番最初の、補助給水ポンプの弁を開け忘れた点です。

事故の発端は何かというと、これは少し**図**を見て下さい。

Aが原子炉圧力容器で、ここの中で燃料が燃えて、水を熱くしています。その水を**B**の蒸気発生器にもってくる。この中で、圧力容器からの熱水を細い管に分けて、一次系の熱を二次系に伝える。この中で蒸気になります。要するにここはやかんだということです。この中で水が蒸気に変わっていきます。二次側は、この中で蒸気発生器の一次側の水は圧力容器へもどります。ここで循環して燃料棒をたえず冷しているわけです。

一方、二次側の蒸気はタービンをまわし発電をしますが、**C**の復水器で冷却され再び蒸気発生器にもどります。つまり二次側の水はたえず蒸気発生器の一次側の熱水を冷却しているわけです。**D**のポンプ、二次給水ポンプですが、それが止まったのです。これが止まるということは、わりあいしょっちゅう起こっているようです。少なくとも1年に3回ぐらい、いろんな原因で起こります。これが止まりっぱなしだと、どういうことが起こるか。

燃料棒の発生熱を少くするため、炉は停止します。しかし燃料棒の中では死の灰による熱の発生が続いているので、この熱を取り去らないと圧力容器の温度が、どんどん上がります。そういうことになっては困るので、ただちにここで**E**の補助給水ポンプが作動して、**D**の代りをします。ところが**F**の弁が閉まっていたのです。3台の補助ポンプが一斉に動いたけれども何の役にもたたず、これが事故の発端になります。

しかし8分後には、この弁が閉まっていることに気が付いて、冷却がはじまっています。8分間水が止まっただけで、あの大事故につながってしまった、それだけの巨大な慣性を持っているものだということです。

もちろんさっき言いましたように燃料中の核分裂反応は、早い段階で止まっています。10秒後に、制御棒が降りて緊急停止されています。ですからあと、事故を拡大させていったのは、核分裂生成物、つまり、死の灰の出す熱、普通でいえば余熱です。余熱といったら、電気を切ったあとのアイロンの熱を連想しますが、それとは違い、死の灰のときは熱発生が続いているのです。

このポンプの弁が閉まっていたことがまず第一の問題ですが、こういう重要な装置の弁が閉まっていたらそもそも原子炉全部が動き出さない、たとえば、制御棒を抜こうと思っても抜けない。ここが閉まっていれば、自動的に制御棒を引き上げることは不可能であり、このようになっていれば安全設計なわけです。実際にはそのようになっていたはずなんですけれど、これを解除してしまったらしい。それが普通なんですね。

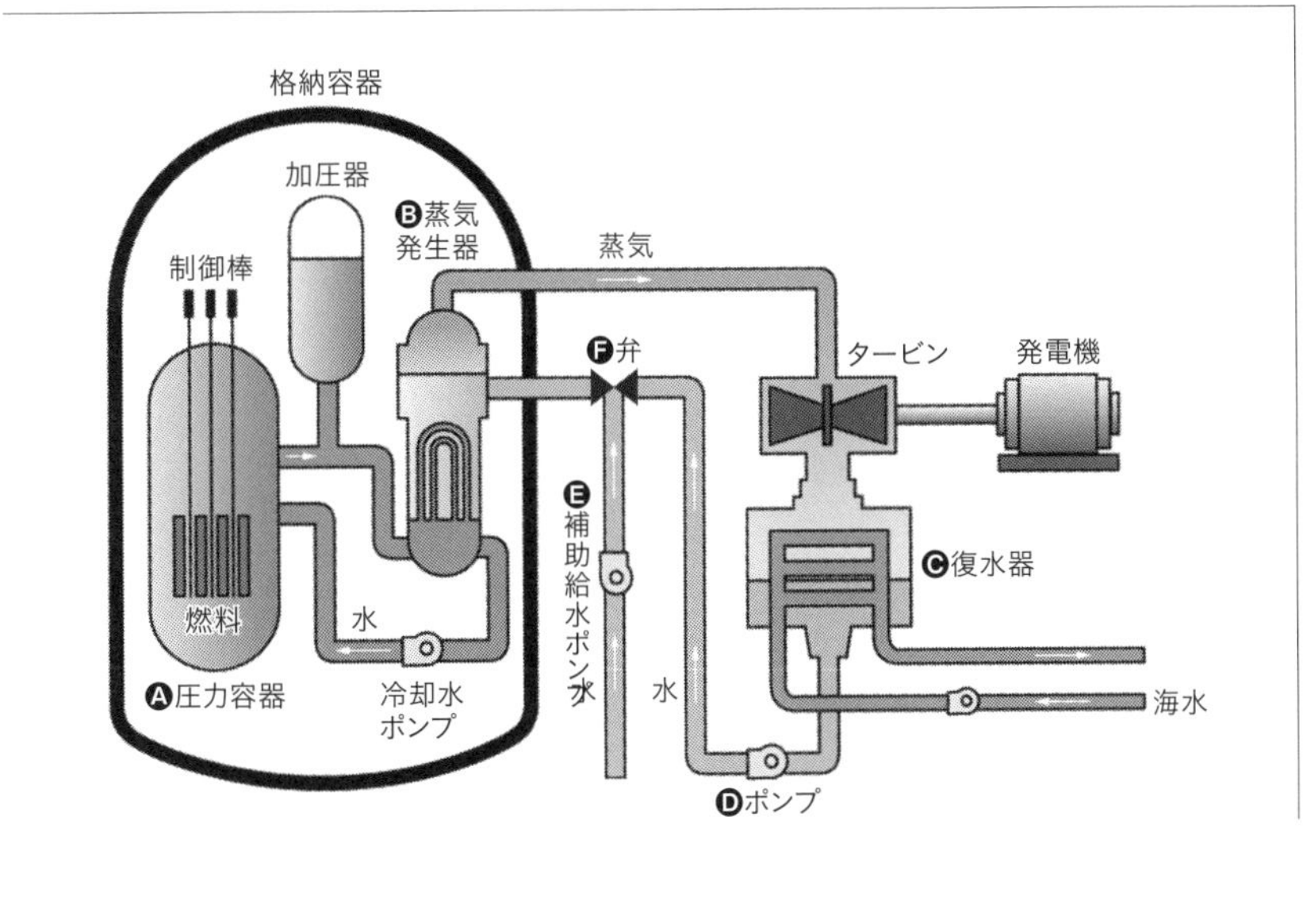

というのは、こういう補助ポンプというのは非常の時に動くもので、いつもは使っていないものを急に使い出すときは失敗が起こりやすい。だから原子炉が正常運転している時でも、時々点検して、大丈夫かどうか試してみなくてはいけない。その時、下の弁を閉める。弁を閉めてポンプの動作をチェックするわけですね、そのたびに、もし原子炉を止めていますと、困ったことになります。

原子力発電所というのは特にそうなんですが、いつもずっと同じ出力で運転していれば、だいたい傷みもそれほど進まないし失敗も少ないんですが、出力を上げたり止めたりすると、いろいろなところに負荷がかかるため、なるべくずっと同じ状態を続けなければならないのです。そのためにせっかくのインターロックをはずして点検をしてしまう。こういう巨大装置になるとどうしてもそういうことになるのです。安全装置が付けば付くほど、そういうことをどうしてもやってしまう。これは宿命的なものだと言えると思うのです。

そのような身動きできないような状態ですね、安全装置は。点検している時には弁を閉めてやりますから、そのときもし事故が発生したら、その安全装置は止まったままというジレンマにあり、かといって運転中いっさい点検をやめるというわけにはいきません。点検をやったあとに弁を閉め放しというのは起こりえる人為ミスと言えるでしょう。

●——有効でなかったECCS

そのあといくつかの人為ミスが指摘されています。

さっき言ったように、一次系の圧力が上がってきます。温度がだんだん上がり圧力が上昇してくる。そのままになっていたら、一次系のどこかのパイプが破断することになりますから、自動的に加圧器の圧力加減弁が開いて、ここから蒸気を逃がしてやります。ところが、もう遅くて、蒸気と一緒に、中から熱い水が外にふき出してしまいました。これは１５０何気圧という非常に高い気圧で運転していますから、いったん出はじめると流出が止まらないのです。

　この弁が、本当は閉まることになっていたのが、閉まらないで開きっぱなしになって、ここからどんどん水がもれてしまった。おそらく弁が閉まってもすぐにまた圧力が上昇して、開いたり閉まったりして、開いたままとあまり違わなかったと思うんですが、いずれにしても加圧器の弁から一次冷却水が出ていったということです。そして、圧力容器の中の水がどんどんなくなり、その結果、炉心が裸になってしまった。炉はどんどん熱くなっていって、燃料棒が損傷するということになるのですが、実はこの時に緊急冷却装置（ＥＣＣＳ）というのが働いています。これは、冷却水が失なわれていったとき、水を注入してやる。つまり、水を注入して炉心が裸になる、

スリーマイル島原子力発電所

露出してしまうことを避けるよう、水を上から注入してやって炉心を冷やします。

そのうちの高圧注入系というものが2台あり、これは作動しています。今までこういった炉心の冷却水がなくなったような場合でも、高圧注入系の緊急冷却装置があるから大丈夫だ、事故にならない、と言われてきたのですが、今度の場合は作動しています。

朝日新聞などでは、スリーマイル島の事故で緊急冷却装置がうまく働くことが実証されたなどといっていますが、実を言うと、これが働いたのに、事故がどんどん拡大していった。これは、ECCSが確かに働いてくれたけれども、注文通りの役割りを果さなかった、ということがはっきりと証明されたことなのです。

これについてもミス説が言われています。そのミス説というのは2台の高圧注入系を、4分後に1台を止めてしまった、それから6分後にもう一台を止めてしまった。これがミスだと言われています。

第一に、なぜ止めたかという問題ですけれど、それは水位計が一杯になっていたので、炉心の水が一杯に満たされたと判断を下したのですが、これは当然ですね。炉心と加圧器とはつながっているのですから、加圧器の上まで水がきていれば、炉心は一杯だ。そのように作業員は判断したので止めたのです。これが非難されているのですが、実はあまり根拠がないのです。

というのは、6分30秒後に再び作動させているのです。ですから、高圧給水系を止めているのは、実質上20～30秒という短い時間だけです。しかもその前に、4分までは高圧注入系は二台働いた。

マニュアルには、一台の高圧注入系で充分熱を除去できると書いてあります。一台で充分なものを二台働いたのだから、この結果から見て、30秒間ぐらい止めたということが、事態の本質をさほど変えたことにはなっていないはずですね。ところがそれを運転員のミスだということで、アメリカで相当問題になっています。こういう細かいことを言っているときりがありませんので、このくらいにしておきましょう。

人為ミス説というのは、あまり当らないように思います。それよりも、問題はECCSあるいは高圧注入系が作動しているにもかかわらず、期待された役割りをほとんど果さず、その後あれほどの大規模な事故へ発展するのを止めることができなかった、という点がポイントだと思います。

●――もっと危険だった日本の原発

日本の原子力安全委員会は、事故が起こった直後に、日本の加圧水型の原子炉は、メーカーが違うから安全だということを言ったんですね、これは、世のひんしゅくをかって、安全委員会ではなく、あれは安全宣伝委員会であると批評されたわけですが、何も事態がわかっていないのに、なぜ安全だという宣言ができるか。ところがその声明は一週間たらずのうちに、アメリカのＮＲＣ（原子力規制委員会　Nuclear Regulatory Commission の略称）が、「日本にある、ウエスチングハウス社製の原子炉はもっと危険だ」ということを言ったためにこの声明は一遍につぶれてしまった。まことにはずかしい話なんですけれども、一遍につぶれてしまいました。それはどういうことなのか。

スリーマイル島の原子炉は、高圧注入系が働くための信号系が、炉心の圧力が減少する、つまり圧力が減少した場合に働くようになっています。そのために2分間後に圧力が下ったので高圧注入系が働き出したのです。それに対して、日本のウエスチングハウス社の炉はどうなっていたかと言うと、圧力減だけでは働かない。もう一つ水位低という信号が入らないと働かない、その両方で初めて高圧注入系が働くようになる。ですからスリーマイル島の事故で、そういう高圧注入系になっていたら、これは水位計がこわれてたのですから、水位低にならない。高圧注入計はまったく作動しなかったでしょう。というわけで、ＮＲＣはウエスチングハウス社製の方が危険だといった。

事故直後、日本原子力委員会は強引に加圧水型炉の運転を継続していた――といっても大飯のだけしか動いていなかったのですが――のですが、このＮＲＣ声明でとうとう止めざるをえなくなりました。結局日本の原子力委員会は、高圧注入系を手動で入れる、ということで運転を再開した。それは、10分以内に入れれば大丈夫であり、10分以内に運転員が判断して入れることは充分可能である、というのです。日本のものはスリーマイル島のものと違って高圧注入系が入らなくても、10分間はもっと言っている。

ここで注意して欲しいのですが、スリーマイル島では高圧注入系が2分後に入ってあれだけの事故になってしまっているわけです。強引に、大飯の原子力発電所を動かしてしまったのは、私はサミットの問題があるのではないかと思います。今、日本の加圧水型の原子炉全部、ストップしています。これはスリーマイル島の事故が起きる数日前に、実は全部ストップしていたのです。それは制御棒の駆動装置に故障があったからで、制御棒というのは、一旦事故が起った時にただちに炉を止めるための一番の中枢部分ですね。その部分の故障が見つかったために、しかも日本中の加圧水型原子炉に共通にあったために、止まっていたわけですね。そういうことで、全部の加圧水型の原子炉が止まっているということではみっともないということで、かなり強引に、そういう措置をとってしまったと思います。

3　エネルギーと文明

●――エネルギー問題は政治の問題

以上、原子力発電所のもたらす潜在的危険性、それからスリーマイル島で起きたこと、この二つについて述べてきましたが、最後に、「エネルギー問題」として、少し考えてみたいと思います。「エネルギー問題」を科学技術で全部解決できるかのように政治家は考えているようですが、決してそうではないんだというのが、私の考えです。

かつて1960年ぐらいまでは、トップが石炭であり、その後65年ぐらいを境にして、石油がものすごくダンピングされていった。その時、日本の企業や政府は、これからのエネルギーは全部石油だということで、石炭を全部強引に打ち切った。炭坑労働者などはストライキをやって激しい闘いをやった。それを押しのけて石炭産業を全部スクラップ化して、石油に切り換えたわけです。石炭から石油に換わったのは、科学技術の問題ではなかったのです。この切り換えというのは、第一に政治の問題であった。西ドイツなどでは石炭をまだその後ずっと続けているわけです。日本の指導者だけが全部石油に切り換えてしまった。それから20年もたたないうちに石油がなくなるということを言っているわけです。

これは、私は政治家として失格だと思うんですね。そういう人達が、今度は石油がなくなったから原子力だという。なんという見通しのなさかということ、20年先を見られない人など政治家の資格はないのではないでしょうか。それだったらあっさり謝って、自分には指導する資格はないから、どうぞ皆さん他の人がやってくださいと言うのが本当だと思うんです。ふんぞり返って、今度は、石油がないんだから原子力をやる。石炭から石油に切り換えたのも政治の問題であるし、石油から原子力に切り換えるのもそうです。

●――原子力技術は軍事技術

原子力はこのように極めて危険なものです。それが許容されているのは、背景に原水爆兵器という問題があるからなのです。つまり、原水爆が1発か2発どこかに落下されれば、もちろん原子力発電所の事故とは比較にならないほど大惨事になります。そういう恐怖に満ちた世界――原水爆が満ちみちた世界。人類1人あたり5万トンの火薬に相当するだけのものをすでに現在もっているのだそうです。そういう背景のもとに、はじめて許容される産業だと思います。

今日の話では全然できませんでしたけれども、原子力産業、原子力発電所の中の労働者の被曝の状況、労働条件、これは人間がやる仕事でないことを実際にやらされているわけです。それについても、『技術と人間』6月号につい最近まで現場で働いていた技術者が告発している文章がありますのでぜひ読んでおいてもらいたいと思います。

そういう普通の常識では考えられないような苛酷な労働条件、それから、一般の住民に対しても大きな被害を与える可能性があります。まだ現代が原水爆時代であるからこそ、そういったものが許されているのです。平和産業として使われる原子力技術というのは、まだ存在していないと私は考えております。まだないものを使えということは不可能なのです。私達があたかも持っているように考えること自体錯覚があるのであって、では、なかったらどうするのかと言ったら、それは、解決するのは政治である。

石油がなくなったからといって、人類は絶滅しなくてはならないのか。原子力がなかったら人類は絶滅しなくてはならないのか。そんなことはないはずです。人間とはもっと適応力を持っている。

それこそ現代の科学技術を、我々はがむしゃらに推進してきた。いままでの科学技術のあり方というのは、あまりにも自然に反している。あたかも自然から遠ざかれば遠ざかる程それが技術であるかのように錯覚してきたけれども、それは科学技術の時代史の最も原始的な時代であるのです。アトミックという意味ではなくて、最もプリミティブな時代であると思います。これからの科学技術というのは、もっと自然と調和した科学技術、それこそが科学技術の黄金時代であると私は思います。これからそういう科学技術を皆さんに作っていってもらわなくてはいけないし、私もそういったものを作っていきたいと思っています。

●――石油は枯渇するか

石油がなくなったから原子力しかないではないかというような、一種の強迫観念、あるいはためにする強迫観念が振りまかれています。石油がなくなるのかなくならないのかという問題ですが、私は長期的スケールと短期的スケールに分けて考える必要があると思います。

長期的にはなくなるのは当り前です。石油は何億年の歴史の中で地球上に繁茂していた植物が枯れて、それが変えられていったものです。それを人類は猛烈な勢いで消費しているわけです。石油をこんなに浪費するような文明はずっと続いてきたわけではない。過去僅か20～30年の間に急速に浪費されているわけです。またそういうようなことが無限に続くはずはないのです。今のような浪費を続けるならば、２００年か３００年かは知りませんが、百年掛ける幾つかという数百年のうちには石油はなくなるだろうと思います。そういうことを簡単に済ましていいのかというと、これは我々が将来地球上に現われてくる人類に対して持っている責任ということを考えると、浪費してはいけない。そのために節約するということは、現在の人類の持っている重要な使命であると思います。

その意味での石油危機は、サミットの人達に考えてもらわなくとも、我々自身が一番真剣に考えなければならないことです。そういう風に考える時、現在の石油浪費の文明に対してやっぱり根底的な批判が必要だと思います。現代の工業文明に対する批判が必要だと思います。

●――石油文明への批判

たとえばクーラー文明というのは私は末期的な文明だと思いますが、熱いからまず涼しくしようと、それでみんなが腰痛になったり膝が痛くなったりしています。一方ではその熱はどこかに吐き出されています。決してその熱だけが出されているのではなくて、この部屋の中から1だけの熱を取ったとすれば、約1・5に相当するだけの熱が外に捨てられているわけです。それでクーラーを持たない人は熱くなり、その悪循環で今や東京都ではクーラーを持たないでは住めなくなっています。

風を入れて少しでも涼しくしようと思えば、隣の家の排熱が飛び込んできますから、〝それではしょうがない、自分の家もクーラーを入れるか〟ということになります。クーラーを入れることによって増々悪循環が激増しているというのが都市の生活だと思うんですね。

そしてクーラーの電力を供給するための施設として、いわゆる過疎地に原子力発電所が建てられ、そこで漁業、第一次産業が壊されてしまい、それから人々の生活自身が壊されてしまいます。確かに漁業の生活というのは楽ではないんですよね。そこへきて、1日数時間働けばいい手当てが貰える、日銭が稼げるという形で原発が来ることによって現地の人々の生活が壊されていきます。その楽を見た生活というのは原発が完成すると同時に終って、今度は自分の命を切り売りにした汚染除去作業、放射能を除去する作業という最も苛酷な労働に出て、そういうことで命を切り刻む労働に変わっていく。

それから、飛行機を見て欲しいと思います。決して石油を浪費しているのは電気だけではないんですね。原子力が石油の代りになりうるような宣伝がなされています。とんでもないことです。石油の僅か20％足らずが発電に使われている。原子力じゃ飛行機は飛ばないんですね。石油を浪費している親玉は飛行機です。羽田が狭くなったから成田空港をつくるということになっていますが、それだけの飛行機をぶんぶん飛ばしてそれが一体何のために使われているのか。90％以上は観光旅行に使われている、本当に石油を節約しなくてはならないと真剣に考えるならば、この辺から問題を考えなくてはならないのです。

確かに飛行機を利用して、数時間のうちにアメリカ、ヨーロッパに行かなくてはならない、つまりビジネスの人達がいると思うんです。だけどそのビジネスの人達も、自分がどうしても行きたいのなら、自分で飛行機を仕立てて自分で行けばいいんですね。それでは、金は大分かかるでしょう。それをなくするために、盛んに観光旅行を煽って、そしてコマーシャルベースに航空産業をのせて、それでも自分もそれにあずかろうという魂胆が航空産業の実態であると思うんです。そういうことに大衆が乗って、ひとつフランスのエッフェル塔でも見てきましょう、ということは、おかしいと思うんです。

それはともかくとして、石油を浪費している現代文明に対して我々自身が根底から批判していくのが大切だと思んです。我々自身の立場からもっと石油を浪費する社会を考え直そうということを、これからの科学技術者は真剣に考えていかなくてはならない。

●――新しい技術と世界観を！

それと同時に、本当にクリーンなエネルギーというのは太陽エネルギー以外はない。核融合エネルギーが考えられていますが、これにもいろいろな問題があります。どうしても熱汚染ということは避けることはできません。そういうことを考えますと太陽エネルギーを利用していく方法しかないわけです。クリーン・エネルギーの利用ということで我々が真剣に工学者として考えていく必要が、長い人類の将来のことを考えると出てくると思います。しかし、太陽エネルギーもまた無限ではないわけです。我々のエネルギーを浪費する生活というのは、やはり自然と適合した生活に変えていく、そのためには、政治のあり方、文化のあり方、そういったものを根本的に考えていく作業が要請されています。

我々はこの半世紀たらずに、いやこの30年ぐらいの間に、石油や電気を浪費する文化に馴らされてきています。これを根底から変えていくというのは難しい問題だと思うんですが、どうしても解決していく必要があると思うんです。

最後に言いたいのは、こういう石油を浪費する文明は、これまで100年も200年も続いてきたわけではなく、ほんの最近のものであり、それから第三世界の人々は決してそういう生活をしているのではないんです。彼らは、我々の10分の1の電気も使っていない生活だということです。その人達がもし工業社会の今のような生活をする権利、石油を浪費する権利を主張したらどうなるのか、その時に石油はもうなくなったよ、これ以上使ってはいけないんだよ、ということを我々は言えないんだと思います。つまり現在の世界というのはいわゆる先進国の人間だけがエネルギーを浪費して、しかもそれを中東あたりから略奪してきている文明なんだ、ということを忘れてはならないと思います。

原子力はこういう諸々の問題を抱えています。これは単に科学技術の問題だけではなく、政治、文明、社会、文化、そういった全体の問題なんだと思います。

それを我々の立場から解決していくために、私達みんなが努力していかなければならないと思います。

＊――フレッシュな死の灰

原子炉の停止直後には数分、数時間という短い半減期を持つ放射性物質が存在している。この短い半減期の放射性物質が含まれている死の灰（核分裂生成物）という意味。

Ⅱ

スリーマイル島と チェルノブイリの 原発事故から何を学ぶか

原子力資料情報室主催の『原発闘争情報』
100号記念パーティにて（左から二人目／写真提供：西尾漠氏）

働かない安全装置！スリーマイル島事故と日本の原発
――TMI原発事故とBWR

スリーマイル島（TMI）原発（PWR）事故は、世界で最初の、「仮想事故」をはるかに上回る事故であり、原発の安全神話を吹き飛ばすものであった。だが、またしても日本の原子力推進派は新たな安全神話を作りだそうとした。「メーカーが違う」「BWRでは起きない」と。

ここでは、この時期運転中の福島第一、第二をはじめ6基の事故報告について原因別に分析し、TMI事故の具体例を取り上げながら、重大事故に至る危険性を指摘している。

3・11福島第一原発事故を経験した私たちにとって、とりわけ緊迫感を持って感じられるのは、〈給水喪失から燃料破損に至る過酷事故〉のケースである。

東海第2原発裁判において水戸は原告側証人として中心的役割を果したが、被告国側は、「給水量全量喪失の事態は…解析されており…その結果は燃料破損には至らないことを確認」「蒸気逃がし弁の開放―小口径破断に相当―という事態でもECCSはあらゆる口径の破断に対応できるようになっている」として、BWRではTMIのような事故は起こりえないとの意見書を出した。まったく悪ふざけとしか思えないようなこうした答弁がまかり通り、原告敗訴となった。

水戸は言う、「まことにTREE MILEは遠くない」と。

――本稿は、原子力資料情報室1979年10月発行のパンフレットに掲載された。――

はじめに

ＴＭＩ事故は、その規模において原子力推進派のいう「技術的見地からは起りえない事故」＝仮想事故をはるかに上回る事故が現実におきたものだ。そして、全く幸運にも回避はされたものの最大限級の事故寸前までいった、という一事で原発の安全神話をふきとばした。また、事故の経過そのものにおいて、フェイル・セーフ、多重防護などの謳い文句もウソッパチであることを証明したのであった。個々のメーカーや、個々の原発のあれこれの設計のまずさが暴露されたのではなく、最も根本的な設計思想の過ちが暴露されたのである。およそ学問的良心のひとかけらでももつ者ならば、己れが信じて主張してきたこれらの神話が粉砕されたこの現実の前に、謙虚に冷静に反省すべきであろう。事実は全く逆である。かれらは、「メーカーが違う」「ＢＷＲではおきない」と逃げまわっている。それではわれわれも、ＢＷＲでの現実から出発してみよう。

1　ＢＷＲの事故の概要

表Ｉは、営業運転中のＢＷＲ６基についての１９７１年〜１９７７年の７年間に発生し原子炉等規制法および電気事業法に基づいて報告された事故のうち、直接原子炉機器に関するものを事故の発生した系統別にまとめたものである（日本原子力研究所の研究炉ＪＰＤＲの若干の事故も加えてある）。たとえば１９７６年では６基につき20件であるから１基あたり３件余であるが、これが発生した故障のすべてとは思えない。というのは、米国原子力規制委員会の資料によれば同じ年の米国で運転ないしは試運転中の35基のＢＷＲについて１基あたり

表1

A　燃料体

I-131 420Ci漏出(敦賀、70.10)
I-131 1700Ci漏出(敦賀、71.5)
38体破損(水素発生→脆化)(福島1、73.8)
集合体チャネルボックス破損(福島2 、75.6)

B　制御棒

制御棒逆さとりつけ(福島2、73.6)
中性子吸収管逆さとりつけ(島根、73.7)
制御棒支障による出力低下(福島1、73.11)
制御棒駆動水圧ポンプ軸損傷(島根、74.5)
同上(福島1、76.6)
制御棒駆動水戻しノズルひびわれ(福島1、77.2)
制御棒駆動機構コレットリティナチューブひびわれ(福島2、77.5)
戻しノズルひびわれ(敦賀、77.5)
コレットリティナチューブひびわれ(福島3、77.5)
戻しノズルひびわれ(福島3、77.5)
同上(浜岡、77.11)
制御棒駆動水圧系配管ひびわれ(浜岡、78.2)

C　圧力バウンダリー

パルプより冷却水噴出→作業者被曝(福島1、71.12)
再循環ポンプMGセットAトリップ(福島1、72.5)
冷却系パイプひびわれ(JPDR、72.8)
MGセットBトリップ(福島1、72.12)
MGセットAトリップ(福島1、73.1)
再循環バイパス管ひびわれ(福島1、74.10)
同上(浜岡、74.10)
同上(敦賀、74.11)
再循環ポンプ軸封部故障(福島1、75.1)
再循環ポンプ軸封部破損漏洩(福島1、76.4)
再循環ポンプ1台停止(福島2、76.6)
再循環ポンプ回路(福島2、76.9)
再循環ポンプ停止(福島3、76.11)
再循環系分岐配管ひび(福島2、77 3)
同上(福島1、77.6)
同上(浜岡、77. II)

D　給水系

給水系圧力スイッチ誤動作(敦賀、70.3)
復水器水張不足で給水ポンプ停止，水位低でスクラム(敦賀、71.1)
給水ポンプウォーミング配管漏洩(敦賀、71. 6)
給水ポンプウォーミング配管漏洩(敦賀、71. 8)
給水流量検出用回路誤操作(敦賀、71.8)
給水流量検出配管からリーク(敦賀、71.11)
復水器真空低下(福島1、71.6)
給水補助ポンプ不作動→水位低(島根、73.2)
給水ポンプ出口モータ配線誤接続(敦賀、74.8)
復水給水系パイプから水もれ(福島2、75.3)
空気抽出器蒸気圧力調整弁もれ(福島2、76.1)
給水系異常でスクラム(福島2、76.5)
給水制御系マスターコントローラ故障でスクラム(福島3、76.5)
タービン駆動給水ポンプ制御回路でスクラム(福島3、77.1)
給水ノズルでひび(福島1、77.2)

E　主蒸気・タービン系

タービン加減弁シャフト軸受台破損(敦賀、72.2)
蒸気圧力調整器誤動作(福島1、72.4)
タービン湿分分離器レベルスイッチ(浜岡、76.5)
主蒸気励磁回路故障(福島1、76.8)
主蒸気圧力検出用計装配管から蒸気もれ(福島2、76.10)
タービン主蒸気制止弁制御弁より油もれ(福島3、76.10)
主蒸気止め弁テスト用電磁弁かみこみにより誤動作(敦賀、76.3)
主蒸気隔離弁グランド部もれ(浜岡、76.3)
主蒸気止め弁テスト用励磁弁誤動作(島根、76.8)

F　ECCSなど

炉心スプレイ配管ひび(JPDR、73.2)
ECCS 配管ひび(福島1、75.3)
同上(敦賀、75.3)
ECCS 不作動(JPDR、76.2)
(主蒸気管からのリークによる水位低下)
炉心スプレー配管(福島2、76.6)
原子炉停止時冷却系ひび(敦賀、77.6)

G　格納容器系

格納容器空調不良によるスクラム(福島1、76.7)

H　発電機および負荷喪失

発電機用空気遮断器損傷(敦賀、74.7)
界磁電圧自動電圧調整器不良(福島1、76.2)
落雷により送電トリップ(敦賀、76.10)
落雷による送電トリップ(敦賀、78.9)

50件以上の異常事象が報告されているからである。すなわち、日本での「法律に基づく報告」にはずいぶんバイアスがかかっているのである。このようなことでは、故障の発生を冷静に分析することは不可能であろう。現に、電力会社とメーカーの加わった日本の軽水炉安全調査小委員会（委員長村主進）が軽水炉の異常事象を調査研究するのに「日本の」ではなく「米国の」それを対象とせざるをえないのである。

このようにバイアスのかかった情報ではあるが、われわれは現実に日本で発生している異常事象からその分析を開始しよう。

(1) 制御棒駆動機構関係の故障が多い。もっとも多いのは駆動機構や駆動水配管のクラック（ひびわれ）であり、ほかに、駆動水圧ポンプ軸の損傷がある。73年には制御棒の逆さ吊り2件が発生している。いずれもゾッとするような故障ないしミスである。

(2) 圧力容器および再循環系、再循環系配管のクラックも5件にのぼる。ほかに再循環ポンプの軸やポンプにつながる信号回路の故障が目立っている。島根原発の圧力容器クラックは制御棒駆動水戻しノズルとりつけ部分の長さ十数cm、深さ20mmにおよぶ。

(3) 給水系の故障も多い。ここでは信号回路の誤動作や誤配線が最も多く、ついでパイプのクラック、弁からの洩れが多い。このうちで最も注目されるのは、73年2月島根原発のテスト運転中に発生した給水管補助ポンプの不作動である。当然給水が停止してしまったので、圧力容器内の水位が低下し原子炉は緊急停止した。この原因は、主ポンプから補助ポンプへの切換回路の故障であるとされている。

(4) ＥＣＣＳ系。商業用原子炉については配管のクラックのみ（4件）が報告されている。これ以外に、76年2月にＪＰＤＲ（日本原子力研究所の研究炉）で、水位低下によってＥＣＣＳ作動の条件が発生したにもかかわらず、ＥＣＣＳが作動しなかったという事故が発生している。この場合には通常の冷却系の作動によってことなきをえたが、絶対に作動しなければならない筈のＥＣＣＳの不作動という衝撃的な事故である。原因は水位系の誤指示であるといわれている。

2　ひびわれ事故

表2は**表1**の事例を故障のエレメントで分類したものである。

もっとも多いのは配管（圧力容器1件を含む）のクラック（ひびわれ）である。

クラックは、圧力容器、制御棒駆動機構、再循環系、給水ノズル、ＥＣＣＳ配管と、ところ嫌わず発生している。

このクラックの原因は応力腐食割れといわれている。合金材料の内外から力が加えられ、内部に応力が存在し、さらに材料に接している水の中に酸素などが存在しているとき、材料内部にひびが発生し、これは時間とともに拡がってゆく。ＰＷＲの一次冷却水にくらべて、ＢＷＲの冷却水（炉水）中の溶存酸素量は20倍以上であるため、一次系配管の応力腐食割れはＢＷＲで頻発している。（ＰＷＲでは蒸気発生器で頻発している）

一次系の圧力は70気圧以上であり、そこに頻発している応力腐食割れはＢＷＲの致命傷といってもよい。

その対策の第一は、応力腐食割れの少ない材料を使用することなどといわれているが、それでは既設の原子炉はどうすればよいのか。本気に考えれば、圧力容器から配管までソックリ取り替えなくてはならない筈だがそんなことはもちろんしていない。結局、切除、つぎはぎ、そして削りとりが行なわれている。

島根原発の圧力容器では、長さ15㎝以上深さ2㎝のクラックのまわりを削りとってそれでおしまいである。その分だけ圧力容器を薄くしてしまったのである。

表2

回路・リレー……17	その他のポンプ故障……3
配管のクラック・もれ……19	とりつけミス……2
弁のシャフト損傷……1	（落雷・火災など……3）
その他の弁不良……4	その他……3
ポンプ軸損傷……4	不明……1

駆動水戻しノズルは「ひびを削りとるとともに、再発防止策として戻りノズルを使用しないノン・リターン方式に変更した」（原子力白書53年版）。戻しノズルは始めから不要だったのだろうか。

これらのクラックは、年1回の定期点検のさいに超音波探傷器で発見するか、あるいは、割れ目からの漏洩をその放射能または「たまり水」のたまりぐあい（水位）によって発見することになっている。しかし超音波探傷器はブラック・アートといわれ、ほとんどあてにならない。とすると結局は、漏洩によってはじめて発見されるわけで、その以前にすでにクラックは進行している。そのような場合、漏洩による発見以前に大地震があったり、ＥＣＣＳの作動による大きな衝撃が加えられたときには、クラック部分から破断をひきおこす可能性がある。

新しく建設する発電所については、応力腐食割れの少ない材料を使用するという。しかしＢＷＲの１次系のような条件下で応力腐食割れが絶対発生しない材料などは存在しない。応力腐食割れはあらゆる合金に発生するといっても言いすぎではない。

従来の火力発電所をはじめ、あらゆる工業施設は、いま原発で問題になっている程度の応力腐食割れなど意に介する必要がなかったのである。原発は大量の「死の灰」を内蔵するという全く異質の存在であるから、どのような応力腐食割れも許容されないのである。原発なるものは、この世に存在しえない材料を要求する存在なのである。

3　計装制御系の故障

表2でクラックと同じくらい多いのは、計装制御系の故障である。

島根原発　圧力容器内にできたクラック

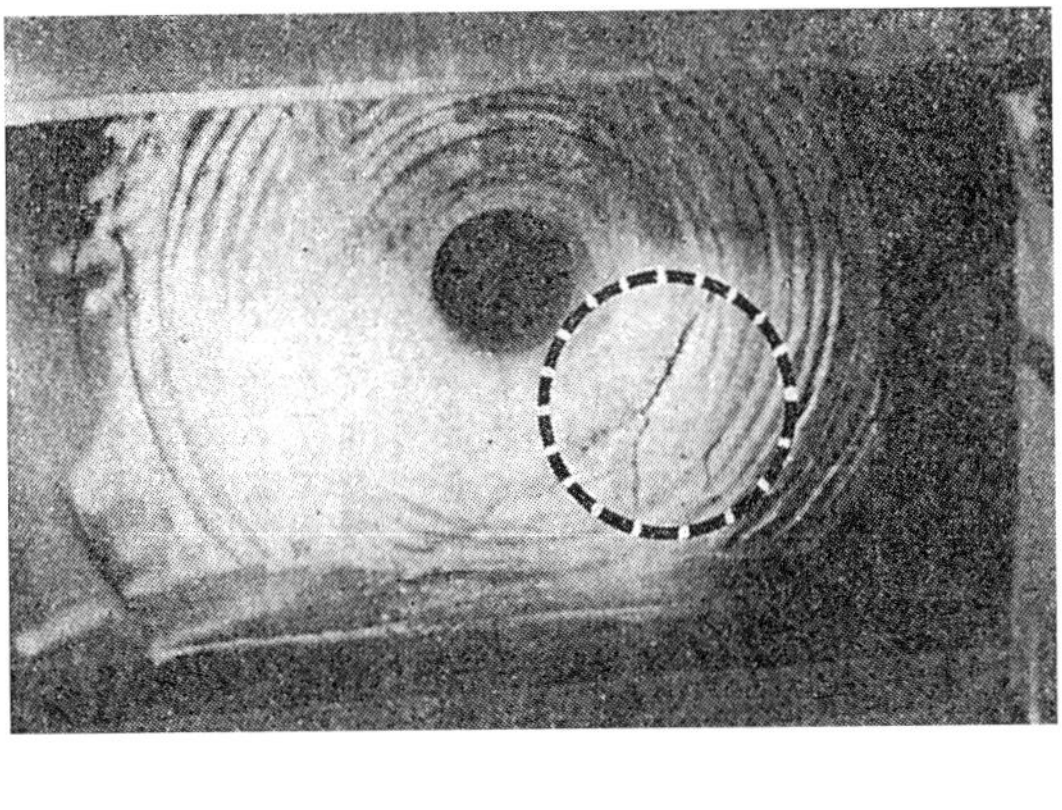

計装制御系は、定常運転中にあっては、原子炉内のさまざまな量、圧力、水位、中性子束、流量などを計測し、それらを必要に応じて調整するため、さまざまな機器の状態を変化（たとえば弁の開閉、絞りなど）させる指令を伝達する。さらに異常事象の発生時には、制御棒の挿入、弁の開閉、補助ポンプへの切換、ＥＣＣＳの作動など、きわめて重要な役わりをもつ。

したがって個々の器機が１００％の健全性をもっていたとしても（現実はそうでないが）計装制御系が不正確に作動したのではどうにもならない。計装制御系の信頼性への要求は、ある意味では個別の機器以上に厳しく要求される。にもかかわらず、故障全体の中で、計装制御系の故障のもつウエイトはじつに大きい。

もっと豊富な故障例を集計している米国の統計をみると、このことはさらにはっきりする。先にのべた軽水炉安全調査小委員会のまとめによると、１９６８年から75年までの間の１２２２件の故障例（比較的詳しく伝えられた）のうち、２３８件が計装制御系の故障である。１２２２件のうち１２５件が炉停止に至っているが、そのうち26件が計装制御系の故障である。

また、個別の機器の故障について見ても、これを細分して見るとき、制御信号系の故障のウエイトが大きい。たとえばＢＷＲのさまざまな弁の故障１２９件のうち、制御信号系の故障によるもの57件（42％）と圧倒的である（調査小委員会による）。

定常運転時の圧力・流量などは比較的ゆるやかに変動するのにたいし、事故発生時の諸量の変化はきわめて急速である。その計測は、定常時にくらべ信頼性はおちる。スリーマイル島事故時の加圧器水位計やＪＰＤＲの水位計の誤指示はその一例である。

さらに、プラントの巨大化にともなって計装制御系全体の信頼度は急速に減少する。なぜなら巨大化にともない測定すべき場所も制御すべき機器の数も増大し、それらすべてが誤指示を与えないという確率は、指数函数的に（急激に）減少するからである。もちろんこのことに対して、多重性という対策がとられるが、とてもその減少を補うまでには至らない。これが、現実の計装制御系故障のウエイトの大きさとして現われているのである。

4　ECCSの不作動・不機能

表Iに現われたかぎりでは商業用発電炉でのECCSのテスト運転での不作動は報告されていない。このような件は、報告されていないのではないかと思われる。というのは、あとでのべる米国ではテスト運転でのECCS不作動が数多く報告されているからである。

他方、すでにのべたように、原研の研究炉JPDRでは、運転中のECCS不作動事故がおきている。この件はその重大さにもかかわらず、公式の報告はなく、原研労組の非公式の報告だけが存在する。この報告によると、蒸気リークが原因で炉内水位が低下し、当然ECCSが作動する条件に達したにもかかわらず、ECCSは作動しなかった。その原因は水位計が正しい指示を与えなかったことにあるといわれており、ここでも計装制御系の信頼性が問われている。

米国では、ECCSのテスト運転にさいして、その不作動が多く報告されている。軽水炉安全調査小委員会のまとめによると、1972年から74年にかけてBWRプラントで20件の不作動が報告されている。その大部分（17件）は弁の故障であり、高圧注水系（7件）、低圧注水系（6件）、炉心スプレイ系（4件）のいずれでも同じ程度に生じている。弁の故障をさらに細分すると、弁のかみこみ（4件）、弁軸の折損（2件）、弁駆動モーターの焼損（2件）、潤滑油不足による注入弁の作動不良（2件）、その他7件である。ECCS不作動の他の3件はポンプトリップであり、その原因ではリレー回路等があげられている。「ECCSもただの機械」の印象を新たにさせられる。

以上の20例は、すべてECCS作動テストの場合の故障であるから、JPDR事故のような計装制御系の失効によるＥＣＣＳ不作動は入っていない。前節でのべたように一定機器の故障のなかで制御信号系の誤作動の占めるウエイトの大きさを考えると、本当にＥＣＣＳ作動を必要とする事態下での、ＥＣＣＳ不作動の可能性はきわめて大きいというべきである。

さらに、ＥＣＣＳがかりに作動したとしても炉心スプレイ系が予期された機能をもつのかどうか疑問視されている（ＧＥ３人の技術者の告発）。そしてこの問題は米国原子力規制局（ＮＲＲ）がＮＲＣの指示によって作成した「未解決安全問題」の最重要項目Ａ類の第16項目Ａ16としてつき出されているのである。

スリーマイル島事故が、ＰＷＲの高圧注入系の無効さを、現実に立証したことについては別項にゆずる。

5　格納容器系の故障

表1のなかで格納容器の故障は、福島第一原発1号炉での空調不良による格納容器内温度上昇による原子炉停止の一例である。

これにたいし、１９７６年にＮＲＣに報告された米国ＢＷＲプラントの格納容器隔離系の故障は１３０件（35基につき）であり、1年1基あたり3件近くになっている。なお、その61％は弁故障に、その26％は計装スイッチの故障に起因している（調査小委員会による）。

格納容器による隔離は、事故発生時に環境に災害を拡げないための最後の防壁であり、また、逆に、この隔離が不十分であれば、比較的小規模の燃料破損事故でも外部への放射能汚染をもたらしてしまう。このことは、スリーマイル島事故の最初期の段階ですでに大量の放射能漏洩をひきおこしたことからもわかる。

隔離とは原子炉一次系を外界と隔絶することであるが、現実に行われることは、決して隔離ではない。とくにＢＷＲの場合、じつは一次系は至るところで格納容器の外界に通じている。口径63㎝の主蒸気管、給水管、多くのＥＣＣＳ配管、格納容器上部（ドライウェル）、床のドレイン・サンプなど。これらの配管はすべて格納容器をつらぬいている。この配管の中の隔離弁が閉ざされたとき（ただしＥＣＣＳ、隔離時冷却系は使用する以上、隔離弁をするわけにはいかない）はじめて隔離される。そして弁はしばしば故障する！

しかも、事故発生と同時にすべての隔離弁が閉じられるわけではない（だから、スリーマイル島原発の放射能はドレイン・サンプ配管を通してゆうゆうと隔離を突破してしまったのである）。最大口径の主蒸気管の隔離弁は最大級の大事故（冷却材喪失、主蒸気管破断、燃料大破損）にでもならなければ閉じられないように制御されているのである。

ＮＲＣに報告されている格納容器隔離系の故障は、イザというときにおきれば格納容器の存在を無意味にしてしまうのであるから重大である。

なお、ここで、ＢＷＲプラントの格納容器自体についての問題点をあげておこう。

(1)　主蒸気管が隔離されたとき多量の蒸気が格納容器下部（圧力抑制プール）に殺到するが、このときの衝撃でプール水が波立ち蒸気を凝縮させうるかどうか。また、この衝撃が格納容器自体に大きな力を加え、圧力容器を動かすことになりはしないか。——そうなれば制御棒不挿入の事態も起りかねない（ＧＥ３人の証言）。

(2)　ＢＷＲの格納容器のドライウェルはＰＷＲのそれにくらべて数分の一である。そのため、

(a)　水素ガスや水蒸気の発生により格納容器内の圧力が上昇した場合、過圧破壊されやすい。

(b)　圧力容器も破裂した（圧力容器内蒸気爆発によって）場合、接近している格納容器の壁は破片または高温高圧の熔融物によって確実に破壊される。

(c)　格納容器内の蒸気爆発がおきた場合破壊されやすい（ＷＡＳＨ１４００）。

6　給水喪失から始まる過渡現象について

東海２号炉訴訟で、被告は、ＢＷＲではスリーマイル島事故のような事態はおこりえないという意見書を提

出している。この部分は全文48行ばかりの簡単なものであるが、その要点はつぎのとおり。

(1) 給水量全量喪失の事態は、すでに申請書添付書類で解析されており、その結果は燃料破損に至らないことを確認している。

(2) 蒸気逃し弁の開放という事態がおきると、これは小口径破断に相当するが、東海2号炉のECCSはあらゆる口径の破断にたいして対応できるようになっているので問題ない。

(1)について。添付書類での解析はわずか10数秒間の経過であり、数時間いや数分間でも給水が失われたらどうなるのかについて何もいっていない。10数秒というのは、補助ポンプの全稼動までのつなぎでしかない。補助ポンプが動かない状態では、水位低下は高圧炉心スプレイ系作動を必要とするまで継続する。このとき、もし、水位計が誤指示をしたら(スリーマイル島のように、また、JPDRのように)、高圧炉心スプレー系は作動しない——高圧炉心スプレー系を作動させるもう一つの条件は、格納容器内圧力高であるが、想定中の経過では現われる余地は全くない——。水位計が正しく指示したとしても、一系統しかない高圧炉心スプレー系が、制御回路、ポンプ、弁のどれかの故障によって作動しないかもしれない。

高圧炉心スプレー系不作動のばあいにそのバックアップとして設置された低圧炉心スプレー系や低圧注水系は作動するであろうか。おそらく否である。というのは、炉内の圧力はなかなか減少しない(蒸気発生と崩壊熱発生がバランスするから)ため、低圧系の動作点まで下がらない。そして、このようなとき炉内圧力を人工的に下げるため設置されている自動減圧系も決して作動しない——その作動条件は、格納容器内圧力高を必須としているが、いまその条件は存在しない——。したがって低圧用のECCSは作動しないまま、炉水は、蒸気と化し失われて、やがて炉心熔融に至るであろう。

以上の想定では、すべてスリーマイル島事故では実現した主および補助給水ポンプの停止と水位計誤指示という仮定のもとに、BWRで炉心熔融が発生することを示した。いいかえれば、主・補助給水ポンプの停止という条件下でのＥＣＣＳは、全く多重性をもっていないこと、また、ＥＣＣＳ作動のための信号についても全く多重性が存在していないのである。

⑵の主張にたいしては、すでに一部は上にのべたことで反論されている。さらにつけ加えるならば、高圧炉心スプレー系の機能はＡクラスの未解決事項なのであり、スリーマイル島事故の現実が示したことはまさに、ＥＣＣＳが計算のうえで予想される機能を発揮しなかったということなのである。ある現実がxを否定したときに、xがあるからその現実がおきないとつぶやいているのが被告（国側）の主張にほかならないのである。

この原稿が書きおわったあとで、福島第一原発１号炉（７月20日）と東海２号炉（８月24日）がいずれも二次冷却水（海水）系統の故障で緊急停止するという重大な事態をおこしている。この事故はＴＭＩ事故の発端と同一であり、したがってわれわれがここで想定した事故の発端と本質的に同一である。また大飯炉では信号系統の故障からＥＣＣＳの誤作動が生じた。まことにＴＨＲＥＥ　ＭＩＬＥは遠くない。

チェルノブイリ原発事故の汚染規模

1986年4月26日、ソ連(現:ウクライナ)のチェルノブイリ原子力発電所(黒鉛減速沸騰水炉)でTMI事故を上回る炉心熔融事故(レベル7)が起きた。

特別な防護措置も施されず、決死の突貫作業に従事した作業員は大量の放射線を浴びた。さらに、爆発した4号炉を封じ込めるために延べ80万人の労働者が動員され、コンクリート製の〝石棺〟が作られた。ソ連政府の発表では、死者数は運転員・消防士33名だが、事故処理にあたった予備兵・軍人・炭鉱労働者に多数の死者が確認されている。

その後、こうした直接的な被曝以外に、より深刻な状況が進行した。汚染された土壌と食品による内部被曝である。

2000年、ユーリ・バンダジェフスキー(元ゴメリ医科大学学長)は、『放射性セシウムが人体に与える医学的生物学的影響』を発表し(2011年12月、合同出版より邦訳出版)、666億ベクレルを超える放射性セシウムが環境中に放出され、汚染地域とその周辺に住む数百万の人々の体内にかなりのセシウム137が蓄積してしまった、と記している。87年から97年にかけてベラルーシでは、腎臓癌の症例数が2・4倍、甲状腺癌は3・5倍、直腸癌は1・4倍、結腸癌は1・6倍に増加した。同時期、ゴメリ州では、農村部の住民で腎臓癌が4倍、肺癌は1・6倍に増加した、という恐るべき調査結果を発表している。

水戸巌は、事故直後の5月12日〜6月18日にかけて、小泉好延氏（東大アイソトープ総合センター）、河野益近氏（京大工学部）、荻野晃也氏（京大工学部）らと共同で、全国（47都道府県、64地点）で採取した松葉の放射能を測定、同時に4月29日から松葉および大気中での放射能変化を調べるため、芝浦工大の屋上や京大宇治構内において定期的観測を行った。そこで得られたデータなどから炉心熔融が確実に起きていると判断し、日本の原子炉（軽水炉）と異なり黒鉛チャンネル炉の特徴から、長時間に亘って死の灰の放出があったと指摘している。

推進側は「日本では起こりえない」として、事実を直視せず逃げ回った。

水戸は警告する。「軽水炉の方が危険であり、一挙に数時間で炉心熔融が進み、原子炉容器の底にある水の中に落ちて、大規模な水蒸気爆発を起こす。」

以下は、86年7月5日に開かれた「20世紀の技術」連続公開講座における講演記録であり、「技術と人間」86年9月号に再録された。

●——まったく公表されない汚染情報

私が『技術と人間』（6月号）に書いた問題点は、5月14日ごろ話したものですが、その後いろいろの情報が集まってきてはいます。しかし、実は6月にもなればいろいろなことが明らかになるだろう、何も焦って資料を集めたりしなくても自然に明らかになるだろうと思っていたら、日がたつにつれて、ますます分からなくなっています。

ひとつは事故の原因ということですが、これは、一番中心にいた人があるいは死亡されているかもしれないし、3人の人は逃げてしまったという話もありますので、なかなか肝心なことは分からないのかもしれない。それはそうかもしれない。それについて多少時間がかかるのはよいのですが、例えばその後のソ連の街の汚染状況は分からない――西ドイツとかスウェーデンからは情報が伝えられてきた。後でお話しする放射能量の推定は、1000㎞離れたスウェーデンのデータ、1200㎞も離れたミュンヘンやベルリンのデータからなんとかやっている。しかしそういう距離というのは、計算の近似があやしくなり始めるくらいのところだろう。計算をするとき、せいぜい500㎞まで信用できれば上出来だという程度で考えていったわけです。だから1000㎞も離れたところのことを計算したことは、実はなかった。そういう近似のはじっこの方の切れ端みたいなところで推定して、なんとか放出量を推定する。ましてや日本のように8000㎞も離れていたらきれっぱしの切れ端みたいなところで、細かく測定してみて8000㎞先の原子炉の状態は多分こうだというような推定をしているわけですが、本当はそんなことをする必要はない。

130㎞離れたキエフ、モスクワとかチェルノブイリを中心とした周囲でそれぞれ大学もあるでしょうし、測定器もあるでしょう。原発がたくさんあるわけですから、そこでデータをとろうと思えばとれるはずだし、とっているのではないか。それが全然発表されないわけですね。

ポーランドなどは、ものすごい汚染がなされたと推定されるのですが、まったく測定結果がでてこない。チェコスロバキアなどもひどく汚染されているはずですが、ほんのかすかに通信が伝えられるだけです。そういう状況をみると、あらためて自由にものが言えない、自由に発表できないところの悲しさというか、憤りを感じます。

これは純粋に科学の立場から言っても許せない話だという気がするのです。日本もまあ同じようなことで、発表されているヨウ素のことのほかは、なんにも言わないですね。私どもは、大気中の放射能を測っていますが、これは十数核種がでているのですが、それに関する発表はない（注・7月15日一応発表された）。日本ではわれわれの仲間で、3カ所ぐらいでやっていますから、それも東と西にわかれているので、大体日本全体の状況は分かるのですが。このようなデータが、ソ連の領土内、東欧圏内というところで得られたら、放出量の推定などはいっぱつできまってしまう。それができないもどかしさを感じながら切れ端のところで推定しているわけです。大体そのようなことをするつもりはなかったので、今になって、もっとあれをしておけばよかったという気持があるわけです。

●——一番真剣な保険会社

それで最近になってようやく、これは全部われわれの力でやらなくてはということで、新聞記事からの切り抜きなどの整理からはじめています。槌田敦さんが、「全国原発情報センター」をつくって新聞記事の切り抜きを発送しています。みなさんのなかにも受け取った方がおられるかもしれませんし、必要ならば手紙を出せば送ってくれると思います。

こうして資料を整理していたら、安田海上火災株式会社安全技術部というところが、昭和61年（１９８６年）6月付けで、主に新聞発表ですが、とくにソ連当局の発表などは、非常にくわしく載せた資料をつくっているのが手に入りました。これは公表された記事だけですが、いま、まとめて読んでみると、私たちが見落としをしたものがずい分ある。それがキチンとまとめてある。さすが、海上火災保険株式会社だ、日本の原発と多分関係しているでしょうし、付近の住民のかたも保険に入っているでしょうから、非常に神経をとがらせているなあ、さすがにカネに関しては敏感なのだと感心しています。

保険の話がでたついでに話しておきますが、今回西ドイツ政府が、西ドイツがソ連の放射能で汚染されたというので、７４０億円の損害賠償をソ連政府に要求したということです。それに対してソ連は、〝何をいうか、お前たちは、第二次大戦でソ連を侵略したではないか〟といって拒否したという話です（笑）。

ソ連のなかの農民に対する被害が、７４００億円という話もでていますが、これは桁がちがうと思います。実際には何兆、何十兆という損害になるはずです。それにしても、７４００億円、７４０億円などという数字がでてくるわけですが、日本では、事故を起こしたときの周辺住民への賠償費用の保険金は、原発が何基あろうと１サイトあたり１００億円ときめられているのです。これはつい最近までは60億円だったのが、ＴＭＩ（スリーマイル島）事故のあとに改訂されたということです。１００億円ですむわけはないのですが、いくら科技庁のお役人が「確率はゼロ」といっても利にさとい保険会社は、そんなことを信用しないので、保険料が余程高くなってしまう。そこで１００億円をこえた分は、結局は税金がつかわれることになるのでしょうね。あとで国が電力会社に請求するのかもしれないが、払えないものは払えないということで、ウヤムヤになってしまうんでしょう。

避難したソ連のひとたちは、５万円もらったという新聞記事がでていましたが——５万円といっても１カ月分の給料くらいにあたるそうですが——これでは話にならないので、そのあとで何万円もらっていたかは知りませんが、ともかく日本の場合、国家が払うということは税金で払うのですから非常におかしな話です。

●——核種分析と炉心熔融

事故の大要は『技術と人間』６月号のインタビューで述べておりますが、インタビューのすこし前に大気中の核種測定結果が得られていて、ルテニウムが非常に高い濃度ででていた。セシウムがでてくるということ自体がすでに炉心が非常に高温になったということを示しますが、さらにルテニウムやモリブデンとかが気化してでてきたということは、２８００℃以上の温度になったということをあらわしている。しかもむしろルテニウムの方が多くでているということは、セシウムよりルテニウムの方がずっと高温でないと気化しませんから、これからみても最大級の事故だと感じていました。

ところがその後、スウェーデンのデータが入ってきました。スウェーデンの場合、事故直後の大気が流れているはずですが、それをみますと、ルテニウムが割合に低い。日本での測定にくらべて10分の１程度になっている。

一方、西の方、西ドイツなどでのデータでは、ルテニウムの比は日本と同じくらい高い。それで現在は、いろいろな意味で軽水炉とはちがった事故態様が発生したのだなというように感じています。しかしあとでお話しするように、放出ベクレル数は、ヨウ素１３１については、当初予想したとおり、内部にあった３１５京ベクレルの約半分、１４８京ベクレルぐらいは放出されたのではないかと思われます。

このスウェーデンのスタズヴィク・エネルギー公社論文は、５月初旬に出されましたが、第一は酸化ルテニウムの粒子状のものが発見され、しかも形状が球状であるところから、炉心が２５００℃以上に達したとみて炉心熔融をしたという結論をだしています。原子炉停止時刻については、彼らは、４月25日の午後９時と推定しています。放射性物質での年代測定の原理をつかって、ヨウ素１３１とヨウ素１３２の比率とその減衰の仕方から求めたものですが、ソ連の発表の事故発端時よりも、５時間くらい前に原子炉が止まったのではないかとしています。しかし、これが事故の態様とどう結びつくかについては、何ともいえません（注・８月14日のソ連当局の発表と矛盾していない）。

それと関連して運転による燃料の燃焼日数も推定していまして、およそ４００日くらいは運転が続いていたであろうとしています。これから死の灰の内蔵量がきまります。

●――長時間にわたった死の灰放出

日本の原子炉―軽水炉は、ひとつの原子炉格納容器のなかに６００くらいの燃料集合体がおさまっている。そしてその一つひとつの集合体には約50本の燃料棒が入っている。要するに燃料棒の全部が一つの原子炉格納容器のなかに入っているわけですが、ソ連の黒鉛炉の場合には１７００本の圧力容器（圧力管）がこまかく分散されていて、それが黒鉛チャンネルに挿入されている。ですから、藤本先生（注・藤本陽一早稲田大学教授）もいわれているように（本誌６月号）安全性を考慮した原子炉になっています。そこで、これらが事故を起こしたとき、軽水炉の場合は、150トンの燃料全体が一気に熔融してゆく。

それに対して黒鉛チャンネル炉の場合は、すべての細管を束ねた部分が破断した場合をのぞけば、事故発端としては、数本とか数十本の圧力管——要するに小部分の炉心熔融からはじまる。もちろんそれが他の部分に直接波及したり、黒鉛火災を通じて波及してゆくわけですが、6月号で私が想定した軽水炉での「BWR1」のような1、2時間のうちに、大半の死の灰の内蔵量が放出されるというようなことは、起こりにくい。そうではなく、放射能の放出は比較的長期間にわたる。軽水炉の場合の数時間で出つくして終わってしまうのとは、大分ことなっている。

今回の事故の場合には、西ドイツのデータをみると、放出のピークは5月1日頃になっている。もちろん風によって運ばれてゆくので、それに2日間ぐらいかかったとしても、チェルノブイリの原子炉からは、2、3日間は、相当量のヨウ素、セシウムなどの放出が続いたことになります。この点、軽水炉とは非常にちがった態様を示したといえます。

●——〝予測不可能・信じがたい原因が重なった〟

事故の原因については、こんな貧弱なデータや、当局者の発言のはしばしから推定するというのはきわめて困難です。ここに、5月6日に、ソ連のシチェルビナ副首相の言葉があるのですが、これはかなり妥当なのではないかと思います。

〝事故原因はまだ調査中であり明確でないが、ほとんど予測不可能、かつ、まったく信じがたいいくつかの原因が重なって化学爆発がおこったというのが、もっとも高い確率と思われる〟。事実、こうだと思いますね。誰もが予測可能で、専門家が推定できるようなことで事故が起こるようなことを、許しているはずがない。予測できる、つまり専門家がいろいろ言っているようなことは、それに対しては、それなりの対応がされている。それへの対応をすべて行なったうえで、なおかつ事故は起こるのです。

読売新聞にかつてビキニの死の灰事件のときに活躍され、現在は国際原子力機関におられる西脇さんが書いていましたが、同僚のソ連の学者が、スリーマイル島の事故のときに、〝あれは軽水炉だから起こったのであって、わが国の黒鉛炉では絶対に起こりえない〟と言っていたというのです。それで、今度の事故の一報をきいたとき、その学者は、〝黒鉛炉で事故の起こる確率は0％なのに何故起こったのだろうか〟と悩んでいたというのですが、そういうことだと思うのです。

ですから、日本の科学技術庁の人などが、ソ連は大雑把にやっているんだ、格納容器もなかったとか、ひどい人は、ECCS（緊急炉心冷却装置）もなかったなどと言っていますが、それは当たらない。ECCSについては何通りかのチャンネルをもってやっていたことは明らかになったので、あまり言わなくなった。

格納容器については、各圧力管への冷却配管を束ねた大口径配管（900㎜）の周囲に、そこの破断にそなえた耐圧5気圧の格納室が設けられていて、その下には、水蒸気を水に変え減圧するための大プールもそなえていた。これは日本やアメリカの沸騰水型炉とまったく同じ設計思想です。

そして黒鉛、その中をとおる圧力管を含む全体は、1・9気圧の耐圧設計になっています。これは、加圧水型並かそれ以上です。5月20日付の朝日新聞は、建屋全体が堅牢な構造になっていたと報道していますが、このことを意味しているように思われます。

いずれにしても、6月号で強調したように、いったん炉心熔融を生ずれば、軽水炉においても格納容器は破壊されてしまうのであり、格納容器の有無は意味がないのです。

●――事故の発端は反応度事故?

事故の発端について、最近の報道で一致しているところは、最初に化学爆発があったということです。その化学爆発で二次的な損傷を生じて、それから事故が深刻なものになっていったということのようです。最初の化学爆発で建屋が破壊されたということが推定されるわけですが、化学爆発とは水素爆発のことだと思います。水素が発生するというのはどの原子炉でも共通に起ることです。燃料の被覆管にはジルコニウム合金——ジルカロイを使っている。それが1200℃から1500℃くらいで水と反応すると水素を発生する。それが酸素と共存すれば爆発を起こすのですから、水素爆発は起こってしまう。では、最初の水素はなぜ発生したかということですが、これもよく分かりませんが、反応度事故、つまり暴走事故による過熱で、いわゆる冷却材喪失による過熱ではない。出力が制御できないままで急上昇したということです。反応度事故は原発に特有な事故で、破滅的な弱点です。それに対してはそれこそ三重、四重の安全装置がつけられているわけですが、どうも今回の事故はまず反応度が上昇、一定の限界をこえ、炉が即発臨界に達し、出力が急上昇してしまう、このような反応度事故ではないかと言われています。

ではどうして出力の異常上昇が起きたかは分からない。一説では、信じられないことですが、実験をやった——制御棒を上下した——とかいわれていますが、本当のことは分かりません。

このような反応度に関連することで、出力上昇が急に起こり、それで水素が発生したのではないか、私もあるいは、そんなことではないかと思います。しかしそれ以上のことは分からないし、本当のことは分からないのかもしれない。発表しないのは秘密主義だけでなく、本当に分からないのかもしれない、という気がします（**著者注ー**）。

●——全ヨーロッパが汚染された

つぎに、放射能汚染と放出量の推定についてお話ししますが、われわれのもっているデータは、スウェーデンと西ドイツのものです。スウェーデンでは、4月27日と28日に大気中で1㎥当たり37ベクレルのヨウ素131が測定されています。スウェーデンは、1200㎞ぐらい離れているが、2日後にとどいている。かなり風速ははやい。このときの地表面での風は南からの微風だったというのですが、放射能はもう少し上層の風によって時速20㎞くらいで運ばれていった。

放出は短時間という私の常識などでは、それでほとんど放出は終わりのはずだったのですが、本流はむしろ西方、あるいは南方のほうだったようです。28日には、西風に乗って、ポーランドをへて西ドイツにいった。西ドイツでは非常にたくさんの都市で測定しています。ベルリン、シュレスヴィク、ハンブルグ、ハノーバー、エッセン、ダーレム、オッフェンバッハ、ダーレンシュタット、レーゲンスブルグ、ミュンヘン、シュトットガルトなどのヨウ素131のデータが送られてきています。例えば、ミュンヘンでは、4月30日から3日間にわたって、1㎥当たり111ベクレルあるいはそれ以上の値が5月1日まで続いています。レーゲンスブルグでは、5月1日がピークで、122ベクレル、ベルリンでは5月4日に111ベクレルを記録しています。事故発生後1週間たってもこのようなことが続いている。伝えられていないけれども、南方のチェコスロバキアなどの汚染も非常に大きかったのではないかと思われます。

ポーランドで4月30日、空間線量が平常値の500倍だったという新聞報道がありましたが、これはものすごいことです。スウェーデンでヨウ素131が1㎥当たり37ベクレルが記録されたときの空間線量は2倍です。空間線量が2倍というとき空気中のヨウ素濃度でいえば、1㎥当たり37ベクレルという値なのですから、それが500倍とは、いったいどういうことかということになりますが、これは多分、雨の影響でしょう。雨が降ると地上から2~3000m以下のチリの大半が地上に落ちてきます。その地表面の放射能が空間線量を高める。原子炉事故が起こったとき、雨が降っていると、現場付近の人たちは、地面の放射能によってものすごい放射線を浴びて致命的なダメージをうけることになると予想されていたのですが、今回はっきりと実証されたわけです。

スウェーデンの論文では、牧草を刈りとって草のなかの放射能量(ヨウ素)を測定して1㎡当たりの値を算出して、降ってきた量を推定する。それはもちろん原子炉の近くとスウェーデンでは違うでしょうけれど、それをざっと1000㎞の半径の中で積分しまして、非常に大まかな計算なんですが、放出量をだいたい74京ベクレルと推定しています。

●——放出された放射能雲の推定

西ドイツの測定点は広い範囲にわたっていますので、このヨウ素131の濃度の値から、ポーランド、西ドイツの方向に、2、3日間にわたって流れたヨウ素131の量を推定しますと、約74京ベクレルになります。このほかに、北方へ流れたもの、さらに南方に流れたもの——これが本流かも知れません——これら全体で148京ベクレルをこえたものと思われます。このようにヨウ素131については、内蔵量の半分くらい、そんな程度のものが放出されたのではないかと思います。セシウム137の量も、測定された大気中濃度から推定して、約7京4000兆ベクレルは放出されたのではないかと思います。ストロンチウムについては、濃度の測定結果がありませんが、従来の事故解析の内容からいえば、内蔵量の5ないし10%、すなわち7400兆〜1京8500ベクレルが放出されたと考えられます（**著者注2**）。

そういうことで測定結果にもとづいて判断して、非常に大規模な放射能の放出があった。ただし放出のされ方としては数日間かかっている。これは黒鉛チャンネル炉が燃料分散型になっている特徴であったと思われます。

●——軽水炉はもっと危険

軽水炉での最大の事故というのは、これをさらに上回るということを私は注意しておいた方がいいと思います。軽水炉の方が危険です。つまりいっきょに数時間程度で炉心熔融が進み、原子炉容器の底にある水の中に落ちて、大規模な水蒸気爆発を起こす。ソ連のいろんな発表をみていますと、やはりこの水蒸気爆発を極端に恐れていた、ということがよく分かります。例えば5月13日にアカデミーのベリホフ副総裁は、「高熱の炉心が宙に浮くような状態になった」と言っています。これをみた時わけがわからなかったんですが、これは一番太いパイプの周りに格納室を持っていて、その下に、水蒸気を水に変えるために大量の水を入れています。その水の上に熔融炉心がドーンと落っこちたら、〝カタストロフ〟という表現を使っていますね。あとの方では〝カタストロフ〟は食い止めることができたと言っていますが、その水蒸気爆発、つまり大変な量の黒鉛と燃料の高温のものが水に落ちてもう一度大爆発が起こることを恐れていた。とにかくそこまではいかなかったということをいっています。非常に政治的な言い方なんですが、国際原子力機関のブリクス事務局長が、〝核燃料は減速材の黒鉛の火災によって溶けたものの、炉

その後明らかになった、チェルノブイリ原発事故による汚染状況

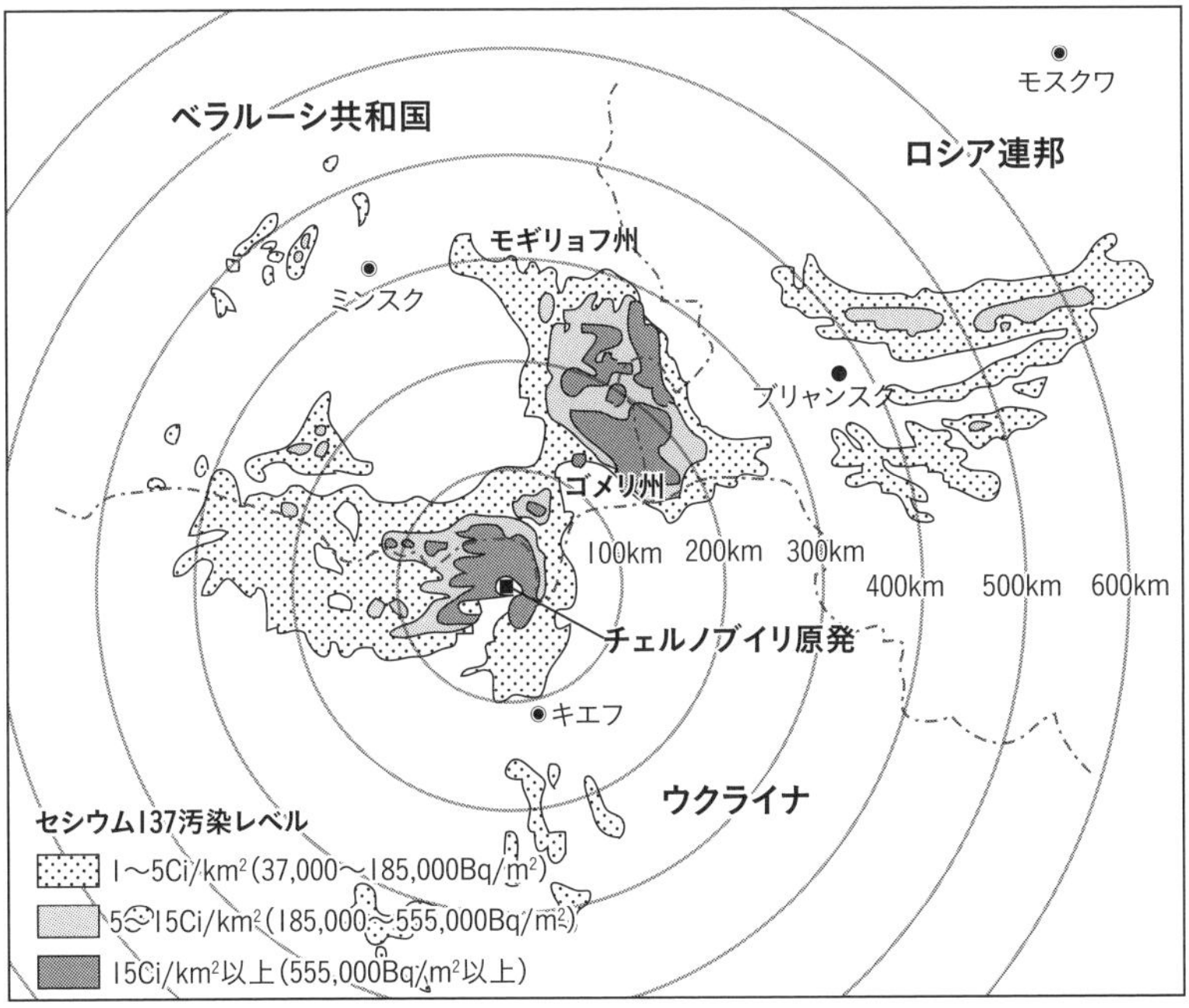

放射能汚染食品測定室発行「チェルノブイリ原発事故による放射能汚染地図」(1990)より作成。
(今中哲二編『チェルノブイリ事故による放射能災害——国際共同研究報告書』(技術と人間、1998年)352頁より)

心の床まで溶かすメルトダウンには至らなかったようだ〟という発言をしています。これはメルトダウンという言葉をうまく使っていると思うんですが、要するに床の抜ける〝ダウンには行かなかった。しかしメルトが起こったことは間違いない。

とにかく、格納室の下の水の中に高熱の炉心全体が落ち込む。これをものすごく恐れていたが、それはさけられた。それが起きたらもっとすごいことになっていただろう。もっともその間にヨウ素は大部分放出していますから、ヨウ素の被害についてはあまり変わらないと思いますが。それが軽水炉の場合は、徐々にではなく、いっきょに起こる。だからより危険が大きい。

●――日本の汚染状況は

では日本の状況のことをお話しします。私は死の灰が日本にくるまでには、普通の風にのってくれば半月くらいかかるだろう、８０００㎞ですから。その間には雨も降るだろうし、チリですから落っこちてしまって、そんなにこない、と考えていた。もちろん原子炉内の死の灰の量自身はものすごく多いですね。セシウム１３７というのは広島原爆の１０００発分、それからヨウ素１３１は、広島原爆の死の灰の30倍程度入っています。その半分くらいが放出されたとすると大変な量です。大気圏内核実験をよくソ連は昔やりまして、あの時も日本中がパーッと汚染されたわけですが、その時は多分10発分くらい。その10発分が大気の上空でやったのと、地表近くで20発分とかセシウム１３７についていえば５００発分、その量のちがいと高さのちがいのかねあいで、日本にくるのはどうであろうかとよくわからなかったわけですが、それがジェット気流にのってまたたく間に日本にやってきて、５月４日には日本上空にきた。それで、日本中がどっぷりと汚染されました。しかし西ヨーロッパの状況と比べれば、10倍から１００倍ぐらい少なかった。スウェーデンでの37ベクレル、西ドイツでは１３０ベクレルくらいまでいっていますが、日本ではだいたい１・11ベクレルくらいということで発表されています。芝浦工大屋上では5月4日～5日が最高で、1㎥当たり2・22ベクレルくらいでした。
また、日本ではルテニウム103とかモリブデン99の量がスウェーデンなどより高い比率になっている。これは、時間とともに熔融物の温度が上昇していることをあらわしているのかも知れません。

●――日本の原発をどうするかが問題だ

食品の汚染についてどうなのだ、ということをきかれましたし、測定をやってくれということも頼まれました。私はあまりやりたくない。つまりそんなことはどうであろうと、私たちは食わされるじゃないか。そんなものを測ってああだこうだ言うのはいやだということを最初のうちはかなり言っていたんですが、自然食品運動をやっている方から、どうしても測ってくれというので、「もうかなり安全になりました」という宣伝に使わない、むしろ「これには何ベクレル入っております。しかし原発がある限りわれわれはこれを食べなければならないのです」といって売って下さるなら、という条件で協力をいたしました。

6月の半ばでしたが、6月18日に配達されたホウレン草で1kg当たり0・31ベクレル。あとからうかがったところ、これは6月15日頃に採取されたものだということでした。6月15日、これは事故後1月半で、すでに科技庁の「安全宣言」が出されています。採取時の放射能は1kg当たり0・59ベクレルになります。お茶ですが、5月のはじめに採取されたものは、セシウム137、ルテニウム103などで非常に高濃度に汚染されていました。6月7日に搾乳したという牛乳からもセシウム137が測定されました。ヨウ素131は、測定した日が6月23日でしたから、検出限界以下でした。

こうした汚染は、どういう影響があるのか、ということをよく聞かれるのですが、ヨウ素131は、私たちは呼吸によって吸いこんでしまっている。例えば1㎥のなかに1・85ベクレルのヨウ素131があったわけですから、私たちは1日に20㎥呼吸します。そうしますと20×1・85＝37ベクレル、それを2日間にわたって呼吸してしまったということです。私たちは呼吸を止めることはできませんから、すでに74ベクレルのヨウ素131を吸ってしまっているのです。もちろん、**野菜とか牛乳とか、摂取を制限できるものは制限すべき**[*]です。しかし、5月のはじめに、74ベクレルすでに吸わされてしまっている。セシウム137については、もうそこら中の土や砂ボコリの中に入っていて、今後数十年にわたって外部照射やら、吸入やらで私たちを照射するわけで、どうにもならない。どういう影響があるかは、自身で判断していただくしかないのですが、放射能にはこれ以下なら安全だという量はありません。どんな微量であっても有害なのです。

現在わたしは74ベクレルのヨウ素を吸ってしまっている。それによってガンになる確率ももちろんゼロではない。それによって死ぬかもしれない。その確率もゼロではない。

一方、ここにいる皆さんの場合には、東海2号炉が東海村にあります。いままでの原発の経験からすると2000炉年に1回チェルノブイリ原発級の事故が起こったわけですから、これを東海村の原発に即していえば、60年間運転している間に3%の確率でチェルノブイリ級の事故を起こすということです。その事故のさい、東京の方に風が吹いて、わたしがそれによって死ぬかもしれない。そういうことの確率も計算できます。

私がすでに吸ってしまったヨウ素によって死ぬ確率と、いま運転中の東海2号炉によって私が死ぬ確率はまったく同じ土俵の上で計算できます。これを比較してみますと5倍ないし10倍、東海2号炉の事故によって死ぬ確率の方が大きい。原発から10〜20㎞圏の人では50〜100倍にもなります。だから、もしあなたが本当に放射能による汚染の被害——例えばガンになること——をおそれるなら、その何十倍もの強さで東海2号炉によって死ぬことをおそれて下さい。私はこのことを強調したいのです。食品の汚染について留意するのは、当然ですが、食品汚染を心配されるなら、それ以上の関心をもって、足もとにある〝原発〟のことを考えていただきたいのです。

＊著者注ー

事故原因について（１９８６年８月28日記）

新聞報道（8月15日朝日）によると、ソ連原子力利用国家委員会は、8月14日報告書を国際原子力機関に提出、その中で事故原因について、

①「実験」とはタービンの慣性（回転エネルギー）の利用に関するものであった。

②事故は、その実験の実施の準備中におきた「６つの重大な規則違反」の中で発生した制御不能な出力増大と緊急停止の失敗を発端とした。

旨、のべている。

①については、タービンの慣性エネルギーを原子炉の外部電源喪失時の非常用電源として用いるための研究、として理解するほかはないが、しかし、それならばなぜ、熱出力20万キロワットなどという低出力で行なおうとしたのか（これではほとんど意味をなさない）、不自然である。

②の列挙されている規律違反のうち「緊急冷却系のカット」など、なぜそんなことをしたのか説得力がない。これらの「規則違反」は、かりに、綿密に事故を準備しようとしたとしても、これほど周到にはできないのではないかと思われるほど、よくできすぎている。

また、これほどの「規律違反」がなされていたならば、大事故にならないほうが不思議なくらいで、それが事実であったとすると、当初、シチェルビナ副首相らが、「ほとんど予測不可能、かつ、まったく信じがたいいくつかの原因が重なった」と述べていることは、いったいどうなるのであろうか。

いずれにせよ、「実験」とか「規律違反」ということばが、本当は技術的欠陥によって生じたことを、おおいかくすのに、もっとも都合のよいことばであることは、客観的事実であろう。

以上のような根本的疑問を別にして、客観的にも認められる事故発端の核心は、タービンへの蒸気流入停止のあと、《圧力管内の蒸気圧増大と循環水の減少がおこり、これが反応度上昇・出力上昇を招いた》ことおよび、実験開始36秒後に《緊急停止をかけたが失敗におわった》ことにつきる。この経過の中で、緊急冷却系をカットしたり、冷却水流量を過剰にしていた規則違反が事態にとってどれほど決定的であったかはあまりあきらかではない。緊急停止の失敗（スクラム失敗）については、制御棒配置についての規則違反が、重要な一因であること

は疑いないが、たとえ、この違反がなくても、圧力管の爆発によってスクラム失敗におわる可能性もあった。

このような異常な出力上昇は、沸騰水型炉においても起こりうることは、「タービントリップ時の過渡現象」としてよく知られている。日本の安全審査においては、「緊急停止（スクラム）」が必ず成功することを前提に、この過渡変化は問題ないとされてきたが、米国ではＮＲＣが、スクラム失敗の可能性は、従来信じられていたほど確率の小さいものではないとして、「スクラム失敗を伴う過渡現象（ＡＴＷＳ）問題」を解決すべき最重要事項としてとりあげた経緯がある。この事実は、東海２号炉裁判で原告がもっとも力をこめて指摘したことであった。

このような出力の急上昇にともない燃料棒の温度が上昇し封入されている気体の圧力が増加し、そのため、燃料棒が爆発、２８００℃の熔融燃料が冷却水中に飛散し、水蒸気爆発をひきおこし、圧力管を破壊したようである。このような「燃料棒破裂」についても、使用済燃料についての実験的研究がきわめて乏しいまま、原発の建設が行なわれていることを東海裁判原告団は追及したが、裁判所はとり上げていない。このような圧力管爆発が、１７００本の全体で起こったのか、部分的に起こったのか、よくわからない。総じて、８月28日現在、事態はそれほど明確になったわけではない。

＊著者注２

放出放射能量の推定について（１９８６年８月28日記）

京大原子炉実験所・瀬尾健氏は、当時の気象条件、ヨーロッパ各地のセシウム１３７の地表濃度および空気中と地表面の核種比率の精細な検討の上で、４日間の放出量を、ヨウ素１３１／６０００万キュリー【２２２京ベクレル】、セシウム１３７／４００万キュリー【14京８０００兆ベクレル】、同１３４／２００万キュリー【７京４０００兆ベクレル】、希ガス／１億７０００万キュリー【６２９京ベクレル】、総計４億３０００万キュリー【１５９１京ベクレル】と推定している（８月４日「原子力安全問題ゼミ」）。

８月28日付朝日新聞は、ソ連が国際原子力機関に提出した報告書の中の、放出放射能量につき、「キセノン１３３／４５００万キュリー【１６６京５０００兆ベクレル】などの希ガスを除き、５０００万キュリー【１８５京ベクレル】の放出があった」「その内訳は、ヨウ素１３１／７３０万キュリー【27京１００兆ベクレル】（内蔵量の20％）、セシウム１３７／１００万キュリー【３京７０００兆ベクレル】（同、13％）など」と報道している。

ソ連内の測定値など根拠が示されないうちは、批評のしようもないが、かりに、この「放出比」を仮定すると、放出量は3分の1程の過少評価になっていることを指摘しておきたい。

発表されたヨウ素131（半減期8日）、テルル132（半減期3・3日）などの各放出量を各放出比でわれば、それらの「内蔵量」がえられるが、その値は、定格出力で運転していたとして計算される量の43％、7・2％などでしかない。これらの数値は、ちょうど10日間の減衰にあたっている（他の核種も同程度）。すなわち、発表されている数値は、事故後10日後の時点での放射能量であると思われる。このことは、実質放出が5月5日でおわっているとする発表からも推定されるが、「実質放出が5月5日でおわっているから、5月5日の時点で放射能量を計算する」などという必然性はまったくない。放出量は、放出された時点で計算されるべきである。そのようにすれば、かりに発表された放出比を前提にして、この量を試算してみると、2億7000万キュリー【999京ベクレル】（希ガス1億7000万キュリー【629京ベクレル】、それ以外1億キュリー【370京ベクレル】）となる。

＊――野菜とか牛乳とか、摂取を制限できるものは制限すべき
2011年3月に起きた福島第一原発の事故直後、政府・マスコミは、汚染した農産物を食べても被曝量はわずかでただちに健康に影響はない、とさかんに安全を宣伝した。しかし現在多くの子どもが放射性ヨウ素の影響で甲状腺に異常を生じている。大気からの摂取は避けられなかったとしても、せめて汚染した農産物を子どもに与えなければかなり影響は軽減できたはずである。

チェルノブイリで一体何が起こったのか

2013年6月1日、自民党政調会長（当時）高市早苗が、「福島の事故で死者が出ている状況ではない」と発言し、自民党福島県連や野党から厳しく批判され、発言を撤回した。すでにこの時点で、自殺や避難過程で1400人を超える死者を出し、子どもの甲状腺癌確定3人・疑い7人と発表されているのである（直後の6月5日確定12人、疑い16人、8月20日確定18人、疑い25人、11月12日確定26人、疑い32人……おそらく本書が出版されるころはさらに増えているに違いないが）。こうした現実を知っての発言である。彼女は〝福島の事故を教訓に設立した〟といわれる「地下式原子力発電所推進議員連盟」（2011年5月設立、会長・平沼赳夫、顧問・安倍晋三）なる支離滅裂な組織に入っているが、放射能被害の実態には無関心なようである。

「放射能災害においては、早期障害と並んで晩発性障害が重要である」、「数十年わたって増加する癌患者数、数世紀にわたる遺伝的障害の増加」、そして、「放射能公害は、まさに完全犯罪である」と、水戸は警告する。原因と犯人を不明にするからだ。

現に、福島県は、通常100万人に1～3人といわれる小児甲状腺癌患者・疑いのこの異常な増加に対し、チェルノブイリでは4～5年後から増えたことをもって、「事故以前からできていたと考えられる」と説明している。「検査の精度、技術が上がったから」とも理由に挙げているが、それは、被曝の影響を否定するものでなく、チェルノブイリ事故後のソ連の不十分な検査体制・技術、その後の医療機器の進歩との比較の中で説明すべきなのは明らかであろう。

　本講演は、チェルノブイリ原発事故直後より大学内で卒論生を動員して核種分析を開始し、得られたデータを基に、86年7月10日芝浦工大・田町校舎において主として教職員を対象に行われた。野末（電気）、斉川（数学）両氏の呼びかけで、教職員26名、学生17名が参加した。


　今日は大変お忙しい中をお集まりいただき、私の話を聞いてくださるということで、大変申し訳なく思っています。それについてはできるだけ話を充実したものにして、皆さんに来ていただいたお礼にしなくちゃいけないと思っています。

　まず最初に、ここ芝浦工業大学でのチェルノブイリ事故直後の様子をお話しします。

　事故によって放出された放射能が日本に来たということの中で、具体的には私たちの研究室、今日も来てくれましたけれども、卒研の人たちがいきなり卒業研究に入ってしまいました。放射線測定が何かということを殆ど知らないうちに、たちまち空気の中の塵のサンプルを集めて、それをγ線の測定器にかけて核種を分析するという仕事をやる羽目になった。しかも当初のうちは解析用のコンピューターが故障していたので、手で計算をするという大変な作業をしてもらった訳です。これは卒業研究としては大変いい練習になったんじゃないかなと思っています。段々とお話していきますが、その核種分析が後から非常に重要な意味を持ってきます。

　核種というのは、ヨウ素１３１とかセシウム１３７というような原子核の種類のことです。今回の話と直接関係があるということではありませんが、やはりそういう日本で測定、あるいはスウェーデンで測定するということが、「チェルノブイリで一体何が起こったのか」ということを判断する上での材料を提供していくという意味もあって、先ずお話をしたいと思います。

●――事故直後から測定を始める

私の研究室には、**ゲルマニウム半導体検出器**[*1]を用いたγ線のスペクトル分析器があります。これは非常に高性能のγ線の分析器で、日本の各大学、あるいは研究機関のどこにおいてあるものとも引けを取りません。いわゆる、ガイガーカウンター、シンチレーションカウンターではなくて、本当にひとつひとつの核種を的確に分析できます。そういう性能を持っています。それから芝浦工大の屋上には、こういう事もあるだろうと、大気内の塵を捕集する装置を備え付けていました。先ずその測定の話をさせていただきます。ここに、屋上で捕集した塵のγ線スペクトルがあります。

このグラフは、横軸がγ線のエネルギー【keV：キロエレクトロンボルト】になっています。この辺【**図中①**】が大体600keV、この辺【**図中②**】が1200keV、そしていろんなエネルギーのγ線が出ているのがわかると思います。これ【**図にグレーの線で示した部分**】がゲタの部分【バックグラウンド・レベル】。この部分は非常に沢山の点が密集して描かれています。そういう所に、例えばこれ【**図**】ですと、ここの土台からかけ離れてポンポンと飛び跳ねている部分、これが放射能を持ったいろいろな種類の元素【放射性核種】が出しているγ線のピークなんです。

要するにここのゲタの部分に比べて、場合によっては3桁も、例えばバックグラウンド・レベルに比べて1桁、2桁くらい大きいこのピーク【**図中③④**】は、ヨウ素131という放射性核種です。このエネルギー、つまり364・5keVは問題なくヨウ素131だということができます。この左のちょっとエネルギーの低い部分【**図中④**】に出ているピークは、ヨウ素131という放射性核種があれば、必ずこのエネルギーの位置とこのエネルギーの位置【**図中③④**】にそれぞれのピークが出て、しかもこのピークの強度の比、――高さが強度を示すわけですね――この強度の比は一定のある割合になってます。そういうことから、これは間違いなく、ヨウ素131

であるということができます。

それからここ【**図中⑤**】にあるピーク。ここら辺のゲタの部分に比べて明らかにピークが見られ、そのエネルギーが６６１・６ｋeVであることからセシウム１３７であるということが明確に判定されます。

その他ここ【**図中⑥**】にルテニウム１０６。

それに、ここ【**図中⑦**】にモリブデン99。

このようにたくさんの放射性核種があって、この他にも皆さんのところから見えないと思いますが、同じようなピークが沢山出ています。このピークの大部分がテリリウム１３２と、テリリウム１３２が崩壊して生れるヨウ素１３２という二つの放射性核種からのγ線からできています。

もちろんこれは原発事故も何もない時には、今言ったようなこういう部分【**図のピーク部分**】については、我々は全くゼロであるというふうに考えております。現在はどうなっているかというと、これが段々減少しておりまして、これらのピークが殆どバックグラウンド・レベルに埋没する寸前まできている。【１９８６年】7月の初めぐらいで埋没寸前まできています。

図　チェルノブイリ原発事故後の大気中の塵に含まれる放射能

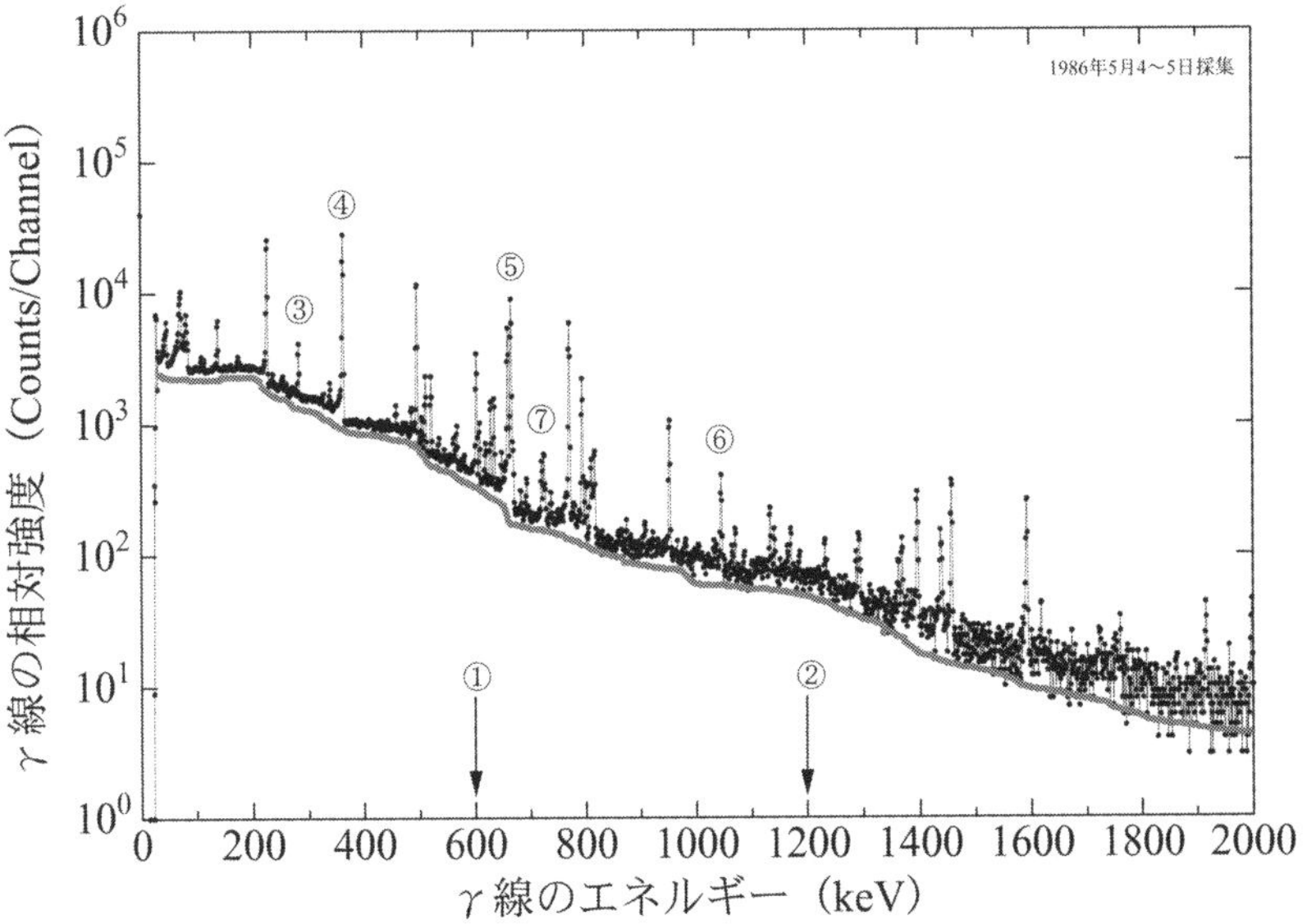

これ【図】は一番最初の5月3日から5月4日のサンプルの測定結果です。こうして測定してみると、簡単に言いますと日本の汚染状況はこれで分かるわけです。

大学の屋上で、多いときで1㎥当たり、1・85ベクレル前後のヨウ素131が含まれていた。その他セシウム137は、大気1㎥の中にどれだけ含まれていたかということが、今回の測定で確認できたということになるわけです。これは4月29日にチェルノブイリの事故が日本に伝えられた時、休日ですが、直ちに運転を開始しまして、それから現在に至るまで観測を続けております。ヨウ素131などの半減期の短い放射性核種が、最近(1986年7月)になってようやく測定限界以下になってきた、というのが現状です。

●——甲状腺障害は5年後から発生し始める

さて今、ヨウ素131とかセシウム137、——これは多分皆さん、新聞やテレビなどでよく耳にすると思うんですが——、ヨウ素131というのはやはり、一番大量に原子炉の中に含まれています。それから非常に出やすい。つまり、かなり低温、——低温といいましても沸点が184・3℃ですが——、要するにガス状になって空中に放出される。そういう放射性核種ですから非常に環境に出やすいということがあります。

これよりももっと出やすいものに、希ガスというものがあります。これは残念ながらガスでしか存在しなくて、我々の使っている大気中の塵を集める装置——多分、世界中の同様な装置——では、希ガスを捉えるのは難しいと思います。私どもの検出器で希ガスを測定することは不可能ではありませんが、今使用しているような大気の塵を集める装置では希ガスを捉えることは出来ません。希ガスは非常に大量に出ます。

その次に大量に出るのが、ヨウ素131です。これは、甲状腺に集ります。ヨウ素自身が人間にとって重要な元素だからです。身体の方は、ヨウ素131が放射性物質かそうでないかは全然わかりません。要するに成長に関係する甲状腺ホルモンに必要な元素であるということだけで、人間はこれを取り込んでしまいます。しかも非常に効率良く取り込んで、取り込んだヨウ素１３１を甲状腺に全部集中してくるわけです。大人はたいした事ないと言うと語弊がありますが、大人に比べて成長期の子どもは非常に吸収力が強く、大人の10倍あるいはそれ以上にヨウ素１３１を吸収してしまいます。その為に甲状腺の障害、後からちょっとお話しますが、非常に重篤な甲状腺障害を引き起こすことになります。

　但し、これはヨウ素１３１を吸って直ぐ起こるかといえば、そうではありません。ヨウ素は一旦体に取り入れてしまいますと、なかなか体の外へ出て行ってくれません。そして相当長期間に渡って甲状腺を爆撃し続けるというと大袈裟ですが、甲状腺が吸収したヨウ素１３１からの放射線を絶えず受けている。しだいに器官が傷つけられていき、[*2]**発病するのは大体5年以後から**始まります。そして25年位、つまり20年間に渡っていろんな形で甲状腺の障害を引き起こします。

　ですからポーランド辺りでヨウ素剤を求めて騒ぎが起ります。これは予め安定なヨウ素を沢山取っておけば、放射性のヨウ素が来た時に甲状腺がそれを受け付けない。甲状腺に吸収される割合を低下させるという意味で、ヨウ素剤を先に飲んでおこうという話なんですが、そういう騒ぎがありました。その後、病気になったという話を全く聞いていないのは当然でして、今後5年から数10年後にかけて大量の甲状腺障害の患者が現れるのではないかというふうに私は思っています。

　それから二番目に、先程申しましたが、セシウム１３７という核種があります。これは半減期が30年。半減期というのは、現在ある量が半分になるまでの期間です。60年経ちますと25%、4分の1になる。つまりセシウム１３７は非常に長い期間環境に存在し、人間の身体の中にも取り入られ易い核種で、筋肉に多く入っていきます。そして生物学的に排泄されるという事がありますから、もちろん生物学的半減は30年ではなくて、数10日から１００日程度になります。しかし、一旦環境が汚染し、呼吸や食料によって日常的に体に取り入れるという事になると、長い間体の中に存在し続けることになります。そしてこのセシウム１３７も、非常に大量に放出された放射性物質なのです。というのは、私どもの測定、それからスウェーデンでの測定などでも、かなり大量に出ています。

これから原子炉の話に入るのですが、私が最初にお話しするのは内在的危険、つまり原子炉というものがどれだけこういったものを内蔵しているかという事から話をしたいと思います。チェルノブイリは、大体100万キロワットの原子力発電所が1年間稼動し続けていたものというふうに推定されています。スウェーデンでの核種の分析によれば、原子炉が大体400日間動作していたのではないかという推定がなされています。400日という運転期間を決めてしまいますと、中にどれだけの放射能が入っているかということは簡単に計算で求めることができます。

私の原子核工学の講義の3日目位にそういう演習問題をやってもらっています。たとえば運転期間が400日だとしますと、ヨウ素がおよそ314京5000兆ベクレル、これは先程出てきました1・85ベクレルというのと比べると桁が10の20乗ほど違います。それからセシウム137が大体21京4600兆ベクレル。この数字を聞いただけではお分かりにならないと思いますけれど……。

●――ストロンチウム90は植物によって濃縮される

まだお話ししていませんでしたが、このほかにストロンチウム90というγ線検出器では測定できない核種、つまりγ線を放出しない核種があります。このストロンチウム90が人間の体に取り込まれると、カルシウムと同じように主に骨に付きます。物理的半減期が29年位なのですが、**生物学的半減期**[*3]はそれよりも長いと言われています。これは骨髄にたまると、血液の造血器官を侵します。従って白血病であるとか、その他の非常に重篤な病気の原因になります。これが地面を汚染すると、生物は非常に多く濃縮します。つまりカルシウムは、生物にとっては必須の元素ですから、汚染された土壌で育てた植物がカルシウムと同じように振舞うストロンチウム90をさらに濃縮する。そして人間がそれを食べることによってストロンチウム90が体に入ってきます。従ってストロンチウム90は、ある程度地面に撒かれますと、汚染した地面は、余程広い面積にわたっての場合は別として、土を入れ替えるというようなことをする必要があります。広い面積の場合には農耕制限をすることも必要です。場合によっては木を植えるなどして、とにかく口に入れて食する物の生産を禁止するということをしなければならない、というふうに言われているわけです。

そして、それがどの位かと言いますと、1㎡当り7万4000ベクレル、内蔵量に比べると非常にわずかで7万4000ベクレルということになっています。ところで日本の本州の面積は約22万㎢です。ストロンチウム90の内蔵量およそ19京2400兆ベクレルを、本州の22万㎢で割りますと、単純な計算なのですぐお分かりになると思いますが、およそ9250億ベクレルですね。1㎡当りおよそ92万5000ベクレル。つまり制限値7万4000ベクレルの12倍以上になる。日本の本州を考えますと、ストロンチウム90で本州の面積を農業が制限を受ける基準の10倍以上に汚染することができる、そういう量が1年ほど運転した原子炉の中に含まれているということです。

しかし、現実に想定されている事故の場合には、このストロンチウム90は内蔵量の約10％位出るであろう、それ以上は出ないというふうに考えられています。10％としても9万2500ベクレル、つまり農業制限、農業禁止のギリギリの線にきているわけです。このストロンチウム90による農地の汚染が一番問題であると考えています。

●――原発1基に本州全体が居住制限を受けるセシウム137を内蔵

それからセシウム137がどの位の被害を与えるかということを考えてみます。

1㎡当り11万1000ベクレルだとすると、この汚染した土地で生活している人が1年間に受ける線量が地表付近で５ミリシーベルト。**年間５ミリシーベルトというのは、取りも直さず、今の法律で一般人に許容されている被曝の限度**[*4]ですね。セシウム１３７の汚染密度がおよそ11万１０００ベクレル、１㎡当り大体12万ベクレルです。

先程原子炉に内蔵されているセシウム１３７の量が21京４６００兆ベクレルと言いましたが、これを22万㎢で割り算致しますと、ストロンチウム90と殆ど同じようなものですから１㎡当り大体92万５０００ベクレルですね。被曝の面から言うと１㎡当り92万５０００ベクレルというのは地表付近で年間40ミリシーベルトの被曝に相当します。

職業人の年間許容線量が50ミリシーベルトというふうに言われていますが、毎年50ミリシーベルトも被曝しますといろんな障害がでてくるということで、現実には殆ど10ミリシーベルトで運用されています。21京４６００兆ベクレルのセシウム１３７を本州全体に振り撒きますと、本州に住む人が年間に40ミリシーベルト浴びることになります。

ところがストロンチウム90と違ってセシウム１３７はいろんな形で環境に出てくるという事が言われていますから、この放出される量が非常に問題になります。

事故が万が一起こった場合の現実的な対応として、一般人の被曝は現在の基準の10倍位までは認めようではないか、つまり年間50ミリシーベルトまでは居住を認めようということが――私にとっては、とても信じられないんですが――言われています。そうしますと、１㎡当り92万５０００ベクレルならいいじゃないかという話になりかねないわけです。もしそうだとしても、本州全体がちょうどその居住制限をうける面積、――山も川も全て合わせてですね――そうなってしまう。その程度のセシウム１３７が原子炉に内蔵されていることを、先ず皆さんに確認しておいて頂きたいと思います。

そして現実に起こったことはどういうことであったかと言いますと、まずヨウ素１３１のデーターですが、これはスウェーデン、それから西ドイツのものがあります。私どもは最も大きい被害を被ったのは明らかにソ連の人々であるし、それから後になって分かったのはポーランドの人も被害を受けているということです。ポーランドの人は殆どソ連の国内の人と同じ程度の被害を受けたと思っています。ソ連にもポーランドにも非常に沢山の大学があり、研究施設があり、原子力発電所があります。しかしそういう所のデーターが全然発表されていないということを考えると、やっぱり私は今更ながら、非常に大きなショックを、今更と言われると困るんですが、感じざるをえない。

スウェーデンの人ももちろん被害を受けましたし、西ドイツの人も日本人に比べて１００倍も被害も受けているわけですから、自分たちが何をされたかということの全てを、こういう科学的なデーターによって発表しているわけです。たとえばスウェーデンの人たちはイギリスの雑誌『ネイチャー』に放射能汚染に関する論文を発表しています。それによって我々はスウェーデンにどれだけの放射能が行ったかということを推定することができます。

申し上げておきますと、スウェーデンで4月の27日から28日かけて１８５ベクレル、私がさっき日本の芝浦工大の屋上で１・85ベクレルと言いましたが、その１００倍の１㎥当り１８５ベクレルという高いレベルの放射能を2日間に渡って浴び続けました。

●――原子炉内のヨウ素131が60%、セシウム137が40%放出

そして更にその後もジワジワと減少しているわけですが、長い間放射能を浴び続けています。スウェーデンの人が発表しているヨウ素の濃度分布から考えると、約92京５０００兆ベクレルのヨウ素が北方へ流れたと推定できました。ポーランド及び西ドイツにはその後、30日から西風になって、1日、2日、3日とかなりの高濃度のヨウ素１３１が検出されています。１㎥当りおよそ１１１ベクレルのヨウ素１３１が、2日ないし3日に渡って西ドイツの、殆どの都市で観測されています。

私はこれらのデータから、大体74京ベクレルが西ドイツの方に流れたと推定しています。合計しますと大体166京5000兆ベクレル、原子炉内にあったヨウ素131のおよそ60%にあたります。ヨウ素131は電気出力100万キロワットの原子炉を1年間運転すると、――ヨウ素131というのは半減期が8日間というかなり短いものですから、内蔵量は運転期間が1年でも30日でも余り変わりません。いつから運転していたかは余り関係がなく、1月前位から運転していれば――314京5000兆ベクレル程度の内蔵量になっています。その内の約60%が放出されたということです。

次はセシウム137ですが、これも同じような推定をすると、合計して7京4000兆ベクレルが放出されたと考えられます。先程セシウム137の内蔵量は約21京4600兆ベクレルと言いましたから、そのうちの30ないし40%程度のセシウム137が放出されたというふうに考えています。

その他、非常に重要な核種としてルテニウムがあります。さっきちょっと言いましたが、芝浦工大の屋上でもルテニウムとかモリブデンという核種が観測されています。これは非常に重大な意味を持っています。というのは、あまり激しい炉心熔融がない場合でも、ヨウ素などは非常にたくさん出てきます。ルテニウムそれからモリブデンといった核種が観測されたということは、炉心が2500℃以上、少なくても2500℃以上の高温に達したということを物語っています。更にスウェーデンでは、半径が2ミクロン程度の、ほとんどルテニウムから出来ている微粒子――これをホット・パーティクルと言っていますが――を検出しています。こうした事実は炉心が非常な高温に達していることを示しています。つまり炉心熔融が起きたことを端的に示しているわけです。

日本はチェルノブイリから8000㎞離れている。それ程遠く離れた場所で観測しても、炉心熔融が起ったことを的確に捉えられるということは皮肉といえば皮肉だと思うし、ある意味では原子力というものの国際的な意味を物語っているのかもしれません。

私の放出放射能に関する推定は先程言った通りですが、スウェーデンでもやはり大体この程度の推定を行っています。新聞報道などではソ連の当局者が「放出量は内蔵量の1ないし3％であった」というようなことを言っているのを聞きくと、私は滑稽というか非常に何か勘違いをしていると思ってしまいます。事態は非常に明瞭に炉心熔融が起ったということと、今まで机上の理論としてあるかもしれないと考えていた仮想の殆ど最大限のところまで行ってしまったというふうに考えています。但し、私たちの今まで言ってきた仮想事故というのは、軽水炉についてです。

●──「日本の軽水炉は安全」というまやかし

軽水炉というのは、水を中性子の減速材と核燃料の冷却に用いる原子炉のことをいっています。それに対してソ連のタイプは黒鉛炉といって、減速材として黒鉛を使い冷却には水を使う、そういう原子炉です。これは軽水炉と違って、ひと口に言いますと分散型です。

軽水炉だと、燃料はひとつの原子炉圧力容器の中に全部集中しています。150トン以上の燃料が、ひとつの圧力容器の中に集中しているわけです。黒鉛炉の場合には、ひとつの圧力容器ではなく、1700本位の非常に細い圧力容器──圧力容器というよりは圧力チャンネル──が黒鉛の中に埋められている。これはある意味では、非常に安全性を考えた炉です。いろんなことが言われていますが、ソ連は一番最初に原子力発電所を動かした国です。そして非常に長い年月に色々なことをやってきています。

軽水炉の場合、一旦事故が起きると150トンの炉心全体に影響が及びます。たとえば炉心の20％程度が熔けて、原子炉周辺に大量に存在する水と熔融炉心が接触すると水蒸気爆発が起きます。水蒸気爆発を起こせば、今、日本にあるような格納容器は一瞬にして吹き飛ばされます。それに格納容器というのは炉心熔融を前提にしたもの、すなわち水蒸気をその中に放出して炉心の圧力を逃がすための場所で、炉心熔融が起れば格納容器内にはその水蒸気から生じた水が大量に存在することになります。そう考えると軽水炉が一番水蒸気爆発を起こしやすいわけです。

それに比べると黒鉛炉の場合には、燃料が分散されていますから、何十%もの燃料が熔けてしまうようなことはなく、熔けた燃料と水が反応して水蒸気爆発を引き起こすという可能性は非常に少ない。ほとんどゼロだと言って差し支えありません。ところが今回の場合には、水蒸気爆発こそ起きませんでしたが、現実は非常に厳しい状況だったようです。つまり時々発表されたもの——炉心が宙吊りになってしまってとか、一生懸命水を抜いているとか——から推測すると、黒鉛も含めて高温になった燃料総体が水の上に落っこちるということを物凄く心配している。

もしこれが起れば、もう一回、今まで以上の大災害になったかもしれない。これをソ連の人たちは、カタストロープというふうに呼んでいて、カタストロープは避けられたというふうに言っているんです。しかし現実に起こったこと、それ自体がもう既に大破局だと私は思います。もう一度、あれ以上のことが起きたら大変です。しかし現実には、ヨウ素131などはもう出尽くしていますから、それ以上のことっていうのは、周辺の国の住民にとって新たに加わる被害はそれほどのことではなくて、結果は既に出尽くしたと思っています。私の考えですが、現場の状態としてはもっと悲惨なことが起こっていて、そしてその寸前で停まったというところだと思います。

ちょっと話がそれちゃいました。燃料が分散されている黒鉛炉であった為に、4日間も5日間も、死の灰を放出し続けることになった。これは軽水炉では考えられません。軽水炉であれば、たとえば148京ベクレルのヨウ素131は、多分半日とか、長くても1日以内に全部出してしまう。それに比べると4日間とか5日間に渡って、相当長い期間放射能の放出が行われたと思われます。ベルリンのデータでは5日か6日になっても、大気1㎥当り111ベクレルを示していますが、これは気象条件が関係しているかもしれません。

これは、長期間に渡って出るか、それとも短期間に出るかということの違いで、放射能の放出総量としては、あまり違わない結果になるだろうと思っています。しかし住民避難とか、それから危険の分散度ということから言えば、やはり長時間の方が比較的危険が分散された。たとえば死亡者の数は、短期間に一度に出たとすれば、もっと大きなものになってしまっただろう。放射能の放出が4〜5日間に渡った為に、死亡者は減った。逆にですね、長期間に渡る、癌の死亡者などは増えるだろうというふうに思われます。

現実に起こったことはですね、先程お話したように、セシウム137が均等にばら撒かれるとか、ストロンチウム90が均等にばら撒かれるとかということはないわけです。勿論、原子炉の事故現場には非常に沢山落ちていて、遠くになるにつれて薄くなっていく。そういう濃淡がありますから現実に被害を受けた面積というのは、単純計算とは当然違うわけです。気象条件によってどういうふうに運ばれて行くかということは、これは現実の気象条件が正確に全部把握できないとわからないんですが、我々が公害の色々な被害を算定、予想する時にパスキルの式というのを使います。

それを使って大体の推定をしてみると、ストロンチウム90によって農耕不可能になる面積が約2万㎢。これは100㎞×200㎞ですから、大体関東地方程度の大きさではないかと思います。

それからセシウム137ですが、これは先程言ったように非常に微妙になります。私は本来ならば年間5ミリシーベルト、つまり言い方変えますと職業人の許容限度である年間50ミリシーベルトの10分の1に当たる5ミリシーベルト以上の所には人を住まわせてはいけないという制限を遵守するとすれば、——私はすべきと思いますが——そうすると10万㎢になります。これは本州の約半分です。

しかし現実はそうはならない。現実としてソ連の人々は年間5ミリシーベルトを超える被曝を受けながら汚染地域に住んでいます。それから原子力発電所の周辺の30㎞圏内に、——当時は30㎞以内は無人地帯にしたそうですが——、既に戻って来ている。私の計算によれば、200㎞先位まで居住制限がされるべきである。

つまり毎年5ミリシーベルトという法律を重視するなら、風上に向かって200㎞程度まで一定の幅の範囲内で居住ができないという情況が生まれていると思うんですが、現実は住民避難が行われていません。こういう緊急時には、1年間に50ミリシーベルト程度までが許されるべきだというような——多分、これは国際的な一種の合意になっているような——主張が行われている。そういう状況の中で現実の被曝が進行しているわけです。

仮に年間50ミリシーベルトだとして計算すると、しかしそれでも風下20㎞で面積にして100㎢、つまり10㎞×10㎞という範囲、そういう範囲で長期間に渡って人が居住できないという地域がうまれるというふうに思います。

●——10万人の要観察者が出た

それから死亡者の数なんですが、現在まで新聞で公表されている数を見る限り、少なくとも27人。住民は、——これはいろいろ情報が乱れていますが、初期に発表されたものでは——、早期の障害で入院したというふうに書かれていました。その後の報道がなくて、私はその辺がどうなっているんだろうかと思っています。

たとえば、私どもの推定では1000人の人が早期の障害を被り、200人近い人が死亡するんではないかということを考えていました。先ず1000人の障害のことについて言いますと、ごく最近、7月4日の読売新聞で従来の200人から300人の入院の他に約500人が入院している、ということが報道されています。更に10万人について、今後数十年間に渡って観察をする必要があるそうです。アメリカから骨髄移植の為にソ連に行ったゲイル博士の意見なのですが、それにソ連当局も合意したということです。

10万人の要観察者が出た。放射線医学で要観察者というのは250ミリシーベルト以上の被曝をした人です。250ミリシーベルトというのは大変な被曝量です。どうして250ミリシーベルトというのが出てくるかというと、年間5ミリシーベルト、それで50年間で、合計すると一生で250ミリシーベルト。普通の人の250ミリシーベルトは、一生のうちに浴びても許される量だから、この位浴びても何もないだろう。逆に250ミリシーベルト浴びて何もないから1年間5ミリシーベルトは大丈夫という、その辺は変なんですね。250ミリシーベルト以下ならほっとくというのが普通です。そうすると250ミリシーベルト以上、広島・長崎の場合だと被爆者手帳が交付されるひとつの条件を満たす、そういう人たちが約10万人現れたと、ソ連当局並びにアメリカの医学界が考えているということです。

10万人の要観察者、それから約500人の入院患者。前に入院していた人を合わせると700〜800人になります。それから現在までに報道されている限りでは、27〜28人の死亡者が出ているということです。こういう状況下では、もう少し死亡者が多いというふうに私は考えていたんですが、非常に長期間に渡って放出が続いたためではないかと思います。

たとえば、もし放射能が一時に集中して20シーベルト浴びたとします。20シーベルトというと殆ど確実に死んでしまう。これが5日間に渡っていろいろな方向へ分散されると4シーベルト、4シーベルトになると死亡確率は大体50%になります。つまり20シーベルトと言いますとかなりの死亡確率になりますが、死亡するギリギリの線量を考えると6シーベルト。一時に放出された放射能を浴びたとすると6シーベルト浴びるところを、それが5日間にわたってゆっくりと放出されると、ある人は一時の放出で受ける被曝の4分の1になるかもしれません。そうしますと1・5シーベルト。1・5シーベルト以下だと死亡確率は大分減ります。下痢とか脱毛、そういうことが起きるとしても死亡だけは免れる。そういういわばスレスレの条件下で放射能が放出された。

一つは放出が長期間に渡ったということ、それからもうひとつは黒鉛火災が起きていたため、非常に高空に放射能が撒き上げられということです。こういうふうに放射能が高空に撒き上げられたということも、短期の非常に強烈な被曝を免れたひとつの原因となったと思われます。そういう状況の中で、先程のような人的被害が現われたのではないかというふうに私は思っています。

その後、急性の症状ではなくて、癌の死者数、遺伝的障害などの被害推定、たとえば癌による死者数は1万人程度であるということはいろいろ言われています。癌による死亡と、数世紀にわたる遺伝的障害というのは、殆ど同じ程度の数だと言われていますが、遺伝的障害について我々は経験がありません。こういう話はすべて、広島・長崎の経験、それからビキニ水爆で被曝したマーシャル諸島の二百何十人かの住民の経験が基になっています。これら二つの経験の上に、こういう話はなされているわけです。

遺伝的障害についての議論はいろいろ分れていて、遺伝的障害の発生は癌死者数の10倍以上、たとえば1万人の晩発性癌死が現れるなら10万人の遺伝的障害が現れるはずだということを、遺伝子の専門家たちが言っている。そのあたりの論争は、全く理論的な論争であって、我々が経験している事実ではありません。全く分からないという方が正しいと思います。

●――日本でこのような事故は本当に起きないのだろうか?

今までの話は非常に客観的な話でしたが、これから先は私の主観が入ります。これは前もってお断りしておきます。

日本でこのような事故は起こるのかということで、科学技術庁、或いは通産省の人たちは、日本では絶対起こらないだろうということを言っていました。

その代表的な意見は、チェルノブイリ原発には非常用炉心冷却装置がなかったということを言っています。日本の原子炉でこういう事故が起きた時には、非常用炉心冷却装置が直ちに作動して死の灰の発熱を冷却するので大丈夫だと言っています。ついでに申し上げますが、事故が起きた時、原子炉での核分裂連鎖反応は直ちに停止することが前提で考えています。連鎖反応の停止に失敗するとこれはもっと酷いことになるんですが、一応停止したと仮定しておきます。ところが死の灰は発熱を続けます。

皆さんは死の灰、もっと学術的な言葉で言うと核分裂生成物、というものは放射線を出すということを知っていると思います。物理学でいいますと、放射線を出すということは、即ちエネルギーを放出するということで、要するに発熱しているということです。ほぼ1トンにもなる大量の死の灰と呼ばれる核分裂生成物は、電気出力100万キロワットの原子炉が一年間運転して停止した直後には、約25万キロワットの発熱量があります。従って停止後も原子炉の冷却を更に続ける必要があります。

火力発電所でしたら、事故が起きたとして、重油や天然ガスの燃料供給を直ちに止めてしまえば、それで全てが終わりです。勿論、停電が続いては困りますから直ちに復旧作業をしますが、発電所の事故はそれで終息します。しかし、原子力発電所は死の灰の猛烈な発熱が続いていますから、これを冷却しなければならない。この冷却に失敗すれば、直ちに炉心熔融を引き起こします。その為に原子炉に必ず備え付けられている非常用炉心冷却装置を動かします。これを動かす電源は外部電源です。原子力発電所というのは非常に停電に弱いということは大変皮肉です。発電所が停電に弱いというのはおかしい話なのですが、非常に弱いわけです。

外部の電源が断たれると、原子力発電所はものすごいことになっていくわけです。その為に非常用ディーゼル発電機を必ず備えていて、外部からの電源が何らかの原因でストップすると直ちに非常用ディーゼル発電機が動くようになっています。この非常用発電機はしばしば故障していて、フランスでもそういう事実があったと伝えられています。それからチェルノブイリも外部電源喪失が原因であったという説が、非常に有力だった時期もあります。それで通産省の人は、ソ連のチェルノブイリには非常用炉心冷却装置がなかったかのようにまだ言っています。

これは実に滑稽な話で、論文を見れば2系統の炉心冷却系が備えられている。ひとつは圧力を蓄えていて一切の電源なしに作動する蓄圧装置です。これは電源が全て断たれた時に、重力によって一気に水が供給される、つまり全く外部の動力を必要としない冷却器が備えられています。しかし、これだけではやはりどうしても駄目なんです。長期間に渡って冷却をしないと炉心熔融は起こってしまいます。従って緊急冷却の後は、冷却ポンプをずっと運転し続けなくてはいけません。

●——炉心熔融が起きれば格納容器は無力

それから二番目に、格納容器がなかったということが言われています。これもですね、非常に簡単にいってしまえば、日本の軽水炉とはタイプが違いますけれども、やはり大パイプ破断ということに対応した強化格納装置、格納室というのがあって、これは大パイプ——９００㎜の大口径パイプ——が破断したときに、水蒸気の圧力に耐えるという設計の4ないし5気圧の耐圧を持った格納室が存在し、しかもその水蒸気を冷却して圧力を下げることが出来るような巨大な冷却用プールを備えています。これが、実は先程の水蒸気爆発を起こす一つの原因になりかねないということで、非常に頭の痛い理由になっているわけです。水蒸気を冷やして水にしてやらないと圧力を保つことができない。したがってそういうプールを持っていたのです。その意味では、基本的には格納容器も持っていたというのが現実です。

しかし、格納容器があったかなかったかということを議論するのは、非常にある意味で滑稽です。というのは、炉心熔融が起きてしまえば、日本にある、そしてアメリカにある格納容器は、これは必ず破壊されてしまうというのが、すでにこれは定説になっています。

１９７５年に発表されたラスムッセン報告というのがあります。これは、確率論評価をやって、原発の事故というのは非常に巨大な災害を引き起こす可能性は十分にあるが、その確率は1炉について１００万年に1回位しかないという結論を下したので有名です。しかし、その確率論の部分をのぞきますと、とても詳細に検討しています。

たとえば、私が先ほどお話したストロンチウム90がどのくらい出る可能性があるかとか、ルテニウムは高温にならないと出てこないとか、そういう議論はこのラスムッセン報告のなかで詳細に検討されていて、そのいわば引き写しを私がお話したというわけです。つまり、こうした大事故の解析については、一種のバイブル的存在です。で、このラスムッセン報告を読むと、軽水炉においては、炉心熔融が起きるならば格納容器は必ず破壊されてしまう。つまり現在備えられている格納容器は炉心熔融に対する備えになっていない。つまり非常用炉心冷却装置が働いた場合に役に立つのが格納容器で、実際そういう思想のもとに格納容器は設計されていたというわけです。

ですから炉心熔融が起きてしまえば、格納容器の有無ということは問題外です。もちろん炉心熔融にいたる前のさまざまな事故に対しては有効であることは、疑いありません。

●――「人為ミス」説の誤り

最後に、人為的ミスということがさかんに言われています。ソ連、アメリカ、そしてフランスでも、ほとんど炉心熔融寸前のことが起きたということで、非常に人為ミスが問題にされているわけです。日本の運転員は非常に優秀である、従って日本では人為ミスは起きない、ということを言ってるわけですが、私はこういう考え方は、非常に危ないんじゃないかと思う。

例は悪いかもしれませんが、戦争に突入する前に、日本人は非常に優秀だから物量は劣っているが精神力を持ってやれば戦争に勝つ、といった精神主義を、私はもう一回現在見せられているような気がして非常に気持ちが悪い。

私が先ほど申し上げましたように、原子力発電所はものすごい危険性を内蔵しているわけです。しかもそれが外へあらわれる、現実化するという可能性をもっている。それは、人の住むそのすぐ傍で、そのすぐ傍というか、まさにその中で、１００万キロワットという出力を出し続けている。そして、その出力が終わったあとも死の灰自身が大変な出力をもっている。このふたつの原因によって、これが顕在化する可能性を濃厚に持っている。もし原発のような巨大な危険性を内蔵したものが社会的に許容されるとすれば、そういう高い危険性をもつものの場合には、如何なる人為ミスを行なったとしてもその危険性が顕在化しないということが求められます。

場合によっては、悪意あるサボタージュ、——これはいろんなことがあったわけですね。飛行機の操縦のなかで悪意あるサボタージュというのかどうかわかりませんが、自分が明らかにそこで死亡するということがわかっていて飛行機を落とす、ということを操縦士がやったという事実があるわけです。私は今後のいろんな社会で、そういうことが絶無だということは言えないと思います。その結果として、人が１００人死ぬ、２００人死ぬ。こういう言い方は大変誤解を招くかもしれませんが、その程度のものであるならばそこまで考えなくてもいいかもしれない。悪意あるミス、サボタージュを、自分が死ぬことを前提にして行なうという行為は無視していいのかもしれない。

しかし、一国の国土全体を汚染する可能性をもつようなこういうものについては、如何なる悪意あるサボタージュ、それから、ありえないようなミスをした、ということが起こってもそれが全部チェックされる、という事が完備した場合のみ許される。で、明らかに現在の原発はそうなっていない。むしろある人々が、あれは人為ミスなんだ、日本人は起こさない、ということを主張するということは、人為ミスの如何によっては、チェルノブイリのような大災害が起こり得る、ということを彼らが主張していることに他ならないというふうに思います。

今回の経験によって、現在まで、商業用原子力発電所の経験年数は２０００炉年、つまり、１００基の炉が20年間平等に運転したとすれば２０００炉年になります。現実にはいろんな運転年数の原子炉、——最近になって運転が3年ぐらいの原子炉というのが沢山出てきていますし、昔から動き続けて1基で30年というのもあるでしょう。——そういう運転経験年数を全部合計しますと、約２０００炉年になります。２０００炉年にこの事故が一回起きたということは、一基について言えば、1年間に２０００分の1の確率で、事故を起こすということです。確率論を単純に操れば、50年間に1基の原子炉が、チェルノブイリ級の事故を起こす確率は約３％、という計算になります。

私はですね、明日雨が降るか、晴れるかという確率が3％ならばこれは無視していい確率でしょう。それでも、大事なミンクのコートは多分3％の確率の時には、干さないでしょうね。干すのか干さないのか知りませんが、たぶん干さないと思います。

日本国内、たとえば東海2号炉が事故を起こすと関東地方は完全に壊滅する。私の計算では、50ミリシーベルト／年という私にはちょっと許容できないそういう制限レベルを仮定しても、東京、神奈川に至るまで人が住めない状況になります。関東一円が住めないほどのセシウム137で汚染されると思いますが、そのようなことが、原子炉1基の運転期間中に3％の確率で起こり得るということは、私は、これは絶対に許せないことだと考えています。

日本中では、原子炉が33基（2012年7月現在では事故炉を除き50基）あります。33基が60年間稼動すると、経験年数が約2000炉年になります。33×60は約2000。単純計算でいうと、60年の間にチェルノブイリ規模の事故が1回起こることになります。

数学の先生もいらっしゃいますから、ちゃんと、計算をいたしますと、これは（1－1／x）のx乗という計算をすることになります。x＝2000とおきますと、事故を起こさない確率は37％、――これは1／e（eは自然対数の底）の値――、そして事故を起こす確率は63％、というのか正解だと思います。

33基の炉が60年間運転して、その間1回も事故を起こさない確率は37％です。1回起こすかもしれない、2回起こすかもしれない、50回起こすかもしれない、それらの確率をすべて加えあわせると63％。私はこういう現実を人間が許容できるとはとても思えない。

ソ連のような国は、多少外国に迷惑をかけたとしてもふてぶてしく居直って、「それでも俺の国は電気が必要なんだ」、ということでやっていけるのかも知れません。というのは、広大な面積をもっている、ソ連の人口密度は1㎢あたり9人です。今度事故を起こしましたウクライナ共和国は、1㎢あたり70人、そして日本は333

人です。やはり、こういう人口密度の国で、事故が起これば、たとえば東海2号炉についていえば、平均的人口密度は約900人です。1㎢あたり900人。チェルノブイリと同程度の事故が起こったとすると人的被害はほぼ、900／70、つまり10倍以上になるということがきわめて簡単な算術でできます。

しかし私は、現在東海2号炉の15キロ以内に住む70万人の人々の避難方法などを考えると、70万人の人がいったいどうやって避難することができるのか？　ソ連の場合には5万人だったからこそ、56時間で退避することができたのです。日本の場合にはむしろその退避の状況のなかで非常な混乱が生じ、別の意味で事故が起きるだろう、というふうに思っています。

●——今が引き返す最後のチャンス

現在日本では、電気の25％が原子力発電所で賄われています。もう引き返せないではないか、という考え方が一部にあるわけです。

事故の1月半位後に、国際原子力機関（ＩＡＥＡ）のブリックス事務局長という方が、「チェルノブイリの事故は非常に大きな影響を与えるであろう、しかし多くの国々にとって、原子力は既に引き返すことができない地点まで来ている、我々は原子力とともに生きなければならない」、ということを言っています。

それを聞いて私は、彼の言う「原子力とともに生きなければならない」という言葉を、「放射能とともに生きなければならない」というふうに受け取りました。

でも現実に事故後1カ月間、そして今現在も、西ドイツとフランスの人、そしてポーランドの人も勿論、放射能の灰にまみれて生活をしていると思います。それでもですね、多分、癌の死者は3万人、或いはもっと多くて10万人程度増えるかも知れません。しかし、ソ連2億、ヨーロッパを加えたら何10億か知りませんが、その中でも毎年癌で死んでいる人は、何十万人といるわけです。

「それにたかだか1万人程度が加わってもたいしたことないじゃないか」、それから先天性異常も今急速に増えていますが、「先天性異常が10万人増えても、それがどうってことはない、俺たちは電力を欲する」、つまり、「死の灰にまみれて生活していくんだ」ということ、これがつまり原子力とともに生きるということの内容なんだな、と私は思いました。だから、推進者たちはこれくらいの事故が10年に1回、20年に1回起きることをある意味で、覚悟しているんだと思います。

やっぱり私は、そういう生活は拒否すべきだと思います。たとえ25％の電力を節約することが非常に困難だとしても、それをやらなくてはならない。ある意味では、それは工業大学の使命かもしれません。そういう生活を生み出すために何をしていくのかということを、我々は総力を挙げて考えていかなければなりません。

ところで、25％というのは、これは野末先生などにもお聞きしましたが、非常にある意味では操作された数値、つまり火力発電所や水力発電所はいま休止している。というのは、原子力発電所は出力一定で運転するのが一番いいですから、全体の基底部分は原子力発電所で補って、そして、夏のピーク時その他の時に、火力や水力をちょっと動かす、というそういう態勢にしているからこそ、原子力発電所の比率が25％と凄く高くなっている。そういう意味では非常に造られている。しかし、これが50％になり、70％になったときには本当に引き返せないと思います。今、本当は15％かもしれない、その今の時点でやはり引き返すことを考えるべきではないでしょうか。

私は、それはそんなに不可能ではないと思います。石油ショックの時代、盛んに節電が叫ばれました。そして、節電すればなんとかなると。しかもあの時よりも電気の使用量はかなり高くなっているはずです、だから節電効果も高いはずです。そういうことを考えると私は今引き返すことを考えたい。

更に考えることは、もし電気の１００％近くを原子力発電所で賄っていて、原発の事故がその時起きたらどうするのかということです。電気を止めることはできません。従って物凄い事故があって、そしてそれが原子力発電に共通する原因であることがわかっていても、直ちに全ての原発を止めることはできないでしょう。事故が起こって死の灰が撒き散らされている状況でも、新たな事故が起こることがわかっていながら、更に、運転を続けるという事態を許容していく。ほとんどの人が、電力が全部失われたら大変だということのなかで、原発を許容していくという事態が生まれてしまう。そういう意味で、原子力発電だけで、すべてをやっていこうというような単一思考を拒否していかなくてはならない。

やはり、安全性の高い多様なエネルギー源が必要ですし、今後これ以上原発が増えていくということになったら本当に引き返すことができなくなってしまう。原発の大事故を経験した今が引き返す最後のチャンスではないか、ということを私は思っています。

大変まとまりのない話になってしまいました。最後まで聞いていただきまして、ありがとうございました。

＊1――ゲルマニウム半導体検出器

チェルノブイリ原発事故当時そして現在でも、ガンマ線を放出する放射性物質の分析をするための装置として一番優れたもの。

＊2――発病するのは大体5年以後から

甲状腺がんが急激に増え始めるのが5年後くらいからで、ベラルーシやウクライナではチェルノブイリ原発事故の影響は1年後くらいから見え始めています。福島第一の場合も2年8カ月で小児甲状腺がんと診断された子供は26人、その疑いがあると診断された子供は33人（うち1人は良性と判明）になっている。小児甲状腺がんあるいはその疑いがある子供は現在58人である（２０１３年11月12日現在）

＊3――生物学的半減期

体の中に取り込んだ放射性物質が半分になるまでの時間。人では、ストロンチウム90の生物学的半減期は大人と子どもの区別はなく約50年、放射性セシウムは子どもで30日、大人で１１０日くらいとされている（ＩＣＲＰ56）。

＊4――年間5ミリシーベルトというのは、取りも直さず、今の法律で一般人に許容されている被曝の限度

ICRPの1990年勧告（日本の法律では2001年4月から）を受け入れ、一般人の一年間の線量限度がそれまでの5ミリシーベルトから1ミリシーベルトになるように法律が整備された。

チェルノブイリ原発4号炉事故現場。ヘリコプターの窓ガラスを通して撮影
(1986年5月、写真提供＝ノーボスチ通信社)。

チェルノブイリ事故の衝撃

日本の原発も危険である

チェルノブイリ事故の衝撃は、推進側を襲った。通産省資源エネルギー庁、東京電力、原子力安全委員会、原子力安全局は、しばらくの沈黙の後、「日本ではまったく考えられない事故」「格納容器が十分な強度を持たない」「原子炉停止機能など安全対策が十分配慮されていなかった」等々、日本への飛び火を恐れた苦しい弁明に終始した。

ここでは、これら推進側の論拠のデタラメさを一つひとつ批判し、「日本では起こりえない」とはとてもいえないことがこの事故から分かった、そして、起こりそうだと予想されていて、未だ起こっていないタイプの事故がいくらでもあることも忘れてはならない、と結んでいる。まるで、3・11を予想したかのように。

この章は、他と比べ専門的解説に立ち入った内容となっており、一般読者には少し分かりづらいと思われるが、一読をお勧めしたい。

1986年12月、日本評論社「経済セミナー増刊号」に掲載され、次の「もし東海原発が暴走したら」と合わせ、著者の遺稿となってしまった。

彼は、これらの著述を自分の目で活字として確かめる前に、86年12月31日、厳寒の剱岳で2人のご子息とともに忽然と姿を消した。

1　非常用炉心冷却系、格納容器がなかったか？

「日本の原発ではまったく考えられない事故です。すなわち、日本の原発では、非常用冷却装置で水を送り込みますので、燃料棒の過熱や水素ガスの発生は考えられません。したがって水素爆発というようなことは考えられませんし、それから、日本の原発の場合には、格納容器のなかに、全部、放射性物質を閉じ込める構造になっておりますから、したがって、環境に大量の放射性物質が放出されるということはありません」（通産省資源エネルギー庁、梅沢原子力発電課長――5月30日東京放送）。

「チェルノブイリ原子炉は、炉の特性から見ても、原子炉の出力が上昇して冷却材中に蒸気泡（ボイド）が発生した場合、さらに反応度が上昇し、原子炉の出力が上昇するという特性を有している（いわゆる自己制御性がないこと）等の欠陥をもち、（さらに）……格納容器が充分な強度をもたないという構造上の欠陥をもつ」（東京電力内部資料、8月20日）。

「チェルノブイリ原子炉は、わが国の原子炉とは構造や特性が大きく異なり、冷却材ボイド係数が正で大きいことに対し、原子炉停止機能をはじめとする安全対策が十分配慮されていなかったこと等、設計上の問題を有している」（原子力安全委員会ソ連原発事故調査特別委員会第一次報告書、9月9日）。

「この炉の特徴である、冷却材ボイド係数が大きな正であることに対し、原子炉停止系が緩慢であり、さらにインターロック等の設計考慮がなされていなかった……」（原子力安全局、9月12日）。

以上、「日本では起こらないキャンペーン」を並べてみると（管理上の問題を別にして）、

5月　事故炉には、非常用炉心冷却系、**格納容器がない**[*1]――日本のにはある。

8月　事故炉には「自己制御性」がなく、格納容器の耐圧が弱かった――日本のは自己制御性があり、格納容

器も丈夫（東電）。

9月　事故炉は冷却材ボイド係数が正で大きく、それに対処すべき原子炉停止系が緩慢だった。日本では……（？）

8月には、まだ、格納容器の耐圧性について少し何かいっているが、9月になると完全に消えている。日本の「一次報告書」も非常用冷却系および、耐圧5・5気圧の強化気密区画、炉心部分を含む耐圧1・8気圧の区画についてくわしく記述している（ほとんどソ連報告の逐語訳）から、これらについてあらためて述べることは割愛する。

ただし、一言しておきたいのは、非常用炉心冷却系（ECCS）については、8、9年も前から英文誌に広く公開されていた（国内誌にも）ことであり、また、気密区画や炉心部分の耐圧構造について、米国原子炉規制局は、5月8日付の文書で報告している（**図I**）。**図I**の炉心収納室には「設計耐圧1・8気圧」、大口径パイプ室には「設計耐圧3・5気圧」と説明されている。なお後者は、「一次報告書」で強化気密区画と翻訳されている部分にあたり、IAEA（国際原子力機関）への報告では、耐圧5・5気圧とされている。この内容に関連しての報道が、5月20日付「朝日新聞」に掲載されている。これらのことからして、日本の通産省が、5月下旬まで、非常用冷却系、格納容器がなかったかのようにいっているのは、実に奇怪な事実である。このあたりが、日本の原子力行政を信頼できないゆえんである。

図I　米国原子炉規制局5月8日文書による格納構造

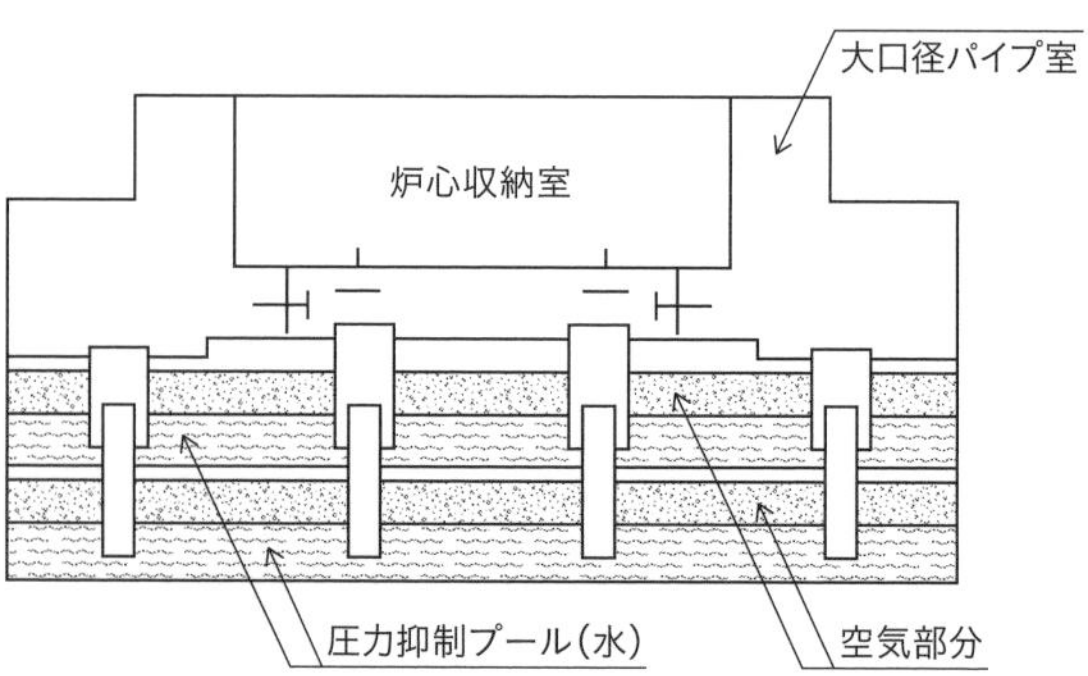

ECCS、格納容器についてはこれくらいにして、以下、主に「自己制御性」などについて考えていこう。

2　反応度と核暴走

中性子がウラン235を分裂させ、そこから生まれた中性子が、つぎのウラン235を分裂させるまでを1世代とし、その時間を「中性子寿命」といっている。軽水炉では、1万分の1秒の半分程度、黒鉛減速炉では、1000分の1秒の半分程度である。いま1世代での〈人口〉(中性子数)増倍率が、1・001だとすると、1秒間(すなわち軽水炉では、2万世代、黒鉛炉では2000世代)では、〈人口〉は、それぞれ約5億倍、7・4倍になる。

むろん、出力一定での運転は、〈人口〉1世代あたり増倍率が1でなければならないが、これが0・1%ずれただけで、1秒ほどで7・4倍になったり、まして5億倍になるようなことでは制御できるわけはない。

実は、普通の中性子(**即発中性子**[*2])のほかに、寿命が数秒という気の長い中性子(**遅発中性子**[*3])が、全体の約0・7%ある。即発中性子だけの〈人口〉増倍率は、1以下、たとえば0・994にしておいて、残りは遅発中性子に補ってもらうことにしておくと、実質的な世代交替の時間は、遅発中性子の寿命に近くなる。この例の場合、1世代の増倍率は、1・001になるが、1秒間の増倍率は、軽水炉でも黒鉛炉でもほとんど正確に1になってしまう(**図2**参照)。

1世代の増倍率は、必ず1・0……といった数になるので、増倍率から1を差し引いたものを反応度と呼んでいる。**図2**には、横軸に反応度、縦軸に1秒間の増倍率を示した。反応度が遅発中性子比率0・007に近づくと、1秒間の増倍率は急激に大きくなり、反応度が0・007を超えると、爆発的増大になる。これは、即発中性子だけで〈人口〉増加(出力増大)が始まったからである。この状態を即発臨界と呼んでいる。即発臨界に相当する反応度(ここでは、0・007としてきた)をβあるいは1ドルといい、これを反応度の単位とすることも多い。

原子炉の起動時や出力上昇の場合、反応度をプラスにしなければならないが、これが1ドルに近づいたり、1

ドルを超えるような状態にしてはならない。そのような状態が、原発の核的暴走である。

チェルノブイリ事故の「解析モデル」上では、反応度が2ドルを超えたとされている。原発は、その型のいずれを問わず、核暴走状態になりうる。これは、核分裂停止後も死の灰による発熱が続くということと並んで、原発安全上の二つの大問題である。

中性子が首尾よく次の核分裂を遂げ、次世代の中性子を作り出せるか、その前に、他の物質に吸収されてしまうかによって、反応度は上下する。中性子を吸収する物質がふえる（たとえば制御棒を挿入する）と反応度が下がる。また、減速した中性子で核分裂をさせている「熱中性子炉」（軽水炉、黒鉛炉）では、減速材の密度がふえると反応度が上がる。

図2　反応度と1秒間増倍率の関係

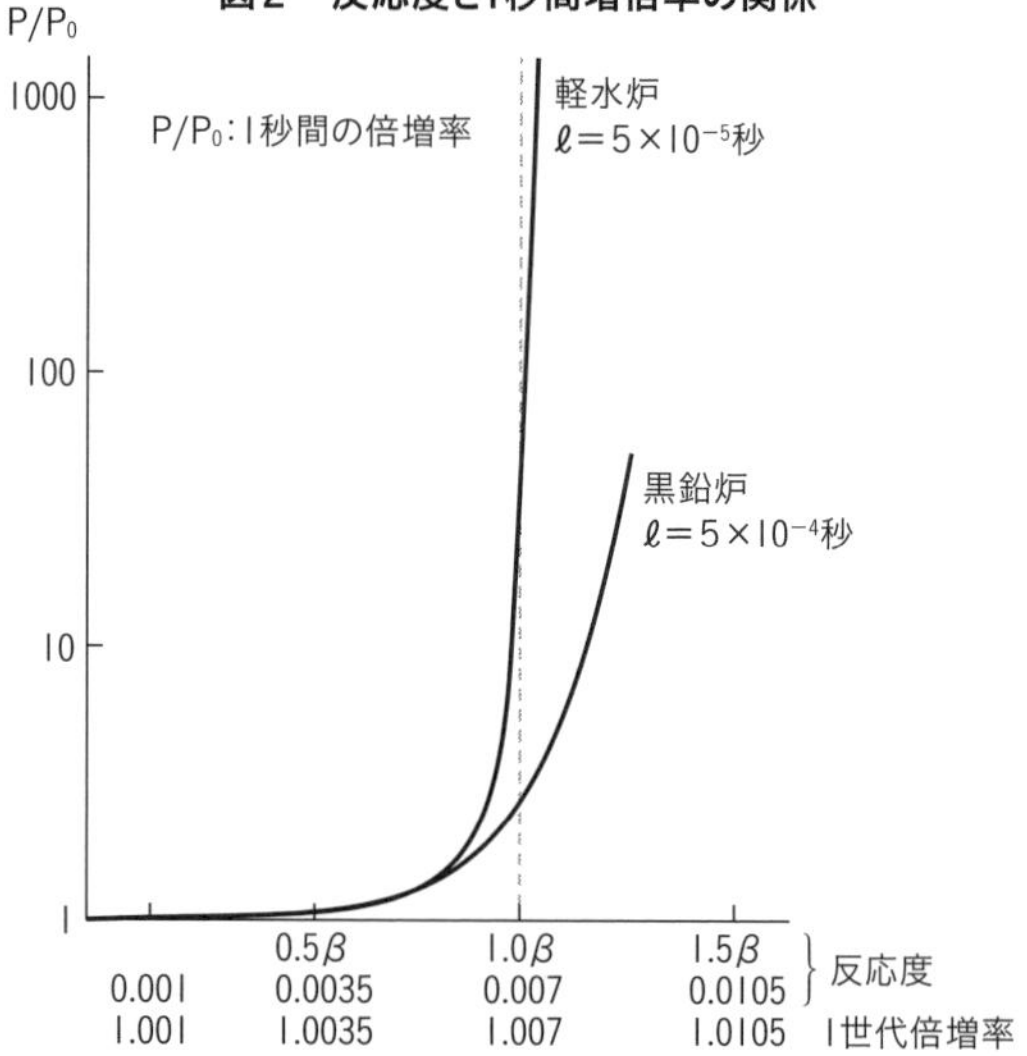

黒鉛炉で冷却材、軽水炉では冷却材兼減速材として用いられている水は、吸収体でもあり、減速材でもあるので、水の密度の増減（蒸気泡の消失と発生）は、他の減速材、吸収体とのかねあいで、反応度に対する影響は複雑になる。チェルノブイリ炉では、蒸気泡がふえると反応度が上がり（「反応度ボイド係数が正」という。頭の「反応度」は略すことが多い）、沸騰水炉では、一般に、蒸気泡がふえると反応度は下がる（ボイド係数が負）。

そのほか、燃料温度が上昇すると、ウラン238による中性子吸収が増大するので、反応度が下がり（「燃料温度係数が負」）、ドップラー効果と呼ばれている。

したがって反応度は、原子炉内の各所の温度、圧力、冷却材流量などの変化とともに、たえず変動している。それが計測制御によって一定値に収められている場合が通常運転時であるが、変動が一定の枠を超えたとき、さまざまな要因が重なって、核暴走に至る可能性がある。これを阻止する最後の安全装置が、緊急停止装置（スクラム）である。

3　「ふげん」と「もんじゅ」

東京電力内部資料は、ソ連炉のボイド係数が正であったのに対し、沸騰水炉（ＢＷＲ）では、ボイド係数が負で、出力が上昇すると反応度が下がる（その結果、出力が下がる）という「自己制御性」、「固有の安全性」をもっているから安全なのだ、といっている。

「自己制御性」があるからといって、核暴走事故がないことにはならないことはのちに示すが、この東電の言い方をもってすると、重水減速沸騰軽水冷却炉「ふげん」や高速増殖炉「もんじゅ」の「固有の安全性」はきわめて疑わしく、安全でない。

「ふげん」は、チェルノブイリ炉の黒鉛を重水におきかえただけであるから、冷却材中に蒸気泡が発生すれば反応度が上がると考えるのが当然である。「ふげん」の設置許可申請は何回もの変更が積み重ねられ、「ボイド係数」が当初プラス（少なくともグラフ上では）であったものが、最終的にマイナスになるなど、苦心の跡が歴然としている。計算上ではない実測上のボイド係数等、反応度係数を知

高速増殖炉「もんじゅ」

出所）西尾漠『プロブレムQ&A　原発は地球にやさしいか』緑風出版

りたいものである。

　高速増殖炉は、核分裂で発生した高速中性子をそのまま次の核分裂に用いるので、高濃縮ウランを燃料とし、熱伝達効率のよい金属ナトリウムを冷却材に使う。冷却材の温度が上がって体積が膨張すると、中性子吸収が減るので反応度が上がる（冷却材温度係数が正）。燃料温度係数は、高速中性子についてはドップラー効果が効きにくくなるので、熱中性子炉に比べて1桁小さくなってしまう。このようなことから、「固有の安定性」を示す反応度出力係数は、申請書の上で負ではあるが、その大きさは「ふげん」のまた10分の1程度となっている。

　さらに、高速増殖炉では、高濃縮燃料の変形、圧縮あるいは移動によっても反応度の上昇を生じ、本物の核爆発（ウランの気化を伴う）を生ずる可能性もある。そのうえ、[*4]**そのまわりには大量のプルトニウム239をまとっている**のである。以上のように、「ふげん」、「もんじゅ」の「固有の安定性」はきわめて疑わしい。だから原子力安全局は、東電のように、単に、「事故炉のボイド係数は正だった」とはいわず、「事故炉のボイド係数は正で大きく、しかも原子炉停止系が緩慢だった」といわざるをえないのである。

4　BWRにも「固有の不安定性」がある

　沸騰水を冷却材として用いているBWRでは、とにかくボイドの発生消失が、いろいろな役割をする。たしかに、温度が上昇すると泡がふえるので反応度が下がるという特性を生ずるが、他方では、炉内の圧力が増大すると泡がつぶれるので反応度が上がる（「冷却材圧力係数が正」）。

　BWRで、突然タービンへの蒸気流入が停止するなど、圧力が増大する過渡変化は、しばしば起こる。このようなとき、一瞬にして出力は上昇する。このときの出力増大は、燃料棒にとってきわめて危険である。これを回避するために、炉はスクラムされる。とくに危険な主蒸気隔離弁閉鎖のときは、弁の10％閉の状態でスクラムがはいるという「予備スクラム」が用いられている。さらに主循環ポンプを停止して蒸気泡をつくり出し、反応度増加を防ごうとしている。

これらの措置が失敗したとき、もともと出力密度の高い部分の燃料棒内の出力増加は、封入されているガス圧の上昇を惹起し、燃料棒を破裂させ、なかから熔融燃料を噴出させる。このことによって、圧力容器内に瞬間的な圧力波伝播がひき起こされ、反応度を上昇させ、ここで燃料棒全体の二次的出力増大→燃料棒破裂→水蒸気爆発の可能性を生じる。**図3**に、原発の核暴走事故について警告し続けてきたR・E・ウェッブ博士の計算結果を示す（ウェッブ『原発の事故災害』26頁、1976年）。このグラフは、ソ連報告書の「数学的解析モデル」に酷似している。

東電内部資料は、BWRには自己制御性があるといい、それをもって「固有の安定性」という。しかし、その根拠は、蒸気泡の発生・消失にあり、その同じ根拠からBWRの自己触媒的・雪だるま式不安定性が導かれるのである。

もともと、一つのシステムに負のフィードバックがあるからといって、それからただちにシステムの安定性や安全性が結論されるわけではない。極端な例だが、原爆にも自己制御性はある。爆発によって核物質が飛散すれば、核物質密度が下がり反応度が下がって核分裂は停止する。だからといって、原爆が安全だという人はいない。

また、あらゆる型の原発は、「ドップラー係数が負」という自己制御性がある。この意味では、チェルノブイリ原発も「固有の安定性」（「出力係数」が負）はもっていた。しかし、事故は現実に起こったのである。

図3　BWRでの主蒸気管隔離弁閉鎖事故における出力変化

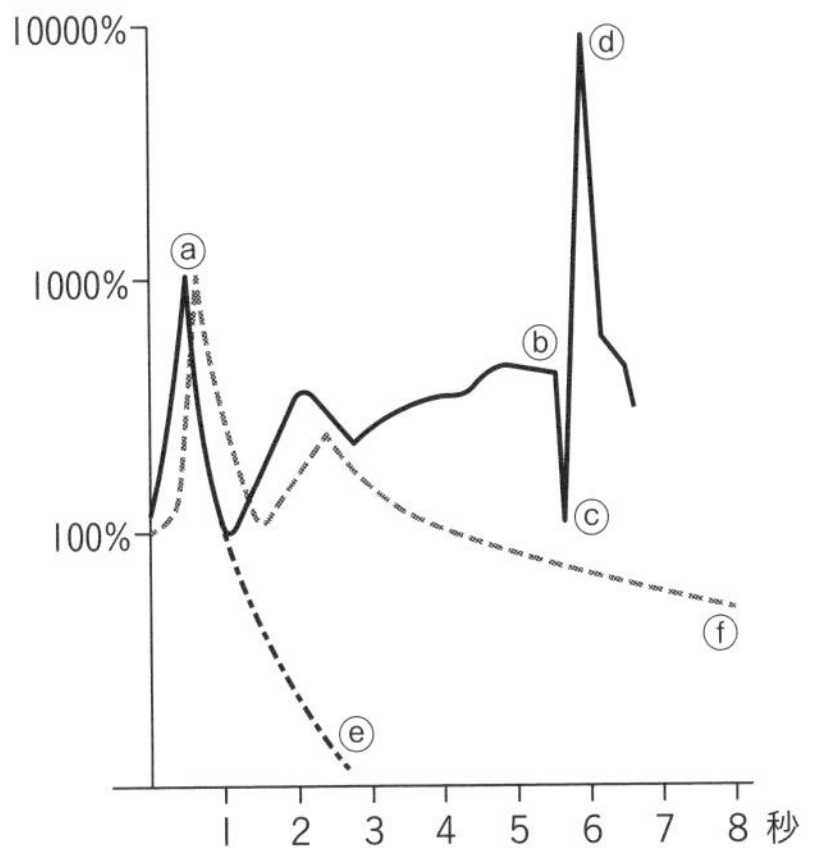

ⓐⓑⓒⓓ:スクラム失敗と冷却材循環ポンプ停止の失敗を仮定
ⓔ:スクラムに成功したとき
ⓕ:スクラム失敗、冷却材循環ポンプ停止に成功

5　「スクラム失敗をともなう過渡変化（ATWS）」事故

今回の事故では、①運転員が緊急停止用の制御棒余裕を極端に少なくしてしまった、②タービン・トリップ時に発すべきスクラム信号をカットしてしまったとされている（必ずしも客観的証拠があるわけではないと思われる）――この二つが原因でスクラム失敗を生じ、人工的に（「実験のため」とされている）つくられたタービン・トリップという「過渡変化」が自己触媒的・自己増殖的出力増大に発展して爆発に至った（久米報告を参照）。

過渡変化というのは、原子炉の温度、圧力、冷却材流量などが定常値からはずれることをいう。原子炉の始動・停止のときは、もちろんこれにはいるが、ふつうには、定常運転時に、何かの攪乱や故障によって生じるものを意味する。そのずれが十分小さくて、原子炉の制御装置の働きで元に戻れば問題はないが、手動あるいは緊急に自動停止（スクラム）しなければならない場合がある。とくに、スクラムを必要とする過渡変化が重要である。

スクラムを必要とする過渡変化の例は、電源喪失（停電）、負荷喪失、タービン・トリップ、主蒸気管隔離弁閉鎖、給水制御系エラー、給水加熱ロスなど、数多い。

一般に、これらの過渡変化でスクラムに失敗すればどうなるのか。1975年のラスムッセン報告は、その大部分が炉心熔融に至るとしている。この場合の炉の状態について、同報告は、

「タービン停止弁あるいは主蒸気管隔離弁の閉鎖によってタービンへの蒸気流が止まると、炉の圧力は増大する。圧力の増大は炉心の蒸気泡の割合を減らし、出力レベルは上昇し、冷却材圧力はさらに増大する。それが冷却系のパイプの設計圧力を超えると、大口径破断の冷却材喪失（大LOCA）事故になると仮定される。大LOCAで、かつノースクラムの状態で、低圧ECCSは炉心に給水しようとする。（減速材である水が供給されたため）炉が臨界に達すれば、出力の急上昇を生じ、圧力容器の破壊を結果する。もしくは、炉が未臨界とかなりの出力との間を、ある周期で往復する状態になる」としている（APPENDIX V、103頁）。

ここでも、前項に述べた「反応度圧力係数が正」が主役になっている。ただ、ラスムッセン報告は、ウェッブのような爆発（核暴走による）までは考えていない。

ラスムッセン報告は、沸騰水型炉の炉心熔融に至る事故のうちの9割以上は、過渡現象を発端とする事故であり、そのまた半分以上は「スクラム失敗をともなう過渡変化（ATWS）」だとしている。

同報告は、原子炉停止失敗の確率を、4×10^{-7}としたが、その後、現実に（ただしテスト中に）起きた何回かのスクラム失敗によって、米国NRC（原子力規制委員会）はスクラム失敗の確率を3×10^{-5}とするに至っている。

このような事態にあわてたNRCは、1979年にATWS事故の評価を安全審査の対象とするという基本方針と、77年末までに建設されたBWR（スクラム失敗したときのバックアップ・システムを備えていない）の期限付改造を含む勧告案「NUREG 460、第4巻」を作成し、これを正式に成立させようとしたが、産業界の圧力で、いまだに陽の目を見ていない。

日本の1978年以前に建設された沸騰水型炉も、この問題を解決していないことはいうまでもない。東海2号炉裁判で原告は、「ATWS問題」に力を注いだが、判決は、問題の重要性を指摘しつつ、「今のところ、審査の対象となっていない」から審査しなくてもよいという同語反復で原告の主張を退けてしまった。チェルノブイリ事故は、「核爆走を結果したATWS」であったことによって、この問題の重大性をあばき出したことになる。

6 「制御棒のききが悪かった」か？

先にもふれたが、「事故炉は、冷却材ボイド係数が大きな正であることに対し、原子炉停止系が緩慢」という原子力安全局の表現は、「ふげん」や「もんじゅ」の「固有の安定性」への懸念から出ていると思われる。しかし、この曖昧な表現が、「一般に、日本の原発の制御棒のききはよい」という誤解を招く恐れがあるので、BWRについて簡単に述べておく。

ソ連報告書によれば、スクラム用制御棒の反応度（負）は、最小0・105（15ドル）で、全挿入時間は15秒、つまり1秒あたり1ドル。一方、BWRでは、スクラム用制御棒反応度0・15（21ドル）で、全挿入時間は6秒、したがって1秒あたり3・5ドル。

これだけ見れば「ソ連炉のほうがききが悪い」といえそうであるが、この比較は意味がない。

もう一度**図2**のグラフ（148ページ）を見ていただければわかるように、軽水炉では、即発中性子の寿命が短いために、反応度一ドル近くから上で、一定時間内の出力増倍率が黒鉛炉のそれに比べ桁ちがいに大きくなってしまっている。もう一つは、BWRスクラムによる反応度（負）の加わる速度は、はじめの二秒間はきわめて小さい（ほとんどゼロ）という特性をもっている。これらを考慮すれば、一般にどのような態様の事故に対しても、日本の軽水炉のスクラムのきき方のほうがよい、などということはありえない。

さらに、とくに「今回の事態」（ソ連報告書の解析データにあらわれている1時23分40秒から数秒間の反応度増加の曲線）に対して、現在のBWRのスクラムが予定通り完全に挿入されたとして計算してみると、事態は、はるかにわがBWRのほうが悪いのである。原因は、即発中性子の寿命が短いからである。

7　次は、どんな事故が起きるか？

かつては、原発事故といえば冷却材喪失事故で、ECCSの作動や機能性が話題とされ、最後は炉心熔融になるのかならないのかで終わった。しかし、TMIや今回の事故を経験してみると、事故をもっと幅広くとらえることが必要のようである。

まず、事故の発端（A）として、（A1）過渡変化、（A2）一次系破断、（A3）制御棒関係などが考えられる。

これらの外乱が加わったとき、事故に至らないために必要なことは、①核分裂反応の停止（スクラム）、②炉心への給水（ECCS）、③原子炉全体からの熱除去、である。①は核分裂による発熱を停止させるために必要であり、②③は、核分裂反応が停止したあと、なお発熱し続けている死の灰の崩壊熱を除去するために必要である。①②③のどれに失敗しても、炉心熔融に至る。①に失敗した場合には、核暴走の可能性もある。

このことを考えると、事故が破局に至るのに最も主要な役割を果たす失敗事象あるいは失敗機能（B）による分類が考えられる。すなわち、（B1）スクラム失敗事故、（B2）ECCS失敗事故、（B3）熱除去失敗事故である。

そして、最終状態からみた分類としては、（C1）核暴走（核分裂反応熱による事故）および（C2）炉心熔融（死の灰の崩壊熱によるもの）が考えられる。（C2）はさらに、水蒸気爆発による格納容器破壊、過圧による格納容器破壊などに分類されるが、格納容器破壊に結果することに変わりはない。

このような観点から事故を見直してみると、TMIは、（A1）過渡変化、（B2）ECCS失敗（部分的）、（C2）炉心熔融（部分的）の組み合わせであり、チェルノブイリ事故は、（A1）過渡変化、（B1）スクラム失敗、（C1）核暴走の組み合せであった。いわゆる冷却材喪失事故は、（A2）、（B2）、（C2）の組み合わせであり、ラスムッセン報告は、沸騰水型炉では冷却材喪失事故よりも（A1）過渡変化、（B1）スクラム失敗、（C2）炉心熔融の組み合せ（ATWS）、および（A1）過渡変化、（B3）熱除去失敗、（C2）炉心熔融の組み合せが、はるかに頻度が高いとしている。

現に発生した事故に照らし合わせて、自分のまわりを見まわすことも重大である。その点からも「日本では起こりえない」とは、とてもいえないことがわかった。しかし、それ以上に、まだ、起こりそうだと予想されていて、起こっていないタイプの事故がいくらでもあることも忘れてはなるまい。

＊1――格納容器がない

日本の原発には格納容器が設置されているが、事故を起こしたソ連の原発にはいわゆる格納容器はない。格納容器の役割は、異常時に炉内の圧力を下げるためあるいは大口径パイプの破断によって、炉内から噴出する放射能を帯びた蒸気や水による環境汚染を防ぐことにある。その意味ではソ連の原子炉にも、異常時に備えて格納容器の機能に相当する格納室が設けられていた。

＊2――即発中性子

ウランが核分裂すると同時に放出される中性子。一個のウラン235が一個の中性子を吸収して核分裂すると平均で約2・5個の中性子が放出される。原子炉の中では発生する中性子を一個以下になるように制御している。

＊3――遅発中性子

即発中性子よりも少し（0・3～80秒くらい）遅れて放出される中性子。核分裂で発生する中性子の1％程度が遅発中性子である。原子力発電所が運転できるのはこの遅発中性子のおかげである。

＊4――そのまわりには大量のプルトニウム239をまとっている

高速増殖炉の燃料集合体の周囲には、プルトニウムを増殖させるために燃えないウラン238が配置されている。このウラン238が中性子を吸収してプルトニウムに変わるため、時間と共にプルトニウムが燃料集合体の周囲に増えていく。

チェルノブイリ原子力発電所の全景　出所）松岡信夫『ドキュメント　チェルノブイリ』緑風出版

爆発により破壊したチェルノブイリ原子力発電所4号炉

もし東海原発が暴走したら

ここでは、もしチェルノブイリのような炉心熔融事故が日本で起きたら、被害はどのようになるのかということを、東海原発のケースでシュミレーションしている。

世界の原発立地の中で、最も人口密度の高いところに作られた東海原発。

早期障害だけで数万人に及び、より深刻な晩発性障害では、居住し続ければ年間8000人の死者を出すであろうと推定している。東京23区から神奈川県南部に至るまで居住不能になる面積は3000㎢、その地域の住民の総数は1000万人を超え、地域の農業は壊滅する。そして政治経済の中枢も壊滅状態に陥るだろう、と警告する。

3つの過酷事故を経験した私達は、著者のこの警告が決して過大な想定でないことを知ることができる。

本稿は、水戸巌の死後1987年4月に発刊された三一書房「われらチェルノブイリの虜囚」(高木仁三郎との共著)に収められた。

チェルノブイリ原子力発電所の事故は、**32基の原発が運転中の日本**[*]にとって、他人事ではない。もし、炉心が熔融するような事故が、国土が狭く、人口密度の高い日本で起これば、チェルノブイリを上回る被害が予想され

る。被害は具体的にどの程度のものになるのか、東海2号炉を例にとり、起こりうる被害を想定してみた。問題の性質上、話はいささか専門的になることをご勘弁願いたい。

●——放出される放射能量が問題

想定の前提になるのは、核分裂によって生じた放射性核種(死の灰)が大気中にどれだけ放出されるのかという点と、事故時の気象条件である。前者は、各核種が原子炉の炉心にどれだけたまっているのかという点と、事故のタイプによって決まる。

代表的な核種について、それが炉心にどれだけたまっているか(内蔵量)を**表1**に示した。この量は、原子炉の出力と運転時間によって決まってしまい、原子炉の型にはほとんど左右されない。運転時間は、燃料のほぼ3分の1が、1年ごとに新燃料と交換されるので、平均1年間と想定するのが普通である。**表1**は、電気出力110万kw、平均運転年数1年、炉停止直後の放射能値である。

各核種の放出比は、想定された事故経過によって変わってくる。1975年の米国原子力委員会の事故解析報告書『WASH1400』〈ラスムッセン報告〉では、加圧水型炉、沸騰水型炉の炉心熔融を伴った事故について、それぞれPWR1、2、……、BWR1、2、……などのタイプ分けをしていたが、その後の『サンディア報告』では、PWR1、BWR1、BWR2など、炉心

表1　原子炉内の放射性核種の内蔵量と放出比

	半減期	内蔵量 (京ベクレル)	想定放出比 (SST1)	ソ連事故での推定
キセノン133	5.3日	691.9	1	1
ヨウ素131	8.05日	347.8	0.45	0.7*
セシウム137	30年	23.68	0.67	0.6*
ルテニウム103	40日	407	0.05	0.05〜0.2
ルテニウム106	1年	74	0.05	0.05〜0.2
ストロンチウム90	28年	21.09	0.07	?
ジルコニウム90	65日	651.2	0.009	0.01
セウム144	285日	444	0.009	0.01

*は、京大原子炉実験所の瀬尾健博士の詳細な分析による。
他は、スウェーデン、日本の観測値からの推定。

熔融事故中の最大級のものを平均化したようなＳＳＴ１が用いられている。本稿の計算も、事故タイプとして、ＳＳＴ１の放出比をとった。また**表Ⅰ**には、チェルノブイリ事故で放出されたと推定される放射能量から求めた放出比も記入してある。ＳＳＴ１の事故から放出開始までの時間は1・5時間、実質的な放出期間は2時間とした。

気象条件については、被害想定との関連で重要なのは、大気の安定度と風速である。大気の安定度がたかければ、放射能雲の水平方向、高さ方向への広がりが小さく、安定度が低ければ、その逆になる。本稿での計算では、昼間の曇天時、および夜間に対応するＤ型をとった。安定度としては中間のものであり、東海2号炉周辺では、Ｄ型以上に安定度が高い日が70％を占める。風速も、平均的なものとして、毎秒３ｍをとった。

図Ⅰ 事故原発からの距離と放射能雲の水平方向への広がり

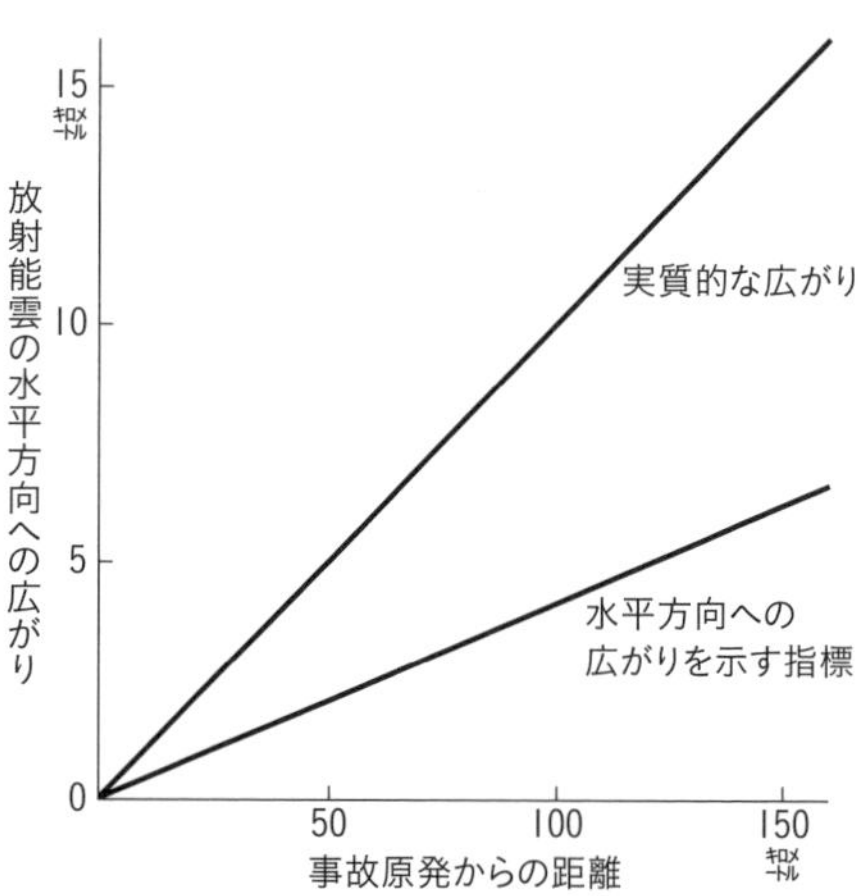

図ⅠにＤ型の場合の水平方向への広がりを示す指標（放射能濃度を、正規分布で表わしたときの標準偏差）の値を示した。合わせて、実質的な広がりの幅も示してある。なお、放射能雲は、高温のため浮揚する可能性がある。浮揚の高さは１００ｍとし、『ＷＡＳＨ１４００』の計算にならって、垂直の広がりの中に考慮した。

人身被害を評価するには、人口密度分布が必要である。以下の計算では、東海2号炉が事故を起こし、その風向きが東京中央部に向かっていたと仮定し、その進行軸上の人口密度をとった。20㎞以遠の数値は、『昭和55年度版日本分県地図地名総覧』により、20㎞以内では日本原電が作成した「東海2号炉・申請書添付書類」を参考にした。

●——早期障害者だけで数万人に

放射能雲は水平方向と垂直方向への広がりを大きくしながら、風速に従って移動してゆき、東京には約10時間後に到着する。放射能雲下の住民は、①雲からの外部照射、②呼吸によって大気中から吸入・体内に摂取された核種からの照射（内部被曝）、の両方によって被曝する。①は雲の通過中という一過性のものであるが、②は核種の吸入後長期にわたって持続する。両者による被曝量の比は、距離とともに変化し、10km以内では3対5、100km以遠では1対4程度であり、いずれにしても内部被曝のほうが大きい。

被曝線量値は、「単位質量当たり」に吸収されたエネルギーを基礎にして定義されている。全身6万gの受けた10ミリシーベルトと60gの器官の受けた10ミリシーベルトとでは、一人に加えられたエネルギーとしては、1000倍の違いがある。もちろん、その局所の生物学的意味や放射線に対する敏感さによっては、後者が前者の1000分の1以上の意味をもつことはありうる。いずれにしても、局所的被曝線量値と全身被曝線量値をくらべることは、何の意味ももたない（裁判所の国側答弁書にさえ、この種の誤りがあるのは驚くべきことだ）。

図2は事故原発からの距離とその場所での全身被曝線量を表わしたものだ。**図3**には、

図2　放射能雲に見舞われた住民の被曝線量

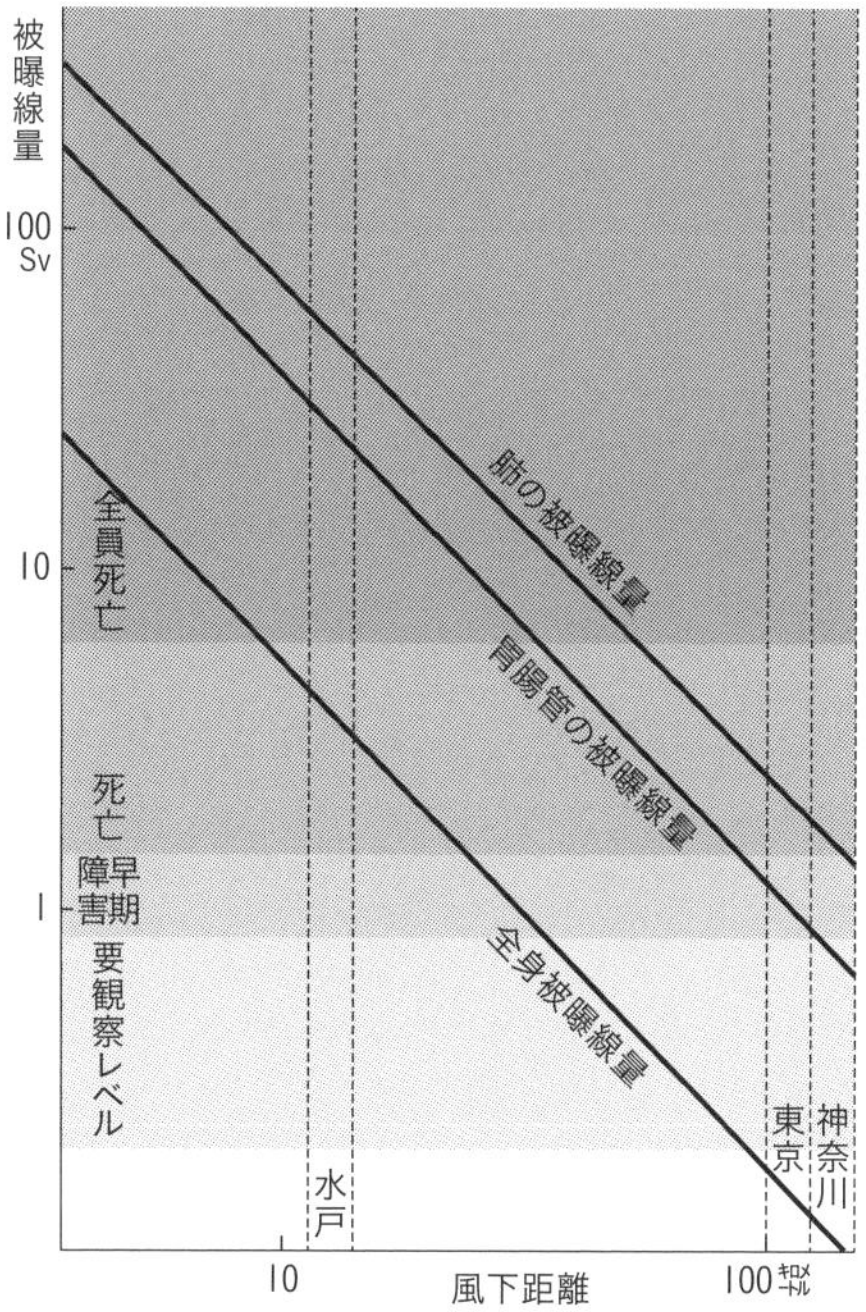

水平方向への広がりをみるため、被曝線量の等高分布を示した。この図で１０００ミリシーベルト以上の被曝を受けて死亡しなかった者を早期障害者とした。

　これらの線量と人口密度をつき合わせれば、死亡数、早期障害者の発生数を計算することができる（**表２**）。早期症状の主なものは、白血球異常、出血、下痢、脱毛、胎内致死（流産、死産）、胎内被曝による幼児性白血病、先天性異常形態などである。２５０ミリシーベルト～１０００ミリシーベルトを被曝した要観察者の発生は、土浦市にまで至っている。

図３　事故現場付近の被曝線量分布と、致死領域

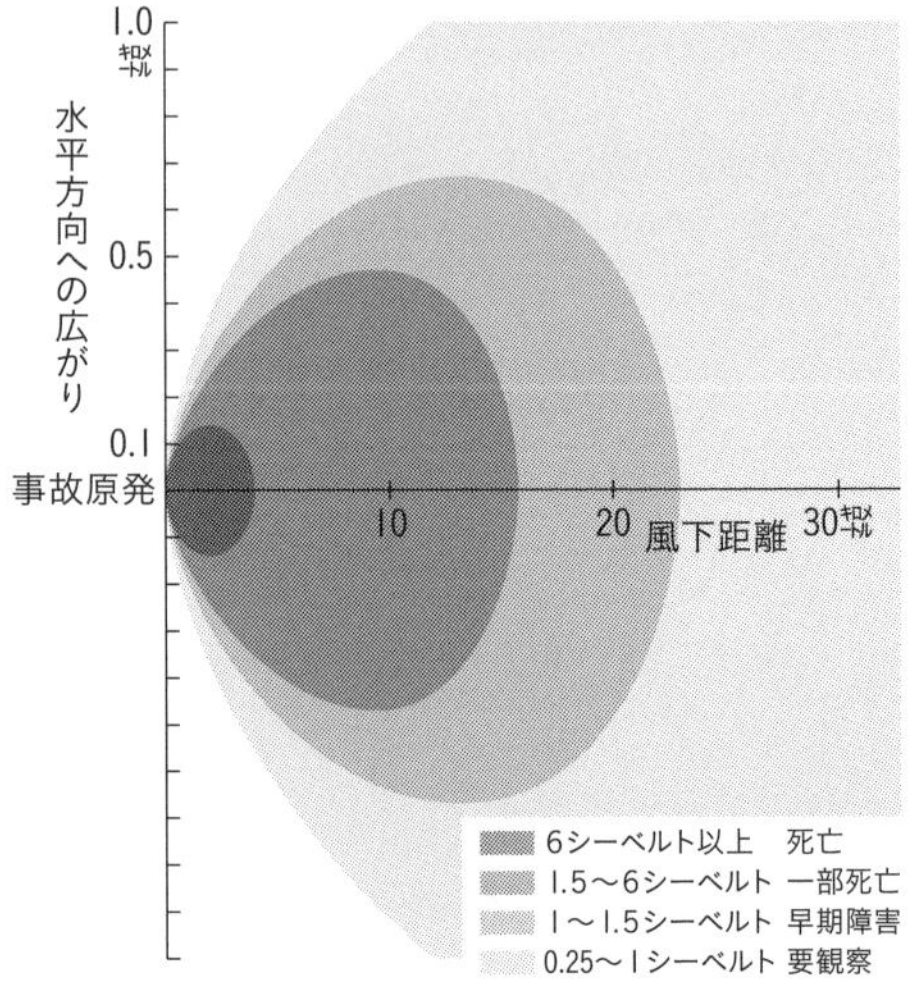

●――より深刻な晩発性障害

　放射能災害においては、早期障害とならんで晩発性障害が重要である。その発生には、しきい値（それ以下では害がない量）はないとされている。小さな被曝線量に対しては、それに応じた小さな確率で、ガンが発生する。むろん、全身２５０ミリシーベルト以上の要観察者中からは、高い確率で発生するであろう。

　先に、早期障害との関連で述べた全身被曝線量に対応して、あらゆる種類のガン発生の可能性がある。そのほかに、肺組織、胃腸管組織に付着したストロンチウム90やルテニウム１０３などにより、これらの器官は局所的に濃密な被曝を受ける。**図２**には、これらの器官の被曝線量も示してある。

　晩発性障害の発生確率は、被曝線量他に比例する。つまり、ある集団について各個人の被曝線量値を足し合わせた「人口積算線量」（単位＝人・シーベルト）に対応して、それに比例した患者がその集団から発生することになる（この比例係数を簡単に「効果係数」と呼んでおく）。

米国科学アカデミーの１９７２年報告（ＢＥＩＲ報告）は、例えば、全身被曝線量について「１万人・シーベルト当たり、ガン死１３０人」としている。しかし、長らく米国原子力委員会のもとで人間の放射線影響について研究を続けてきたゴフマン博士は、その数値は28分の１の過小なものであると指摘し、「１万人・シーベルト当たり３７００人」を主張している。同じことが肺ガン、胃腸ガンの発生確率についてもいえる。

表３には、ＢＥＩＲ報告の効果係数とゴフマンの効果係数を用いて計算された晩発性障害者数を記した。例えば、全身線量効果についてゴフマンの効果係数を用いた数値は、ＢＥＩＲの効果係数を用いた数値の28倍になっていない。「飽和」を考慮しているからである。

●——子供の線量はおとなの5倍

ヨウ素１３１とヨウ素１３３は、体内に摂取され甲状腺に蓄積されて、甲状腺を照射する。ヨウ素１３１などの吸入された３７００万ベクレルの放射能が器官に与える被曝線量値は、９歳以下の子供の場合、10歳以上の者の約10倍であるが、空気の吸入量が２分の１であるので、一定濃度の放射性ヨウ素の環境下にいる

表2　想定事故による早期死者、早期障害患者などの数（人）

	早期死者	早期障害者（1000ミリシーベルト以上）	要観察者（250〜1000ミリシーベルト）
曇天時	2000	3万	7万4000
降雨時			
6時間後退避	3万8000	4万7000	3万3000
12時間後退避	6万2000	4万	2万9000
24時間後退避	4万8000	4万4000	3万1000

ただし24時間後退避の場合は、コンクリートなどによる遮へいの効果を考え、被曝線量を0.4倍して計算してある。

表3　想定事故による晩発性障害者の数（人）

症状／効果係数	全身線量によるガン死者	肺ガン死者	胃腸ガン
BEIR	7400	3万5000	
ゴフマン	21万	180万	73万

子供とおとなでは、被曝線量の比は、5対1になる（**図4**）。

一定の被曝線量値のもとでは、甲状腺ガンについての効果係数の年齢差はないので、子供の間でガンの発生率は、おとなに比べ5倍になる（**表4**に、甲状腺ガンの発生数と死亡数を示した。ここでは9歳以下の子供の人口構成比を18％としたので、甲状腺ガン患者の数はほぼ1対1になっている）。

甲状腺結節は、被曝時9歳以下の子供だけに現れる症状で、その効果係数は、ガンの10倍以上であり、被曝線量値1万人・シーベルト当たり、275～1300人（25年間で）とされている。その幾何平均をとって計算したのが**表4**の数字である。

図4に示すように、風下200kmまでの子供の1人当たり甲状腺被曝線量は、17・5シーベルトを超えてしまっている。**図5**に示すように、100～130km（東京）では、その値の90％を超える区域の値は約20kmである。この幅の放射能雲のベルトの下で呼吸している9歳以下のほとんどの子供は、やがて甲状腺結節に見舞われる。その総数は、水戸市から神奈川県下まで200万人、うち東京中央部だけで、100万人を超える。

図4　甲状腺の被曝線量

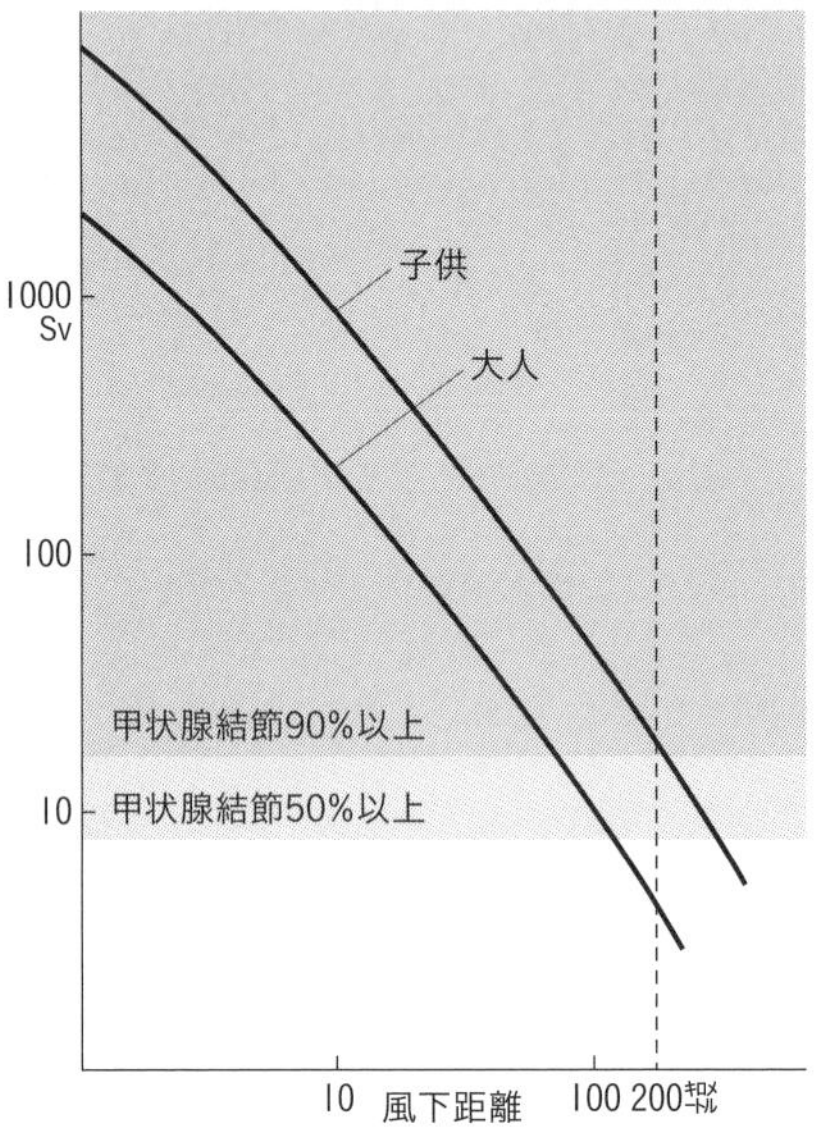

表4　甲状腺ガンの発生数と死亡数

	10歳以上	9歳以下の子供	
	ガン（うち死者）	ガン（死者）	結節
全体（東海村～神奈川県）	14万（2万1000）	14万（5700）	200万
東京のみ	8万（1万2000）	8万5000（3400）	130万

さらに、胎内児や乳幼児を加えれば、この数字は、もっと大きなものになる。

遺伝的障害の発生数も晩発性障害と同じく、人口積算線量に効果係数を掛け合わせて求められる。しかし、その効果係数はきわめて不確定で、現在知られている「少なくとも晩発性障害と同じ程度」という数字は、ＢＥＩＲ報告によれば、「氷山の一角」にすぎないといわれている。

●──全域の農業が壊滅

放射能雲中の各核種は、雲の進行につれて、それが付着したちりとともに地表面に落下し、雲が通過した土地の上を汚染してゆく。すべての核種が土地汚染に関係するが、ここでは、物理的半減期の長いセシウム１３７とストロンチウム90による汚染だけを取り上げてみよう。土地の汚染濃度はほぼちりの落下速度に比例するが、ここではすべて毎秒０・２㎝として計算した。

セシウム１３７（半減期30年）、ストロンチウム90（半減期約29年）による土地汚染は数年から百数十年にわたり、居住および農業の禁止ないし制限をもたらす。禁止制限の必要な期間は、もちろん汚染の程度に左右される。

ストロンチウム90は、農作物・牧草の中で濃縮され、さらに動物の体内で濃縮される。食物連鎖を通して人間が受ける被曝を考慮すると、１㎡当り7万４０００ベクレルが制限の必要な限界とされている。

「東海事故」の場合、この限界値を超える面積は、約

図5　東京の中心部での
子どもの甲状腺結節発生確率の分布

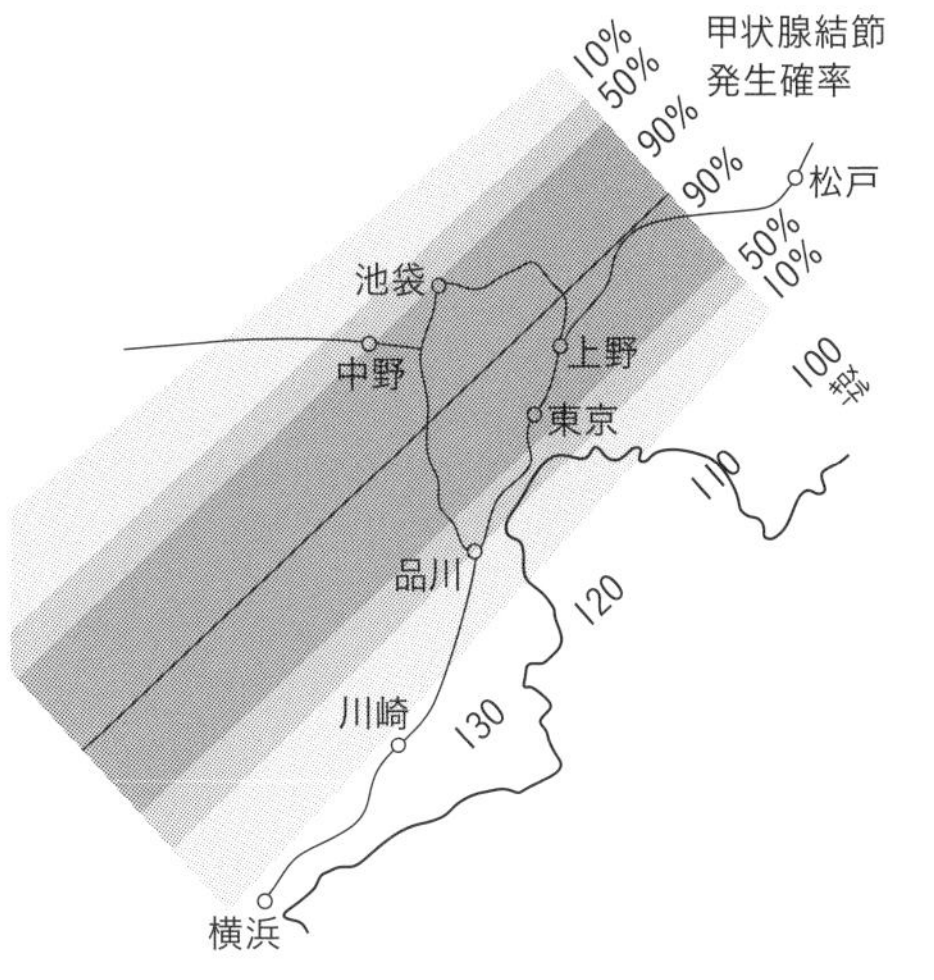

1万8000km²になる。この値は気象条件にさほど左右されない。冒頭で説明した大気安定度D型では、最大幅3・5kmほどの細長い帯状になり、600km遠方まで伸びる。気象安定度が低く大きな角度で広がってゆく場合、300km遠方まで最大幅6km程度の帯状になる。

セシウム137の農業制限の限界値は、1m²当り7万4000ベクレルとされている。汚染がこの濃度を超える面積は約2万km²である。1m²当り3万7000ベクレルのストロンチウム90と1m²当り37万ベクレルのセシウムの「組み合わせ」も、制限対象となる。この組み合わせでの面積は約4万km²となる(関東地方6県の総面積は約3万km²)。

図6　ストロンチウム90で1m²当り7万4000ベクレル以上汚染された農耕地の面積の経年変化

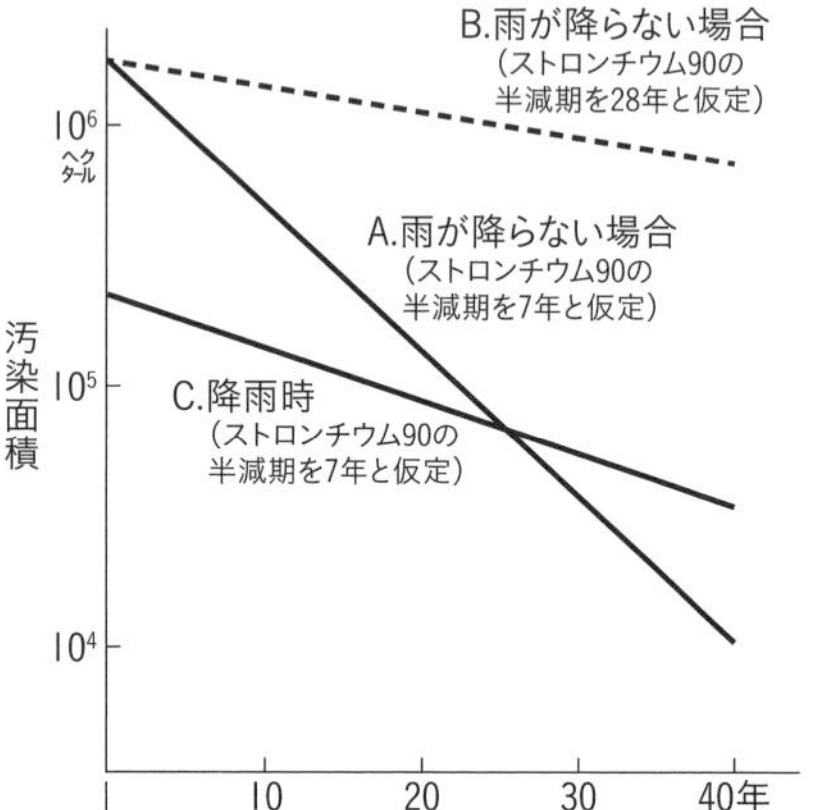

ストロンチウム90の物理的半減期は約29年だが、国連科学委員会の『放射線の起源と影響』によると、地中への浸透雨水による流失などにより、地表面の実効的半減期は、5~7年とされている。**図6**には、半減期7年と仮定した場合の使用不能面積の時間変化を示した。半分が回復するのに7年、9割が回復するのに17年必要となることがわかる。

●——政治経済の中枢は崩壊

透過力の高い放射線を出すセシウム137は、汚染された土地に居住する人びとに外部被曝を与える。計算によれば、1m²当たり12万5800ベクレルのセシウム137は、年間5ミリシーベルトの被曝を与える。前記、国連科学委員会の報告書では、建物などによる遮蔽効果を取り入れて、遮蔽係数０・４を乗ずることにしているが、ほこりの吸収や建物内部への付着などの「逆遮蔽効果」を考慮すると、この遮蔽係数には問題が多い。

しかし、仮に１㎡当り37万ベクレル（遮蔽効果を考慮して年間６ミリシーベルトを基準として、居住制限面積を計算すると４万㎢になる。大気安定度Ｄ型で、風速毎秒３ｍの気象条件では、その先端は１０００㎞におよぶ。

東海２号炉の事故では、東京23区全体と神奈川県南部（同地域は事故原発から１７８㎞）を突き抜けて海上に出てしまう（**図７**）。従って実際に居住不能になる面積は、３０００㎢程度である。それでも、居住不能になる住民の総数を計算すると、１０００万人を超える。日本の政治・経済の中枢は壊滅状態に陥るだろう。

東京（１００〜１３０㎞）での最大濃度は１㎡当り約９９９万ベクレルで、そこに居住する人の被曝線量は、遮蔽係数０・４を乗じても年間１６０ミリシーベルトである。

セシウム１３７の地表面濃度について、前記の国連科学委員会報告は、当初は急速に減少し、15年ごろから約25年の半減期で減少するとしている。**図８**に、セシウムの一定濃度に汚染された土地に居住する人の年間被曝量の経年変化を示した。１㎡当り約９９９万ベクレルの土地では、最初年間１６０ミリシーベルト、これが年間５ミリシーベルトになるには、77年間を必要とすることがわかる。

図７　東京中央部にのびる居住制限区域

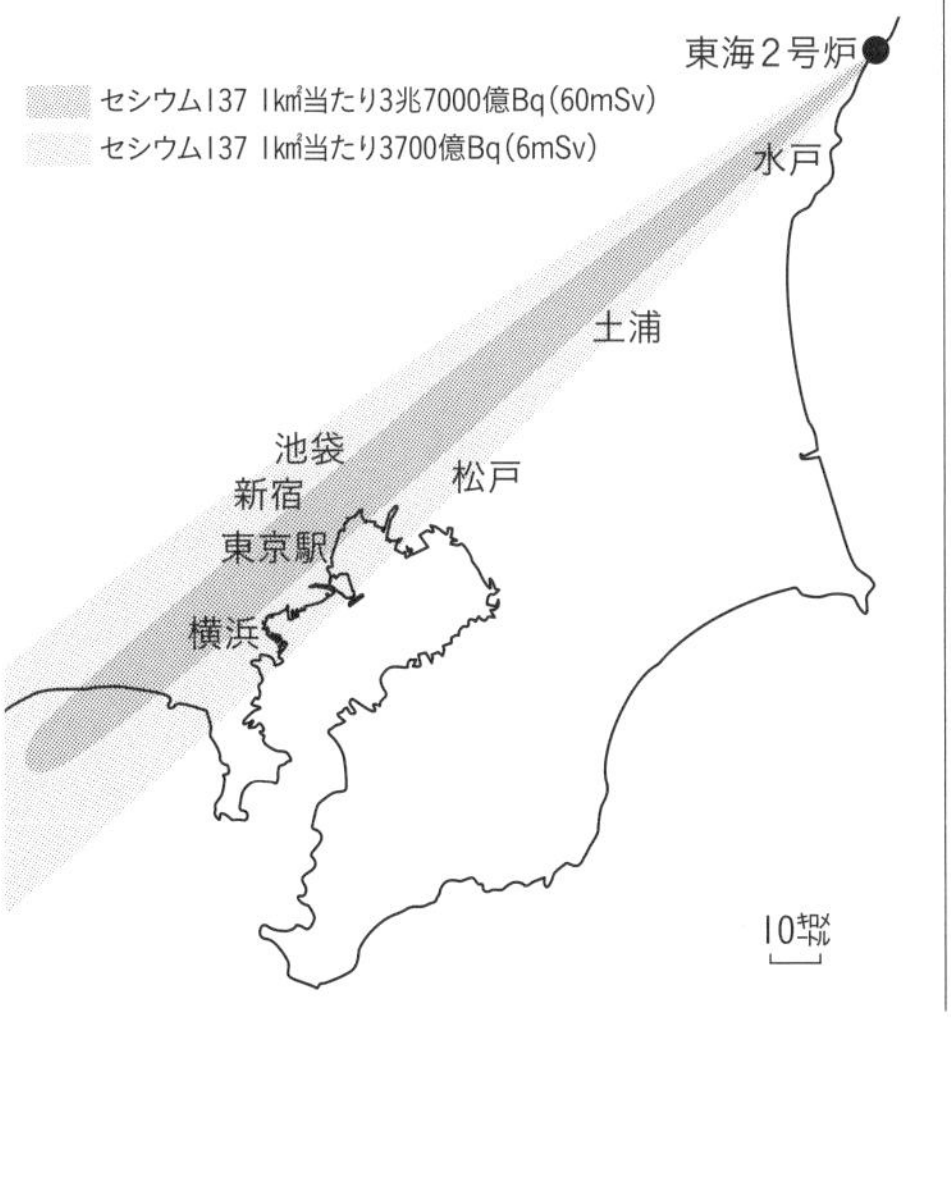

●——居住し続ければ年間８０００人の死者

このような問題についての原子力推進側の考えの一端

が、『ＷＡＳＨ１４００』に記載されている。彼らの主張では、財産上の損失との兼ね合いからガン死亡の恐れを無視して、高汚染地域に居住させるべきであるとして、セシウム１３７による居住不適限界値を１㎡当り３７０万ベクレルとしている（最初の年の全身被曝線量は、年間60ミリシーベルト！）。

仮にこの考えに従って、１㎡当り３７０万ベクレルまでの土地に従来通りの生活を続けるならば、この放射能によるガン死者は１年当たり約８０００人（『ＢＥＩＲ報告』による。ゴフマンによれば、22万人）になる。その過半数は、東京の居住者である。**図8**の減衰に従って、年を追っての総計数を求めると、約10万人（ゴフマンによれば、２８０万人）に達する。

ところで、これまでの計算では、降雨を仮定していない。降雨は、放射能雲中の核種の相当部分を降雨開始地域付近に落下させる。そのため、人的被害とくに死者数を激増させ、また汚染度の高い（回復年数約20年以上の）土地の面積を増大させる（他方１００㎞以遠での晩発性障害や制限限界程度の汚染面積は減少するだろう）。

降雨時の死亡数と早期障害者数は、避難のあり方によって大きく変わる。**表2**の「降雨時」の項は、風下30㎞以内の全住民が6時間および12時間後に避難したと仮定して計算した。このときは主に屋外滞在であるとし、建物による遮蔽効果は無視した。このことは、呼吸による吸入、降雨中の全空間からの照射を無視したことと相殺する。

また、降雨中建物の中におり、降雨後避難した場合を想定し、24時間滞留、建物による遮蔽係数０・４を考慮した結果を合わせて示してある。いずれにせよ、早期死亡数4万人あるいはそれ以上になる。降雨時の土地汚染

図8　汚染された土地に住む人の年間全身被曝線量の経年変化

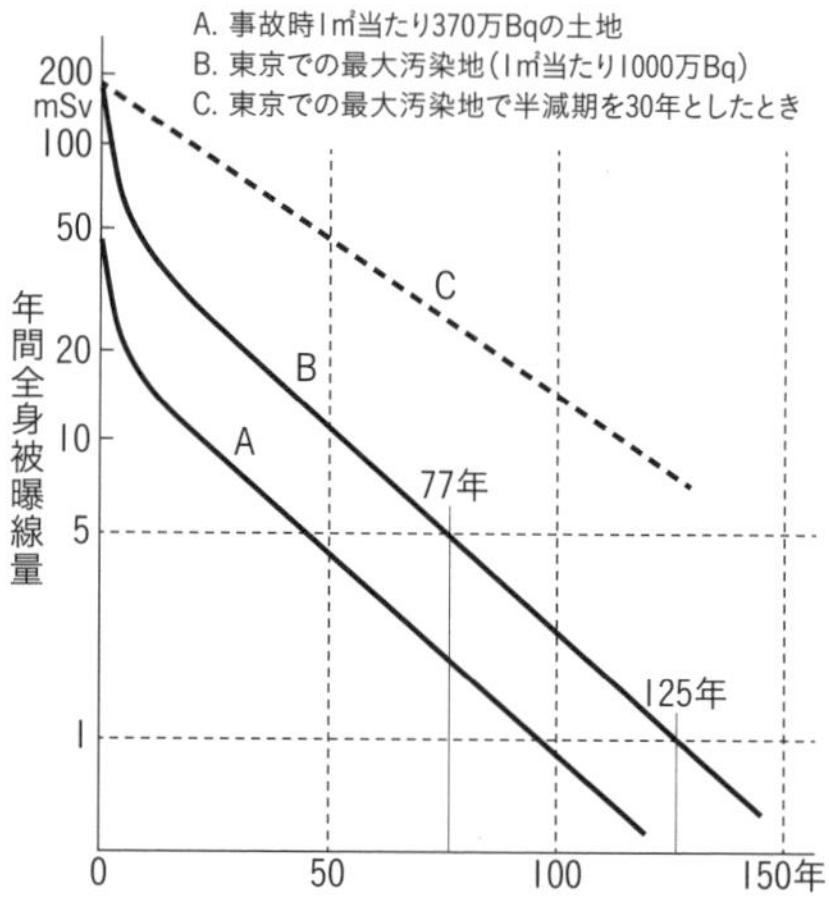

については図6を参照していただきたい。

●――チェルノブイリにピッタリ当てはまる

最後に、チェルノブイリで現実に起こった事故との比較をしてみよう。

これまで行った全く同じモデル（事故タイプと気象型）を、チェルノブイリに適用すると、早期死者200人、早期障害者1000人、要観察者1万人、甲状腺ガン1万人（うち死者800人）、子供の甲状腺結節4万人となる。東海2号炉での計算とのへだたりは、もっぱら人口密度分布の違いに由来する。ウクライナ共和国の人口密度は1㎢当たり70人、チェルノブイリ付近の人口密度は、新聞報道による退避行動から推定して1㎢当たり約100人であるので、計算は人口密度分布1㎢当たり100人として行った。

計算結果と現実との対応を調べてみよう。今回の事故では、放出が極めて長時間にわたり、実質的放出期間だけでも50時間以上と推定されている。また、黒鉛火災によって加熱された放射能雲が400m以上に上昇したと見られる（この2つは、ソ連型黒鉛炉の事故に特徴的である）。

この2つの要因を取り入れれば、早期死者の数は減少する。その他の早期障害者数は、現実に起こったことに比べ過大評価にはなっていない。晩発性障害者の発生数は、長時間放出の影響はほとんど受けない。甲状腺障害をはじめとする晩発性障害は今後5年から数十年後に発生し、その全容が明らかになるだろう。

土地の汚染についていうと、長時間放出の場合、相対的に汚染度は低くなるが、それに反比例して、より広い面積が汚染される結果になった。より汚染度の低い、より広い面積の汚染は、結局は制限なく土地が使用される結果、全住民への影響をむしろ深刻化するだろう。

◉——以上の文中で引用した文献や、その中の基本数値のほとんどは、米国物理学会研究グループの『軽水炉の安全性』（邦訳、講談社）によるものであることをお断りしておきます。

＊——32基の原発が運転中の日本

２０１３年12月現在、日本の原発（東海第一、もんじゅ、ふげんを含む）は全部で62基。そのうち閉鎖中あるいは閉鎖が決まっているものが８基。建設中が４基。運転停止中が50基（もんじゅ、福島第一５、６号機を含む）。稼動中の原発は一基もない。

III

原子力——その闘いのための論理

雑誌の対談で、羽仁五郎氏と談笑する水戸巌
(羽仁五郎氏宅にて)

原子力発電所――この巨大なる潜在的危険性

『情況』（情況出版）1975年10月号に掲載された。

前年には、電源三法が公布され地域振興が図られた。操業中の原発はまだ8基。それを85年には原子力発電の規模を6000万キロワットとし、30基以上の建設計画を立てる。この数字は、記録的猛暑となった2013年夏のピーク時使用電力9233万キロワット（8月22日）の実に65％を占める。だが、この時期稼動していたのは大飯原発2基236万キロワットのみである。

今から見ればマンガのような壮大なる計画が、〝供給不足〟と〝石油不足〟の掛け声の中で推し進められた。原発立地として目をつけられた漁場では、あちこちで札束が飛び交うなかで、信念を持った住民の反対運動が高揚しはじめた時期でもある。

この年9月17日から19日まで福島では形だけの原発公聴会が開かれ、それに反発して、全国から住民運動や自治労などの労働運動の分野から人々が駆けつけ、機動隊に囲まれながら青空公聴会を開かせた。60年代から全国各地で活発になった反公害を掲げた住民運動、消費者運動の流れを受け、原発立地の漁民を中心に反対の声が上がった。水戸巌は請われればどこにでも手弁当で駆けつける最初の専門家であった（鎌田慧さん談）。他方本家のアメリカでも、原子力委員会のメンバーの中からも原発への疑念の声があがり始めていた。オークリッジ研究所所長のワインベルク博士は原発を認めることは「ファウスト的契約（魂を悪魔に売る）を結んでしまったことになる」と警告を発した。

水戸巌は訴える――「専門家に任せるな。問題は知識ではなく、論理である。」「最悪の場合を基準におこう。」

しかし、日本国内では批判側の声はかきけされ、マスコミを支配下に置いた「安全」一色の言論統制のもとに、建設ラッシュを迎えていく。

はじめに　――問題は知識ではなく論理なのダ――

日本の原子力長期計画（昭和47年6月）によれば、１９８５年度の原子力発電規模を６０００万キロワットとしている。電力会社が買収に乗り出した原発建設予定地は北は青森県から南は佐賀県まで。海岸線をもつ県は片端からねらわれているといってよい。そして30基以上合計２０００万キロワットの発電炉の計画が発表されている。

すでに操業運転に入っているのは8基、原子力委員会が設置許可し「建設中」のものは15基に達している。もっとも、建設中とはいっても、宮城県女川のように、漁民の抵抗の前に設置許可後7年間経っても送水管工事に着手したまま中断し放しというところもある。

これらの発電炉は、最初の**東海1号炉**[*1]を除けば、すべて、アメリカ直輸入の「軽水炉」というタイプであるが、この軽水炉ラッシュが始まったのは、たかだか数年前にすぎない。軽水炉の第1号、敦賀発電所が運転を開始したのは１９７０年3月のことである。そして、１基あたりの容量も、当初の30万キロワット台から、現在の１００万キロワット台へとメチャクチャな「発展」ぶりである。

原子炉は、在来の工業施設のもっている危険性に比べて桁ちがいに大きな潜在的危険性をもっている。しかも「放射線」という全く新しい要素――人間にとってだけでなく原子炉の材料にとっても――が入ってきているのであるから、どんなに用心深く進んでも用心深すぎるということはないしろものである。にもかかわらず、前述のような無謀な「発展」ぶりである。その結果が、故障につづく故障。そして、75年11月現在、11基中9基が「故障のため停止中」という醜態をさらしている。しかもその故障たるや、重大事故につながるものばかりといって過言ではない。

それでは、事故をふくめて原発の危険性は、単に地元住民だけの問題であろうか。いや、このような言い方は、すでに間違っている。たとえば、いま建設中の東海2号炉(110万キロワット)の地元住民とは誰なのか。東海村の住民だけなのか。水戸市民はどうなのか。1000万東京都民は、地元住民ではないのか。東京都民もまた東海2号炉事故の被害者になりうる。

事故がないとしても、原発の運転が行なわれるかぎり排出されてゆく再処理工場からの大量の放射性クリプトンやトリチウムは、地球規模で、大気や水を汚染しつづけてゆく。再

表1　運転中の軽水炉一覧

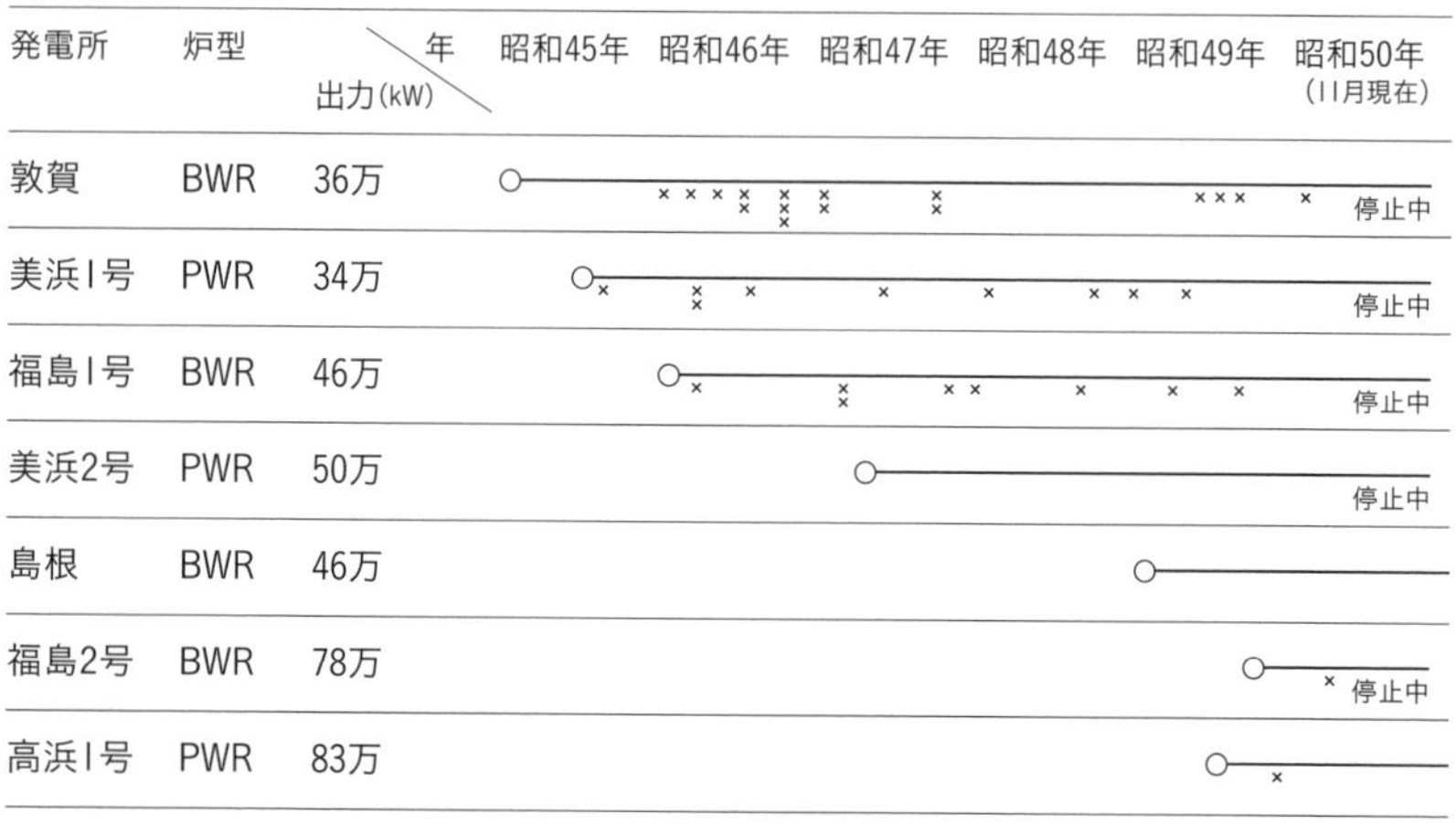

○—運転開始　×—原子炉停止に至る事故　BWR—沸騰水型　PWR—加圧水型

処理工場からの高レベル放射能廃棄物は、数十世紀にわたって人類を脅かすことになるだろう。これらの問題は、地球上に現在住むすべての人びとにとっての問題であるだけではなく、数十世紀にわたるわれわれの子孫の問題でもあるのだ。

しかし「そのような問題は一部の専門家にまかせておけばよいのではないだろうか。大体、原子核だの放射線だのといったことは面倒くさいし、少々のことを読んだところで、主体的に判断できるとも思えない」という人がいるかも知れない。このような考えは間違っている。

原発の危険性を理解するのに必要なものは知識ではない。必要なのは論理である。極端な言い方をするならば、論理をもたない余計な知識は、正しい理解を妨げることさえある。

一例を挙げよう。原子炉の中にはヒロシマ原爆1000発分の死の灰が内蔵されている。この潜在的危険性を第一に据えるというのは論理の問題である。これをあいまいにしたまま、原子炉には、この死の灰を外に出さないための三重四重の防護壁があり安全装置がある、それは×××と△△△と……並べたところで、ヒロシマ原爆1000発分の潜在的危険性が消えてなくなるわけではない。

とり返しのつかない巨大な潜在的危険性に対しては明確な論理をもたねばならない。それは**判断の基準を最悪の事故がおきたときの結果におく**ということなのである。交通事故といっしょにしてはいけない。この論理をぬきにした余計な知識は健全な判断をくもらせるだけである。

問題は、『情況』誌に掲載されている難解な論文をお読みになるような読者なら苦もなく理解できる筈のことなのである。もし本稿がそうでなかったとしたら、その責任はあげて筆者の表現のまずさにあるのである。

なお、問題の拡散をさけるため、本稿は、原発問題の技術的側面に限ったことをお断わりしておく。

第一部　概論風に——問題の基本点——

1　原子力公害の特質

(1)　放射線被曝による障害は、これまで人類が経験したどのような公害による障害にくらべても、**より広汎で、より長期的で、より救い難い**ものになるであろう。

(2)　原子力発電所事故の**潜在的危険性の大きさ**は、かつて存在したいかなる工業施設——たとえば巨大石油化学コンビナート——の事故とも比較することができないほど巨大である。あえて比較できるものを挙げれば、毒ガス兵器工場や細菌兵器工場の大爆発事故ぐらいのものであろう。

2　死の灰の危険性の特質

(1)　現在、日本各地で建設されている軽水炉（加圧水型と沸騰水型のいずれも）の中では、運転中たえずウラン原子核が分裂して、熱と分裂片原子核を作り出している。分裂片原子核はほとんどが放射能をもっており生物に致命的な危害を与える。これはヒロシマ、ナガサキ、ビキニの原爆によって作られ人びとの上に降り注いだ「死の灰」と全く同一物である。

(2)　放射線は、生物の細胞の大部分を占める水の分子から電子をもぎとる。残された遊離基は細胞中の他の分子と結合することによって細胞の機能を損傷する。大量の放射線をうけた細胞は死滅し、生物は、「急性症状」を示して死に至る。しかし原発公害で問題になるのは、むしろ「微量」の放射線をうけたときの問題である。

(3)　**微量放射線による障害**は、ガン（白血病をふくむ）の発生と遺伝障害に二大別される。放射線は、血液ガン

（＝白血病）、胃ガン、肝臓ガン、肺ガンなどすべてのガンを発生させることが知られており、その潜伏期は20年ないし50年の長期にわたる。ヒロシマの日から30年経った今でも被爆によるガン患者はたえず発生している。放射線による損傷が、生殖細胞におこるときは、染色体突然変異、遺伝子突然変異をおこす。これらの結果は、子孫に対して軽微な機能傷害から奇型、遺伝死（流産）に至る多様な遺伝障害を与える。遺伝障害は世代をこえてその影響を持続し、その治療は現段階では不可能である。

(4) 放射線によるガンと遺伝障害にとって、**これ以下なら安全という量は存在しない**（理論的にも存在せず、実験的に可能なかぎりの低線量に至るまでこのことは確認されている）。どんな微量な放射線でも、その微量さに応じたある確率で、ガンや遺伝障害を発生させる。

(5) いわゆる**許容量**は、これ以下なら安全という量ではない。放射線を浴びることによって**一個人**が利益をうける（例えば、X線による結核の診断）ことが明白なばあい、その利益と放射線をあびる損失とのバランスで決められる量である。利益が均一でない集団にたいして、許容量という概念をもち出すことは、すでにギマンである。

(6) 自然にも放射線は存在する。天からの宇宙線と地（およびそれを材料とした建物）からの放射線、人体内のカリウム40という物質からの放射線である。これらも、ガンや遺伝障害の一因になっていることは間違いない。これらは、人間が人間であるかぎり避けられないのであり、人工の放射線と区別して考えられなければならない。

(7) 自然の放射線に対しては数億年以上にわたって、動物・人類はこの障害による陶汰を経てきたと考えられる。したがって自然界の放射線の何パーセントかを増加させてよいという考えは恐るべき無謀な考えである。そのもたらす影響は全く未知であり、破滅的なことに立ち至る可能性もあるのだ。

(8) **原因**から見れば、人工放射線は自然にも発生するガンや遺伝障害を確実に増加させる。にもかかわらず人工放射線によって発生したガンや遺伝障害を自然放射線によって発生したそれとを**結果**から見て個別的に区別する方法は**絶対に**ない。したがって、他の公害のばあいのように（それすらも困難をともなったのであるが）、**因果**[*2]

関係を立証して賠償をとることは、原理的に不可能である。結果が生じてからの補償はきわめて困難であり、**予防的に原因を断つ以外**にない。

3　原発事故災害の巨大さ

(1)　100万キロワットの原子力発電所が1年運転すれば、そのなかには**ヒロシマ原爆約1000発分**の死の灰が蓄積されている。これが、原発の潜在的危険性の根拠である。

(2)　災害評価の一例。1965年にアメリカ原子力委員会が行なった計算（9年後に『ニューヨークタイムス』紙がスクープ）によれば、約4万5000人の死者、ペンシルヴァニヤ州（北海道の1倍半！）程度の規模にわたる汚染を結果する、という。

(3)　四重・五重の安全装置をつけて、このような巨大災害になる確率を小さくすることが試みられてきた。なるほど確率は小さくできるかも知れないが、確率を**ゼロにすることは絶対にできない**（死の灰1000発分が存在する以上）。

(4)　事故確率の評価ほど怪しげなものはない。巨大タンカーの事故、原油貯蔵基地の事故、エア・バスの事故、宇宙衛星打上げの失敗など数千年に1回、100万回に1回などのはずの事故がつぎつぎに起こっているのが現実である。

(5)　ことに原子力発電所のばあい、もっとも重大な事故につながると推定される冷却材喪失事故のときに有効に作動しなければならない緊急炉心冷却系（ECCS）の有効性に決定的な疑問が投げられている。1970年〜71年に行なわれたこの装置の動作実験はこれが有効に働かないことを示してしまった。アメリカ原子力委員会傘下の研究所の専門家たちは、口を揃えて「ECCSの有効性に関するどのような結論も空想的なものにすぎない」（1972年3月公聴会）と発言している。その後も事情はかわっていない。このような怪しげな「安全装置」（じつは不安全装置ではないか！）に頼った事故確率は、ただ、確率がゼロでないという意味においてだけ信頼してよいだろう。

(6) 確率論で人びとを欺こうとする最大の試みが昨年発表された。ラスムッセン報告という。これは確率計算に用いた手法と考え方が根本的に間違っているとして批判されてしまった（ブライアン証言）。

(7) 巨大な潜在的危険性に対する唯一つの科学的態度は、**おこりうる最悪の事態を想定してそれを判断の基準に置く**、ということである。

4　原発と再処理工場からの放射性廃棄物

(1) **環境放出**・事故を考えなくても、平常運転時の原子力発電所は、気体や液体の放射性物質を、「規制値」以下ということで「計画的に」環境に放出している。また、原発運転にともない不可避的に必要な燃料再処理工場からはその数十倍から数百倍の環境放出が「認め」られている（**再処理工場は1日で原発1年分を放出する**）。このため、北半球の放射性クリプトン濃度は、この15年間に、30倍に増加してしまった。また福井県敦賀発電所のある浦底湾の海藻や魚貝類からは原発由来のコバルト60が検出定量測定されている。「しかし、許容量以下だ」という弁解は通用しないであろう。

(2) 燃料再処理工場の廃棄物の中には、プルトニウムが含まれている。プルトニウムは、数ある放射性物質の中でも、もっとも発ガン性の強い物質であり、現行基準でも職業人の最大許容負荷量は、100万分の1グラム（×0・6）ときめられている。一般人に対してはこの10分の1である（これがまだ危険性を低く評価しているという重大な指摘がなされている。次項参照）。

東海再処理工場は、安全審査書類上でも、1年間に1グラム（放射能の強さであらわすと22億2000万ベクレル）を海へ放出することになっている。大気放出はないことになっているが、これは、アメリカの工場の実績などからしてきわめて疑わしい。

(3) ながらくアメリカ原子力委員会で人体への放射線影響への研究に携ってきたタンプリン博士は、プルトニウムの肺ガン発生の機構について従来見落されてきた事実を指摘し、このことを考慮するならば、現行基準は、10万分の1に切り下げられなければならないと主張した。これは1974年2月のことである。タンプリンの主張は、**人類がプルトニウムと共存できない**という主張に他ならない。

この挑戦をうけた原子力委員会は、9月に反論(WASH1320)を発表した。この論争は開始されたばかりであるが、その論争がどこに落ちつこうと、現在の基準が大幅に切下げられざるをえないことは間違いないであろう。

(4) 再処理工場は、化学的に不安定で発火し易い薬品を多量に使用する工場であるから、普通の化学工場でおこる事故は、すべて容易に起こり得るし、その上、プルトニウム自体の臨界事故が可能である。

これらの事故時に、たとえ数十グラムであっても酸化プルトニウムが大気に放出されたとすれば、その被害(発ガンの誘起)の範囲は、数kmから数十kmにおよぶであろう。タンプリンの見直しを1000倍程度ひかえ目に見積った高木仁三郎氏の計算でも、被害範囲は40kmにおよんでいるのである。

(5) プルトニウムのやっかいさは、その半減期が2万4000年ということから倍加される。半分の量になるのに2万4000年かかり、そのまた半分(1/4)になるのにまた2万4000年かかるということであって、4万8000年経つとなくなってしまうということではない。そのうえ、原子炉廃棄物中のプルトニウムのばあいには、他の元素がプルトニウムにかわってくるということもあって、1万年後には、はじめの量の2倍くらいにふえてしまい、その後徐々に減り出して、10万年経って、ようやく、はじめの6分の1になるという次第である。

再処理工場からは、このような高レベル放射性廃棄物が何万m³の単位で排出されてくる。もとより、これらを自然界に接触させてはならない。これらの廃液――放射能とともにたえず発熱している――は、20万年から

100万年にわたって、生態系から完全に隔離されていなければならない。人間の手をかりずに数十万年も生態系から隔離する方法（**永久処分**）は存在しない。深海底処分、地中処分などが可能と考えられた時期もあったが、数十万年にもわたって変動しない地殻など考えられず、両者とも否定されてしまった。廃棄物を高強度の放射線にさらして短い半減期のものにかえてしまうという試みが宣伝されたりしたが、到底現実的ではないし、その電力の供給のためまた原発が必要になるのが関の山であろう。

とすれば、人間が監視しつつ隔離しなくてはならない。どんな容器が、そしてどんな社会機構が、それを保障するのか。オークリッジ研究所所長ワインベルクは、「歴史上もっとも長く続いた社会機構はカソリック教会であった。それと類似の国際的機構が必要とされるだろう」と予測している。何と！

(6) **ファウストとの契約**　高放射能廃棄物処分という問題を中心にワインベルクはつぎのように述べている。「われわれ原子力関係者は社会と**ファウスト的契約**を交わした。すなわち、われわれは社会に原子力という無尽蔵のエネルギー源を与え、その引きかえにこれが制御されないときに恐るべき災害を招くという潜在的副作用を与えたのである」。あなたはサインしますか？　あなたは良いとしても数万年後に生まれたあなたの子孫はなぜそのサインの尻ぬぐいをしなければならないのか。

5　その他の問題

(1) **輸送時の事故**　公衆への被害という観点から、使用済燃料、廃棄物の船舶・車輌による輸送時の事故の問題は十分に考えておかねばならない。

アメリカで実際に使用済燃料の輸送に使われている鉄道用のキャスク（容器）では、一度に3・2トンの使用済燃料を運び、トラックでは0・5トンのそれを選ぶ。これらの中には、それぞれ37京ベクレル、5京9200兆ベクレルの放射能量の死の灰が存在している。37京ベクレルは、広島原爆の死の灰量に匹敵する。ストロンチウム90、セシウム137など半減期が長く人体に蓄積し易い死の灰だけについていえば、それぞれ広島原爆の30倍、5倍にもあたる。

放射能はすなわち発熱を伴なうので、これらは、強制的に循環する水で冷却され、かつ部厚い鉛と銅で放射線遮へいされている。

おこりえる最悪の事故は、衝突や落下の衝撃でキャスクの一部にヒビ割れ等の微小な穴が開いたときに生ずる。微小な穴であっても水蒸気はもれ、冷却機能は低下し内部は高温になり、気化したセシウムが蒸気とともに外部へ出る。ミシガン大学のマーク・ロス教授の評価では、このとき内部のセシウムの2%が外部にガスとして洩れる。この結果ごく普通の町や村で1千人から3千人が急性症状とガンによって死ぬであろうとロス教授は評価している。

このような潜在的危険物が、鉄道や道路を走りまわるのである。

(2) **熱汚染**　いわゆる温排水である。漁業国であり近年養殖漁業がさかんになっているこの国では、漁民と一般消費者にとって重大な問題である。

原子力発電所は、核分裂で発生したエネルギーの約3分の1を電力に変えるだけで、残りの約3分の2は、海へ棄ててしまっている。100万キロワットの発電所は、その2倍の200万キロワットに相当する熱を海に棄て海水の温度を上げてしまっている。これは、直接に漁業を脅かすだけでなく、地球全体の熱汚染という立場からも無視できない問題になってきている。

(3) **頻発する事故と経済性**　1975年10月現在、日本で運転している原子力発電所の数は11基。そのうち9基までが何らかの事故のため運転を停止している。45年以来、原子炉停止に至った事故数は5年余にわかっているだけで49件である。

昭和49年の年間を通じての設備利用率をとってみると美浜1号の7・4%、福島1号の26・1%、敦賀の48・

表2　我が国における商業発電用軽水型原子炉に関連する故障や事故の状況

発生年月	発生原子炉名	状況
45・3	敦賀	給水系圧力スイッチの誤動作のため原子炉停止。
45・12	美浜1号炉	若狭幹線事故波及のため原子炉停止。
46・1	敦賀	復水ポンプ水張不十分による給水ポンプ停止のため原子炉停止。
46・3	敦賀	蒸気タービン非常調速装置試験操作不適切のため原子炉停止。
46・5	美浜1号炉	一次系弁リークオフ量増加、修理のため原子炉停止。
46・5	美浜1号炉	安全注入信号誤動作のため原子炉停止。
46・6	敦賀	給水ポンプウォーミング配管エルボから漏洩、修理のため原子炉停止。
46・6	福島1号炉	復水器真空低下のため原子炉停止。
46・8	敦賀	給水ポンプウォーミング配管エルボから漏洩、修理のため原子炉停止。
46・8	敦賀	給水流量検出回路点検中、操作不適切のため原子炉停止。
46・9	美浜1号炉	インバーター電源故障のため原子炉停止。
46・11	敦賀	給水流量検出配管から漏水、修理のため原子炉停止。
46・11	敦賀	「主蒸気流量高」検出器誤動作のため原子炉停止。
46・11	敦賀	主蒸気隔離弁点検のため原子炉停止。
47・2	敦賀	パイタル震源装置定期切替中、電源喪失のため原子炉停止。
47・2	敦賀	蒸気タービン加減弁カムシャフト軸受台破損、修理のため原子炉停止。
47・4	福島1号炉	蒸気圧力調整器誤動作のため原子炉停止。
47・4	福島1号炉	蒸気圧力調整器誤動作のため原子炉停止。
47・6	美浜1号炉	A蒸気発生器細管損傷により、一次冷却水が、二次系へ漏洩し、二次系の放射能濃度監視装置が警報を発信したため原子炉停止。
47・7	美浜2号炉	冷却材ポンプ潤滑油漏れのため原子炉停止。
47・8	美浜2号炉	主変圧器の巻線開短絡のため原子炉停止。
47・12	敦賀	起動変圧器二次側母線短絡のため原子炉停止。
47・12	敦賀	主変圧器用電圧調盤器損傷のため原子炉停止。
47・12	福島1号炉	原子炉再循環ポンプ制御装置故障のため原子炉停止。
48・1	福島1号炉	原子炉再循環ポンプ制御装置故障のため原子炉停止。
48・3	美浜1号炉	定検中、蒸気発生器細管破損を発見、長期停止。
48・6	福島1号炉	地下廃棄スラジ・タンクから放射性廃液をくみ上げろ過処理中、ろ過処理装置のドレン弁閉止不完全により床面、建屋外に放射性廃液が漏洩したため、汚染土を除去した。
48・7	美浜2号炉	給水制御装置の故障のため原子炉停止。
48・8	美浜2号炉	一次冷却材ポンプの電源アニュラス貫通部短絡のため原子炉停止。
48・9	美浜1号炉	加圧器スプレー弁のバイパス弁グランド漏れのため原子炉停止。
49・1	美浜1号炉	給水制御装置故障のため原子炉停止。
49・2	美浜2号炉	定検中、三度蒸気細管損傷を発見停止。
49・5	福島1号炉	B制御棒駆動水底ポンプシャフト損傷のため原子炉停止。
49・6	美浜2号炉	運転開始後42日目に蒸気細管損傷でまた停止。主給水管にひびが生じた。点検により発見し、原子炉停止。
49・7	美浜1号炉	A蒸気発生器細管損傷により、一次冷却水が、二次系へ漏洩し、二次系の放射能濃度監視装置が警報を発信したため原子炉停止。
49・7	敦賀	発電機用空気遮断器損傷のため原子炉停止。

発生年月	発生原子炉名	状況
49・8	敦賀	給水ポンプ出口弁モータ配線誤接続のため原子炉停止。
49・8	美浜2号炉	給水流量検出配管からの漏洩のため原子炉停止。
49・9	BWR型の全炉 敦賀 福島1号炉 浜岡1号炉	一次系再循環パイプのバイパス管のヒビ割れが米国で発見され、一斉に停止、点検。同ヒビ割れ、にじみを発見、バイパス管の取り替えなどで長期間停止。
49・12	高浜1号炉	高圧タービンバランスホールカバーから蒸気漏れのため原子炉停止。
50・2	BWR型の全炉 敦賀 福島2号炉	アメリカで緊急炉心冷却装置スプレー系の配管にヒビ割れを発見し、点検のため一斉に停止。同ヒビ割れを発見し、現在停止中。
50・5	美浜2号炉	蒸気発生器よりの放射能漏洩のため、原子炉停止。 1号炉と同様蒸気発生器細管の損傷を発見。
50・5	美浜2号炉	燃料棒多数に〝曲り〟を発見、現在停止中。
50・6	福島2号炉	燃料集合体チャンネルボックスの破損事故、停止中。

出典:原水禁国民会議発行「討議資料」(東海2号炉裁判での科学技術庁資料より編集したもの)

表3　100万キロワット原子力発電所の諸データ

熱出力	300万キロワット
海へすてる熱	200万キロワット相当
使用燃料	100トン
使用燃料中のウラン235	3トン
1年に消費するウラン235	1トン
1年にできる死の灰	1トン
1年にできる死の灰の放射能の強さ	74,000京ベクレル(停止後) 14,800京ベクレル(停止24時間後)
そのうち放射性ヨウ素のみ	370京ベクレル(5日後)
1年に生成されるプルトニウム	300キログラム

比較するべき量

ヒロシマ原爆のウラン235	10キログラム(推定)
ヒロシマ原爆の死の灰	1キログラム(推定)
ナガサキ原爆のプルトニウム239	10キログラム(推定)

８％など惨たんたる有様である。

このような状況は、使いはじめだからなのだろうか。いやその反対である。美浜１号機は、昭和45年末に運転開始したが、昭和46年以降の設備利用率を見ると、73％、37％、27％、そして49年には、７％という惨状に達している。

日本全体でもこの傾向は歴然としている。昭和49年度までの運転実績が発表されているすべて（５基）の軽水炉について設備利用率の平均をとってみると１年目70％、２年目59％、３年目49％、４年目37％と、まっしぐらに低下していることがわかる。この事情は、本場のアメリカでももっと豊富なデータで実証されている。

この事実は、第一に企業の**「軽水炉は実証炉だ」という宣伝を真向から否定している。**そして**原発による電力の経済性が作り話にすぎない**ことを実証してしまっている。

(4) 激増する下請労働者の放射線被曝

前項のような事故のたびに関連労働者は職業人許容量ギリギリいっぱいの放射線を浴びている。この件について75年２月電気労連は「労働者の被曝線量が年々増加し無視できない状態になってきた。このような状態のまま原発を開発するなら今後協力できない」と発表。

もっと問題なのは、関連メーカーの下請労働者、汚染除去に動員される地域住民、学生アルバイトなどであり、最も危険な作業は、これらの人びとによってなされており、個々の被曝線量もはるかに高いといわれている。その実態が明確に摑まれていないことが最大の問題といわなければならない。そしてこのような状況の中から、敦賀原発の被曝者（裁判中）や75年３月福島県議会で問題とされた急性白血病で死亡した下請労働者などの例がたまたま表面に浮かび上っているのである（『宝石』76年１月号では急性白血病の診断をされた２名を含む５名が74年半ばから75年はじめまでに死んでいることを伝えている。いずれも地元の人々で福島１、２号炉で下請け工として働いていた）。

(5)　**潜在的核武装**　この問題は、このような小項目でとり上げるには、あまりにも大きな問題である。ここでは、単純明白な事実だけを指摘するのにとどめる。

世界最初の原子炉は、ナガサキ原爆の材料であるプルトニウムを製造するために作られたのだという事実。

１００万キロワットの原発が1年運転すれば、そのなかには約３００kgのプルトニウムが作られ、これはナガサキ原爆30個分に相当すると推定される。

原発のなかに生成されたプルトニウムは、再処理工場の工程で、純粋のプルトニウム化合物に変えられる。現在試運転に入っている東海村の再処理工場では1年間に11トン以上のプルトニウムを精製する。少なくとも２００発の原爆に相当するのである。

第二部　各論風に――ことば、トピックスほか――

1　軽水炉、加圧水型、沸騰型など

軽水炉　軽水というのは、ただの水のことであるが、重水と区別するために「軽」の字をつけている。原子炉の必須材料である「減速材」と「冷却材」の両方に普通の水を用いる原子炉であって「燃料」には濃縮ウランが使われている。

炉内を３５０気圧程度の高圧にして３４０℃という高温の水を液体のまま使うのが加圧水型（ＰＷＲ）であり、70気圧程度の圧力で沸騰させて用いるのが沸騰水型（ＢＷＲ）である。沸騰水型では、原子炉内でできた水蒸気がそのまま、蒸気タービンに導かれて発電機をまわすことになる（そのため大気への汚染が大きい）が、加圧水型では、炉内の高温水の熱を炉外（二次系）の水に伝えてそれを水蒸気にかえなければならない。その装置が、美浜原子炉の故障でおなじみの蒸気発生器である。これは加圧水炉のうちで最も図体が大きい。

2　冷却材喪失事故・ＥＣＣＳ

軽水炉事故で最大量の死の灰を放出することになるのは、一次冷却水をまわすパイプが瞬間的に破断する事故と考えられている。冷却材である高圧の水は瞬く間に失なわれ、原子炉はから炊きの状態になる。

冷却材の水は、核分裂を持続させるために必要な減速材でもあるので、核分裂反応は、冷却材喪失と同時に停止するが、燃料棒の中の大量の死の灰が熱源として存在し続けている。１００万キロワット発電炉のばあい、停止直後の熱出力は、20万キロワット（１秒当たり5万キロカロリーの発熱にあたる）という大変なものである。この出力は、暫時減少して１日後には、10分の１以下に落ちてしまうが、20万キロワットのから炊きということが１分も続けば、容易ならないことになることは誰でも想像できるだろう。

まっ先に、燃料被覆管の温度が上昇する。冷却材がまわっていた間、４００℃くらいであった被覆管の温度は、10秒後に約１０００℃、15秒後には１７００℃に達する。被覆材の融点は、２８００℃であるが、その手前の７００℃で、被覆管の曲がりがはじまり、９５０℃では、被覆材と水との激しい反応がおこり反応熱が熱源として加わる。

つまり、20秒間以内に、外部からの冷却作用がなければ、被覆材は熔融し、「閉じこめ」られていた死の灰は原子炉の中に放出されてしまう。中途半端な給水は火に油を注ぐようなもので、水と被覆材との反応熱がさらに加わる。

やがて原子炉容器が熔融し何百トンという灼熱した熔解物は格納容器の土台をも熔かし地中にもぐりこみ、接触するすべてのものを化学反応にまきこみ、地中深く浸透してゆく。この過程は、アメリカ原子力委員会のアーガン報告書（１９６７年）に示されている。地中のどこまでもぐりこんでゆくか果てしない、というので、この過程は、チャイナ・シンドローム（地球のうらの中国まで行ってしまう症状）とニックネームされた。

アーガン報告におどろいたアメリカ原子力委員会は、原子炉設置の条件として大容量の**緊急炉心冷却装置**（ＥＣＣＳ）をつけることを課した。

ＥＣＣＳは、冷却材喪失と同時に、炉心に大量の水を注入し、燃料の温度上昇を防ぎ、さいごには、炉心を水びたし（冠水）にしてしまおうという装置である。

いっぽうでは、このような装置が果たして所定の目的を果たすかどうかの実験が始められた。１９７１年５月、電熱を使った模擬炉での最初の注水実験が惨めな失敗に終ったことが発表された。注ぎこまれた水は、全く炉心に達することなく、激しい勢いで外部と噴出する水蒸気の流れとともに、破断口を通って外へ押し出されてしまったのである。このシリーズの実験は、一旦中断され、最近再度のアタックが試みられたが、またもや失敗したと伝えられている。

「このテストは縮小サイズだから失敗したのだ」などという迷論がある。真実は逆だ。縮小サイズでうまくいっても実物大でうまくいかないことは大いにありうる。

ＥＣＣＳ問題は、一気に原発論争の焦点になってしまった。批判側は、ＥＣＣＳ公聴会を要求、原子力委員会もこれに応じ、１９７２年1月27日から1年半にわたって開催された。途中、原子力委員会側の証人拒否のため中断し、さいごにはこの態度に抗議する批判側のボイコットによって閉会されることになる。しかし、この間、開催日数は１２５日におよび、批判側の要請で原子力委員会直属の研究者たちが続々と証人として出席し批判側の「尋問」に答えていった。この人びとは、ＥＣＣＳの性能に率直な疑問を表明したのである。第一部に示した引用はその一例である。

公聴会とは最低限こういうもののことをいうのであろう。福島市で行なわれた「公聴会」との何というちがいであろう。

3　ラスムッセン報告（ＷＡＳＨ　１４００）

マサチューセッツ工科大学ラスムッセン教授をリーダーに、１９７２年から2年間の歳月と9億円の費用を投じ大型コンピューターを駆使して原子炉事故の確率計算が行なわれた。計算手法として航空宇宙局（ＮＡＳＡ）が過去10年間に開発したフォールト・ツリーという方法が使われた。

その結果は、原発事故で死者が１０００人も出るようなことが起る確率は、原子炉１基について、1億年に1回しか起こらない。原子炉が１００基あったとして１００万年に1回で、これは大隕石が都市に落下して１０００人位が死亡するのとちょうど同じくらいだ、というのである。

この報告の発表の少し前に、アメリカ原子力委員会が発表した報告（ＷＡＳＨ　１２５０）によると、原子炉の冷却水パイプが破断する確率は原子炉１基あたり１０００年に1回、そしてそのようなとき、緊急冷却装置が有効に作動しない（このときには公衆に被害が及ぶ）確率は、１０００回に1回としている。原子炉１００基については、1万年に1回位となるが、これですでに二桁のくいちがいがある。

ＷＡＳＨ　１２５０のような論理は、その正否を判断するのが容易である。だれでも、ＥＣＣＳが有効に作動しない確率が１０００分の1などというのが事実を無視した仮定だということがわかる。その確率は1に近いのではないかということである。それだけで、この確率計算は１０００倍過小評価しているということがわかってしまう。

ラスムッセン報告になると、見通しが大変悪くなる。ＮＡＳＡの最新式手法を適用したなどといわれると、シロウトはだまされてしまう。

しかし、そのような悪だくみはすぐに尻尾を出してしまった。74年2月、カリフォルニア州議会のエネルギー政策に関する小委員会で、Ｗ・ブライアン博士は、ラスムッセン報告が採用した解析手法が、技術的にも方法論的にも間違っていると証言したのである。ブライアン教授は、安全性や信頼性の専門家で１９６２年から69年までアポロ計画で、69年から73年までネルバ計画のスタッフの一員として11年間過している。

ブライアン博士の証言は「フォールト・ツリー方式によってえられた確率の値は、その相対的値だけが意味があるので、絶対値は意味がない（二つのシステムを比較して、どちらがどれだけ確率が高いかを判定するのにしか役立たない）」というのである。

また、燃料熔融時の解析コードの研究に携わり、原子力委員会が採用している解析コードを作製してきたホシーバー氏は、ラスムッセン報告に採用されたコードはインチキであると大胆な告発を行なった。

解析手法はラスムッセン報告の唯一つの売り物であったし燃料熔融時の挙動は、事故規模の評価の核心であって、これらが批判されてしまっては、9億円をかけたラスムッセン報告もその土台から覆されてしまったことになる。これらの批判のほかにも、より細部にわたった定量的な批判も発表されている。その一つは、政府機関の一つである環境保護庁の行なったもので、ラ報告は人体に対する放射線の影響について、アメリカ科学アカデミー科学委員会の報告の値を「意識的に誤引用」して勝手に切り下げているというものである。

4　燃料再処理工場

原発で使用済の燃料中には、もえかすの死の灰、使いのこりのウラン２３５、そして新たにできたプルトニウムの3種類の物質がある。この3つを分離して、ウラン、プルトニウムは再度燃料にまわされる。この燃料再処理は原発の運転を続ける以上不可欠であるから原発のあるところ必ず再処理工場が必要となる。

日本での再処理工場の第一号は、東海村の動力炉・核燃料開発事業団（動燃）のが試運転中であるが、すでにさまざまなトラブルが伝えられている。二号工場以下の見通しはゼロである。

敦賀や福島1号炉の使用済燃料はこれまで英国核燃料公社に送られ処理されてきたし、その他の炉の使用済燃料についても仮契約が結ばれていたが、本契約の段階になって、英国側は、「死の灰を日本に持ち帰れ」という難題と委託料のほかに1000億円の上積みを要求し、事態は暗礁にのり上げている。イギリスでも再処理工場の環境汚染に闘いの火の手が上がっているのが、その背景である。

このような状況下で、一号工場の試運転が住民と工場の労働者の反対を押し切って強引に継続されている。また、この一号工場だけでは、現在運転中の原発分だけでもまかなうことはできないのであるから、二号工場以下の建設がもくろまれることになるだろう。さしあたり、現在の原発集中地帯が狙われるか、あるいは、海外での文字通り植民地的進出ということになるかも知れない。

再処理工場は原子炉と同じく、もっぱら、ナガサキ原爆のプルトニウム製造のために誕生した。再処理工場の技術的性格は、この誕生の動機に刻印されている。それは、戦争技術そのものである。

原発では「死の灰は閉じこめておく」のが原則であった。再処理工場では「死の灰を開放する」のが目的なのである。ここに、工場内作業の極度の危険性と日常的汚染の巨大性の第一の根拠がある。

図2　核燃料サイクルとその主な問題点

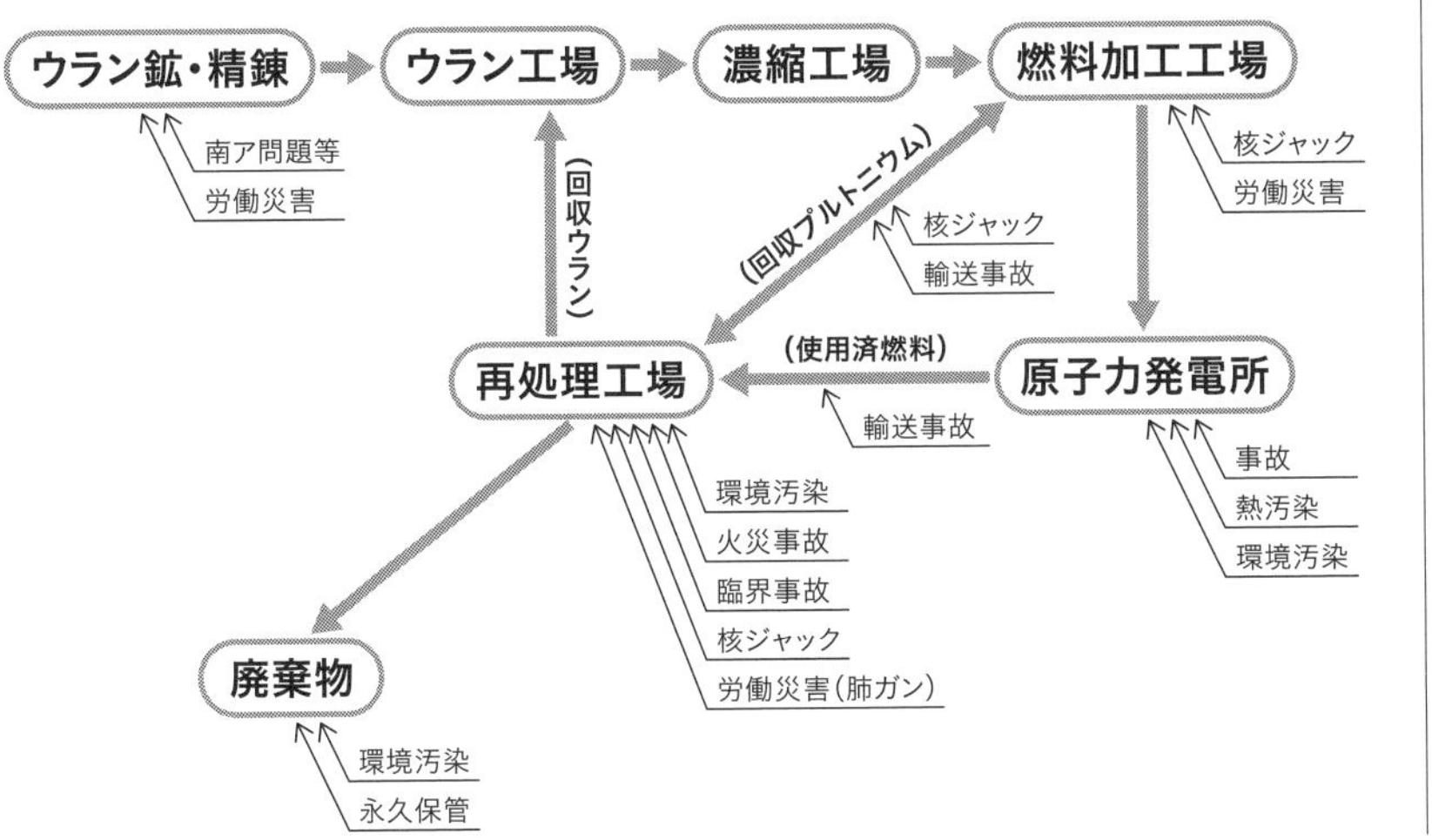

再処理工場の危険性の第二は、大量のプルトニウムが扱われることにある。再処理工場では、プルトニウムが制御されない連鎖反応をおこす（臨界事故）可能性もあるし、また、「核ジャック」の可能性もある（もっともありそうな核ジャック犯人は国家であろう→核武装）。プルトニウムの危険性には、他の側面がある。それはプルトニウムが、もっとも強力な発ガン物質だということである。

◉出典と参考文献（手に入り易いものに限った）

○武谷三男『原子力―闘いの歴史と哲学』勁草書房
○ゴフマン・タンプリン『原子力公害』アグネ出版
○大場英樹・小出五郎「アメリカの原子力危険論争」（1）〜（8）
『技術と人間』誌。1975年4月号〜11月号掲載中　技術と人間
○タンプリン・コッホラン『プルトニウムの恐怖』原水禁日本国民会議
○高木仁三郎『再処理施設とプルトニウム問題』原水禁日本国民会議
○『原子力発電便覧74年版』電力新報社

＊1――東海1号炉

イギリスから輸入された原子炉。中性子の減速に黒鉛を使い、冷却には炭酸ガスを使う。コールダーホール原子炉あるいは黒鉛減速ガス冷却炉と呼ばれる。原子力三原則を無視した日本最初の商業用原子炉。現在原子炉解体計画が進行中である。

＊2――因果関係を立証して賠償をとることは、原則的に不可能

原発事故による被曝によって生ずる身体的影響は、他の環境要因によっても引き起こされる。したがって集団として被曝の影響を見ることができても、個人に発現する身体的影響を原発事故が原因であると断定はできない。予防的に因果関係を断てなかった現実は暗い未来を予感させる。

六ヶ所村再処理工場完成予想図。1993年に工事着工。
試運転の度にトラブルが発生し、完成延期は18回に及ぶ。
2013年12月現在も完成のメドは立っていない。

原子力における エネルギーの諸問題

『技術と人間 臨時増刊』1976年11月号に掲載された誌上シンポジウムの記録。

この年、朝日新聞では大熊由紀子が48回にわたって「核燃料」の連載を始め、それは加筆訂正されて『核燃料——探査から廃棄物処理まで』として朝日新聞社から1977年2月、第1版が発行され、増刷に増刷をかさね半年後には第7刷が発行されている。

彼女は言う。「『これ以上エネルギーをふやす必要はない』と、主婦が口でいうのはたやすいが、現実にはエネルギー消費量は増えている」、「原子力発電所がどれほど安全かという大づかみの感触には変わりはない。明日にでも大爆発を起こして、地元の人たちが死んでしまう、などとクヨクヨしたり、おどしたりするのは、大きな間違いである」、「ほんとうに『絶対安全』なものしか許さないとしたら、わたしたちは、ダム、自動車、薬をはじめ、すべての技術を拒否して、原始生活にもどらねばならなくなる。」「安心だよ」と言って不安を打ち消してほしい大衆心理につけ入り、推進の側に加担する論陣を張った。

もし本当に信念を持って彼女がこのような主張をしていたとするなら、福島原発事故後の今、どのように弁明されるのかぜひ聞きたいものである。

本編では、エネルギー問題に焦点を当て、政治的に作られた需要予測のウソを暴きつつ、他方で、必ず訪れるであろう石油枯渇の将来についても目を背けず、反原発を主張する私たち自身が真正面から立ち向かっていかなければならないと訴えている。

◉——設計指針反対の根拠

さきほど高木仁三郎さんがお話しになった「反対論のレベル」でいいますと、私に与えられたテーマは一番目の「エネルギーをこれ以上ふやす必要なし」にかかわる問題です。その前に、二番目のレベル「原子力発電の設計指針そのものに問題があるから反対」にかかわって少し、私の考えをのべさせていただきます。

現在の設計指針は「原発による災害の確率はゼロにする」とはなっていないし「放出する放射性物質をゼロにする」ともなっていない。

原発が、大事故の確率もゼロ、放射性物質の排出もゼロであるというのであれば、設置してもいいだろうという話もある。しかしそうではないというのは設置者自身が認めている。つまり死の灰というのが大量に原子炉の中には入っているということ、そして技術にはミスがつきものということをだれも否定できない。

100万キロワット級の原発のなかには、広島に落ちた原爆の死の灰の1000発分が入っている。これは数パーセントが外に出て、これが風に吹かれれば大勢の人に死をもたらすものだ。広島に草も木も生えないと一時いわれたが、ちゃんと生えているではないか、という話もあるわけですが、原発は1000発分ですから本当に草も木も生えなくなる。この危険性は巨大なものです。こういう工業施設は他には絶対ないというのがポイントだと思う。あるとすれば毒ガス生産工場か、細菌兵器の製造工場くらいでしょう。

ラルフ・ネーダーとの論争の中で、ラスムッセンが「いや、フットボール場に、ジャンボジェット機が2機落ちたらそのくらいは死ぬ」ということをいったらしいが、それはそのくらい死ぬかも知れないが土地は汚染しません。3万人くらい死ぬかも知れないが、ストロンチウムやセシウムで広大な土地が汚染されるということはない。

ラスムッセン報告によって原発による災害評価の計算が大変やさしくなった。いわば〝民主化〟された。というより、そのあとでアメリカ物理学会がこれを批判するという形で大変、計算が〝民主化〟され、だれでもできるようになったわけです。今までは数種類の核種についてしか計算できなかったのが、50種類くらいの核種について計算が容易にできるようになった。デモクラティックにできるようになったというのは逆にワナがあるのかも知れませんが。いずれにせよ、例えばセシウム１３７でどのくらいの地域が汚染されるかといえば、条件によっては、風下１６００キロメートルまで年間5ミリシーベルトをはるかに超えてしまう。そういう大きい危険性を持っているということは否定できない。ただしラスムッセン報告は、それが1億年に1回だとか、１００万年に1回だとかいうことをいうわけです。

原子力委員会安全審査会長である東大の内田秀雄さんが伊方の裁判の中でいっているのは、1炉について１００万分の1の確率のもの、すなわち、１００万年に1回以下の確率のものは切り捨てるというのです。これが彼らの「指針」です。おそらく、１００万年に1回などという確率計算を信用する人はいないでしょう。今までに１００万年に1回のはずの事故が立て続けに起きているという事実がありますから、このような設計指針には賛成できない。

もう一つの、推進側も認めざるをえない問題に廃棄物の処分ということがある。再処理工場からの廃棄物は、絶対に人の手を離れた処分――永久処分ができない、ということです。少なくとも今は全く方法がない。恐らく将来においてもないだろう。するとこれを、10万年か20万年か知らないが、とにかく人間が管理していかなくてはいけない。今まで人間の歴史というのはたかだか２０００年くらいしかないわけだから20万年という途方もない年月、そういうことができるという答を出す人はだれもいないはずです。大変な災厄だということは彼らも認めている。彼らの「指針」としては、「廃棄物について、20万年間なんとか管理して行きたい。人間はそのくらいのことはやるだろう」ということでしかない。そういう「指針」にも賛成しかねるわけです。

◉——エネルギー需要予測の問題

さて、もう一つの先の「エネルギー論」の建て前のところでの議論、それが本当は私に与えられた問題です。私はあまりこういうことを系統立てて考えたことがない。で、今日ひっぱり出されるというので、『技術と人間』のバックナンバーなどを揃えて勉強したわけです。私は論文を読むとたいがい感心してしまうので、今日の話の一つ一つの節に、その方たちの金言を並べながら話をしていきたい。

第一節は星野芳郎さんの〝エネルギー需要の予測は、自然法則のようにいう人たちがいるけれど、とてもそんなものではない〟。これはいろいろのところで星野さんはいっていらっしゃいますが、割合最近では『世界政経』という雑誌の中でも書いている。政府は69年の新全国総合開発計画、72年の原子力開発長期計画、つまり『原子力白書』その他で9年後の1985年のエネルギー需要予測というのをやっているわけですが、新全総では1億9000万キロワット、72年の原子力開発長期計画では2億3643万キロワット。そのうち新全総の方は4000万キロワットが原子力、原子力開発長期計画の方は6000万キロワットが原子力になっている。ところが一方では、ある種の財団、学者たちのつくった産業計画懇談会というのがあって、それが72年に出しているが、同じ1985年のエネルギー需要予測として、8500万キロワットと出しているから3倍違っている。これだと原子力発電はゼロでいいという計算になる。例えば新全総でも火力や水力で2億3643マイナス原子力の6000万キロワットですから、もちろん1億キロワット以上を水力や火力でつくっているわけです。産業計画懇談会が出している8500万キロワットでもし足りるというならば、原子力発電はゼロでいいということになる。

つまり同じ保守系の連中が、エネルギー需要予測をしてもこれだけの開きがある。いいか悪いかは別として、こんなに開きがあるのだから、重力の法則か、惑星の運動の自然法則のように確かなものだというのはとてつもないあやまりである、というのが星野さんの主張です。

さらに、石炭をつぶしたというのは、石炭がなくなったとか、石炭の技術的な問題、かどうだとかいうのではない。全く政治の問題だった。

石油の値段が安くなったというのも政治の問題だったし、それにのって石炭産業をつぶしたのも日本の政治の問題だった。それを追及しないで、石油のつぎは原子力だ、というような話は全く成り立たない、ということです。

●——環境破壊による破局のモデル

第二節に入ります。第二の言葉は、『成長の限界』という本の中のことばです。この本は**ローマクラブ**[*1]がスポンサーになってMIT（マサチューセッツ工科大学）の連中が出した。これはかなり悪用されて引用されているが割合高く評価されてよいのではないか。その中でエネルギーが無限に利用できると仮定した場合にどういうことが起こるか、というモデル計算をやっています。すると今度は資源問題は解決する。つまりエネルギーが無限にあればどんな深いところからでも資源を取り出してくることができる。ところがそうなってくると工場からの廃棄物による環境破壊によって西暦２０３０年くらいまでに破局に陥るだろう、これに対して徹底した汚染防止をこころみたとしても、せいぜい30年くらい延びるだけだろう、というのです。これは非常に単純なモデル計算ですが、少しくらいいじくってみてもあまり数字は変わらないと思います。彼らがいっている結論は、「そういう問題に対するもっとも一般的で、しかももっとも危険なものは、技術によって必ず克服できるという技術的楽観主義である。技術は問題の兆候を除去することはできるが、本質的な原因に作用することはできない」というのです。

ローマクラブというのはアメリカやイタリアの財界が支持していて、MITといえば、アメリカの工業文明の一種の頭脳みたいなところだと思うが、そういうところの人たちが割合冷静にものを考えると、こういう結論しか出てこない。彼らはそれに対して何を提案しているか、といえば、これは安定成長させる以外にない。安定成長は二つあるわけで、一つは人口の問題で、出生率と死亡率を等しくする。それから資本の投資率と減耗率を等しくする。このようにして人口と資本を成長させないということ以外にない。早く手を打たないと数十年のうちに破局に陥る。彼らは彼らなりに真剣にそういう結論を出した。

彼らのいう安定成長とかゼロ成長というのは、もちろん資本主義の存在ということを前提としていっています。しかし、資本の運動がそういうことを許すかどうかということは、これまた一つの運動法則ですから、果たして、資本の増加がゼロで成り立つかどうかが問題です。

●——独占資本の運動と恐慌

この点についての問題で第三節に入ります。もう一つ深い層からその問題を衝いているのが、羽仁五郎さんや武谷三男さんだと思う。これは『技術と人間』の中の論文でも主張されているが「真の危機は独占資本の危機である。あるいは、独占資本による地球の破滅という危機である」。つまり、さっきのゼロ成長にするといったことは意味がないんだ、ということです。これは独占資本の運動の法則として成長というのはあるんであって、独占資本を除去しない限りこれは止まらないだろう、というのが羽仁先生の話です。

また『現代技術の構造』の中で武谷三男氏は、「1967年以後の、日本の爆発的な高度成長というのは必ずしも政策の結果ではなくて、恐慌に代わる、一つの暴走現象なのだ」と書いています。つまり恐慌の現代的形態が例の高度成長なのだ、ということです。これはさきほど、第二節でいった言葉の裏にある問題だというふうに私は思います。『成長の限界』では、ゼロ成長ということをいっている。つまりそこではエネルギーが10年間で2倍になって行くとかの話は全部否定されなければならないという結論になるわけですが、その実現のために、彼らが出しているのが、ゼロ成長の社会。そういうことが果たして可能なのか、資本の運動が法則である以上、これは否定されるということです。

●──社会主義と生産力問題

では「社会主義」になれば何でもいいのか。20世紀になっていわゆる「社会主義国家」がたくさん誕生しているが、必ずしもそういえない。これについて第四節として近藤完一さんの言葉を引用します。

「いかなる生産力を選択するかこそ、社会主義を決定する要素である」。これは大変重要な言葉だと思うが、これと非常に似た言葉がある。「国家の死滅を望みながら、同時に原子力エネルギーのような重技術に心酔するのは矛盾している」。これはピエール・サミュエルの言葉です。あまり知られていないと思うが、『エコロジー』という本が東京図書から出ている。これは問題も非常にあるけれど、私はおもしろいと思うことがたくさんあるのであとで紹介したい。今の言葉はわれわれの大きなヒントになると思う。ここで技術とイデオロギーという問題が出てくるのですが、そういう問題について考えていく上で、手がかりになるものがないかということですが、『技術と人間』1976年7月号の「**走資派**[*2]批判の根本問題」という、近藤さん、その他の人たちの座談会の中で、「イデオロギーの現実形態が、科学技術の存在形態である」ということを近藤さんがいっている。よく科学技術の階級性とかイデオロギー性ということが問題になっているわけだが、つまりイデオロギーというものは必ず現実の形態をとる。それは科学技術の存在、科学技術がどういうあり方をしているのかということ、それがそのものズバリに表現されている、というふうに見ないと話にならない。「例えば中国の場合、最近まで、社会主義を決定する要素というのを所有関係がどこにあるかだけで見ていた。その限りでいろんな──が出て来ている」と近藤さんはいっている。

近藤さんはこの2、3年中国の科学技術ということを書いていて、公害処理の問題などを批判していた。例えば公害の問題をアタッチメントにしか考えていない。根本的に技術の問題として考えていない。またプラント輸入などをやっているのは問題だ、といっていた。それが走資派批判ということの中で、もちろん先行する問題はあったと思うが、初めて生産力レベルでの論争、「一体どういう生産力を選択するのか」ということにこそ、実は社会主義の根本問題があるのだ、ということが初めて問題になってきた。そういう意味で、今の走資派批判の問題を注目しているわけです。その中で走資派批判の問題を紅と専、つまりイデオロギーと専門家との間の対立と捉えるのは極めて浅薄だといっている。そうでなく、生産力の問題が重要だという点では両方とも一致している。つまり批判されている側は、資本主義的な生産力というものを採用しようとしたし、批判した側は、資本主義的な生産力というものを、否定しようとしているわけであって、生産力を無視している、あるいは、生産を上げるということを無視している、というようなことでは全くない。むしろ逆に生産力の形態がどうあるべきかこそ重大である、ということなのです。話がずれているように見えると思うが、これはやはり、エネルギーがわれわれの社会の中で、どういう形をとって行くのか、ということだと思う。根本はそういうことだ。どういう生産力を採用するのか、ということは、結局どういうエネルギーをつくろうとするのか、全国的に集中した大量のエネルギーをつくろうとするのか、それとも、もっと分散的な、地方的なエネルギーをつくろうとするのか、ということとできまってくる。

少し問題がずれますが、近藤さんが「公害に現われている状況に技術の全構造が現われてくる」といっています。現代の技術というものを考える場合には、やはりポイントだと思う。そう捉えないで、公害というものを、公害防止産業とか、公害防止装置をつければなんとか間に合うという考えでは、どうにもならないところにきている。

●――ソフト・テクノロジーの考え方

第五節に入ります。それではわれわれがどういう生産力の形態を考えてゆくのか。そういうことを考えていく場合に、今の資本主義の社会、あるいは、独占資本主義の社会の中で、われわれの考え方がかなり汚染されている、捉われてしまっている。そういう場合に、いわれてみればあたりまえなのだが、非常にハッとするような考え方というのが、先ほど紹介した『エコロジー』という本の中に出てくる。それは、ジャユン・クラークという人が提出している「ソフト・テクノロジー」という表なんです。これは現代の社会、今の社会主義社会も含めていっているのですが、それをハード・テクノロジーの社会と名づけ、彼らの考えている、一つのユートピアなのだが、ソフト・テクノロジーの共同体と名づけて、その特徴を36項目にわたって対照させている。そのうちのいくつかをあげると、ハード・テクノロジーの社会の特徴は、大量のエネルギーが必要だということで、ソフト・テクノロジーの共同体の特徴は、エネルギーは少しでよい。以下並べると、大規模な汚染に対して、少しの汚染か汚染なし。自然との分離に対して、自然に組み込まれている。人間以外の生物の破壊に対して、人間以外の繁栄に依存する。集中化——非集中化。大きい程効率がよい——小さいほどよい。社会的、技術的諸問題への画一的解決——多様な解決。単作——耕作の多様化。食品生産の工業化——すべての人によって分担される。科学と技術の農工からの分離——科学と技術が農業に組み込まれる。科学と技術は他の文化形態から分離している——他の文化形態と結びついている。少数の人のために、短い期間のために——すべての人のために、永続的に。

クラークという人がどういう人かよく知りませんが、このピエール・サミュエルもどちらかというと絶対自由主義的な立場の人で、そういう人たちが出してきた表ですからもちろんいろんな批判があると思いますが、そういう違った視点から、現在のわれわれが捉われている、ハード・テクノロジーの社会の中での価値というものをいっぺん全部ひっくり返してみるということは非常に意味があるのではないかと思っています。

◉——社会変革の考え方

このような問題を考えるとき、ぼくらの世代というのはどうしてもマルクス主義に捉われてるし、また現実の世界のうごきの中でもマルクス主義は決定的要因になっているわけでして、マルクス主義と現代の技術、あるいは、環境破壊という問題がどう結びついて行くのか、これを整理してみます（第六節）。1976年5月号の『技術と人間』で大崎正治さんがおもしろい表を出している。

A1は「論」としては影をひそめているみたいですが、日本の政財界は本質的にはこれではないか。『成長の限界』はB1、『エコロジー』はC1とC2の中間くらいでしょうか。ソ連あたりはA2、いわゆる第三世界の大部分がB2に属するでしょう。中国が(2)の中のどこにくるか、それが『走資派批判闘争』の中味だといえるかも知れません。

近藤さんがいわれているように、「イデオロギーの現実形態が科学技術の存在形態である」ということ、また「社会主義を決定する要素を所有関係だけで見るのではなくて生産力の形態というところで見るべきだ」という限りは、体制については革新的な立場で、しかも環境問題については放任というのでは、本当の意味で問題にするマルキシズムには当たらないだろう、ということだと思います。

資本主義的技術というものが人間を管理し、人間の労働を疎外する方向に持って行ってしまうというのは事実なのであって、そういう観点から見ても、生産過程において人間が解放されていかなくてはいけない、というところから見るならば、資本主義的な技術のあり方というものをそのまま肯定した形での、ただそれを社会主義的な所有関係でやればいいんだということはもう成り立たないと私は思うわけです。

エネルギーということでいうならば、原子力エネルギーを否定する立場に立てば、必ず太陽エネルギーということが出てくるわけですが、それについては武谷さんが、「太陽エネルギーの利用で、今騒いでいるけれど、実は農業と林業こそ太陽エネルギーのも

大崎正治さんによる表

体制＼環境	(A)放任説	改革説 (B)中間主義的改良	改革説 (C)根源的社会改革
(1)保守	A1 楽天的成長主義	B1 経営者主義的改革派	C1 教育的改革派
(2)革新	A2 革新的成長主義	B2 国家社会主義的改革派	C2 急進的環境保護派

っとも有効な利用の仕方だ」というのはすぐれた発言、だと思う。そういう意味ならば、現在の中国の走資派批判の中で、これは菅沼正久さんが、『世界政経』の中で「農業に奉仕する工業」という観点で非常に細かく書いておられるが、これをやるかやらないかということがこの間の一つの論点であるということです。中国と日本は全く条件が違うわけだから、この問題をこのまま日本に持ってくるということはできない相談ですが、太陽エネルギーの利用を考える場合に、農業とか林業を無視して、サンシャイン計画だなんだかんだといって踊りだすのは、本当の技術ということを考えることにはならないだろう。もう少しゆっくり考える必要があるだろうと考えるわけです。

*

さいごに二、三つけ足しですが、人口問題というのはどうしても出てくる。『技術と人間』の特集（1976年5月号）を興味深く読んだが、日本みたいな国ではどうしても人口制限をする以外ないのではないのか。後進国にそれを押しつけるということは大きな問題があると思うが、日本は1人が後進国の人の10人分の食糧を食ってるわけですから、そういう意味でも人口制限は当然だと思う。ただ権力的にやるということではもちろんないので、やはり人間の考え方の問題として、われわれ先進国の人間がどれだけ発展途上国の人々の食糧を食っているか、ということとか、また環境全般、エネルギーの問題を考えるならば、日本のような国が、これ以上人口をどんどんふやすということはもってのほかであって、われわれ自身のモラルの問題としてとめざるを得ない。それが原子力エネルギーがどうのこうのという話をひっくり返して行く場合の前提となるのだと思います。

もちろん人口がふえた分だけ電気がふえているわけでは決してないんで、それの伸びはこの数年間を見ただけでも、大型の企業が60％以上を食っている。恐らく伸びの90％くらいはその産業の伸びによって食っているわけです。つまり資本の暴走現象としての高度成長の中で伸びてきたわけで、10年間で2倍になるというようなことをまじめに信用する必要はぜんぜんないが、同時に人口の問題とか、ルームクーラーとかエレベーターを使わないようにしようとか、そのくらいのことはわれわれも考えなきゃならない。赤字だと大騒ぎしている国鉄電車の中で真夏にクーラーがききすぎてブルブルふるえているなんていうのは、やめさせなければならない。「お前たち電気が足りなくなってもいいのか」といわれたら、「ああ結構だ」というくらいの気持ちは持ってもいいのではないか、そんなふうに思います。

＊1――ローマクラブ
ヨーロッパで、資源・人口・軍備拡張・経済・環境破壊などの全地球的な問題を考えるために設立された個人的なクラブ。1972年に出された報告書「成長の限界」は有名。

＊2――走資派
資本主義の道を歩む実権派。1966年に中国で始まった文化大革命で打倒されたはずであるが、蘇って現代中国を指導している。

原子力発電は永久の負債だ
原発は原水爆時代と工業文明礼讃時代の終末を飾る恐竜である。

スリーマイル島事故は79年3月28日に起きた。本稿はその半年前の「現代農業」78年9月号に掲載された。

この年、5年前から始まった伊方原発裁判で一審判決がおりた。

原告側証人2人の感想が残っている。

槌田　劭　伊方の裁判で炉心燃料の危険性を論証したのですが、国側の証人は東大の三島良績さん。有名な燃料の専門家、国際的な研究者……もう勝負は名前を聞いただけでついているわけですよね。

小出裕章　肩書きと名前だけなら、そうです。

槌田　裁判の結果が面白かったですよね。三島さんは弁護士の質問に答えられず、恥をかき続けました。僕は答弁に窮したことはなかったです。

小出　こちら住民側の証人は誰も答弁に窮しないし、国側の証人はみんな突っ伏してしまっていました。

槌田　10組余りのペアの対決だったと思うんだけどどのペアでもそうでしたね。

小出　痛快でした。裁判は全体的に圧勝でした。

槌田　狭いせまい専門分野についてはものすごくよく知っているかもしれないけど、それの意味するところとか、それに関連する隣のところになると途端にわからない。三島教授は最後はもうしどろもどろになって、安全審査の基準とまるで矛盾することを言わざるを得なくなってしまった。

小出　安全審査の基準では燃料棒の破損はあってはならぬことなのに、40％壊れたって大丈夫だって発言になってしまった。

槌田　内容的には圧勝でした。その直後に裁判官が入れ替わったのです。証人調べもしない裁判官に委ねる。最高裁人事は露骨な政治介入です。

小出　権力者はそこまでやるんだな、と思いました。判決は住民原告側の全面敗訴。実に理不尽……。

まさに、原子力ムラの根深さを物語るものだ。

一方この時期、原子力委員会の審査記録には大規模災害予想については全く触れられていない。「理論上はあり得るが、実際上は起こりえない」との立場であるからだ。

著者は言う。「原発の真の恐ろしさは、『死の灰』＝放射能廃棄物の存在である。」「人類は、『死の灰』を今後何十万年にもわたって安全に管理する重荷を背負ったのだ。」

●――本当に原子力時代か？

現代は原子力時代だなどといわれる。この国の電力の十何％かは原子力発電の電気ですなどとテレビのコマーシャルが解説している。たしかに十何基だかの原子力発電所が稼動していて、電力会社の固定資産のほうは、十何％どころか50％近くも原発分になっているらしい。

だが実態はどうだろうか。原発の故障は頻発し、故障の修理のための運転休止も段々と長引いている。しばらく故障の話を聞かないなと思っていると、それは1年以上も運転休止しているためであったりする。

たしかに電力会社の投資高でいうと「原子力時代」に入っているようだが、現実の電力生産のほうからいうと、原子力時代というには程遠いのである。もっと根本にさかのぼって考えれば、現在の原子力発電所は、その生まれも育ちも原爆技術の落とし子であり、その故に欠陥続出なのである。さらに原発は、世界中に原子爆弾の材料をばらまいている。この意味で原発は、「原子力時代」どころか「原水爆時代」の申し子なのである。

●——巨大な危険性

原子力発電所は他の産業施設とは比較のしようもない巨大な危険性をもっている。それはひとえに、原発が毎日生み出し抱えこんでいるぼう大な量の「死の灰」のせいである。１年間運転し続けた原発は、ヒロシマ原爆がまき散らした死の灰の５００倍から１０００倍もの死の灰を内蔵している。

広島と長崎に投下された原子爆弾は、そのピカ（閃光《せんこう》）とドン（爆風）と同時に死の灰も振り撒いた。死の灰は黒い雨となって降り注ぎ、直接にピカドンを受けなかった人びとをも被爆させた。しかし、ナマの形で「死の灰」の恐ろしさを教えたのは、ビキニ事件であった。このとき第五福竜丸の日本人船員23人が死の灰を浴びたが、久保山愛吉さんは、日本の科学・医療陣の最善の手当ての甲斐もなく、６カ月後、世を去った。この事件を機に、日本の原水爆禁止運動は全国的規模でもり上がった。

じつは、ビキニの死の灰で被爆したのは、日本人船員だけではなかった。マーシャル群島の住民約２４０名が、同じ死の灰で被爆した。住民は１～３日後までに島々から退避させられ、その後最近に至るまで帰島させられなかった。退避にもかかわらず、数年の間に46名が死亡、残りの大半の人びとが、甲状腺障害、ガンの病魔に苦しめられ、現在でも脱力感を訴えている。放射能に敏感な妊婦の半数が流・死産をし、また子どもの大部分は何らかの放射能障害をこうむった。マーシャル群島の住民はピカもドンも経験していない。ただ「死の灰」だけでこれだけの被害をうけたのである。

ビキニの死の灰の全量は、広島原爆のそれの6~10倍と推定されている。それは、日本列島のあちこちで運転されている1基1基の原発の死の灰の100分の1以下である。

原発の最大限級の事故を考えると、風下十数キロの範囲にわたって、マーシャル群島の人びとや第五福竜丸の日本人船員が受けたのと同程度の被害をうけることになる。人口密度は比較にならないほど大きいのだから、死者の数は数万人におよび、数十万以上の人びとが、甲状腺腫瘍や各種のガンに侵されることになるだろう。

そしてもっと恐ろしいのが広大な耕作地の放射能汚染である。事故現場から風に乗って流れ出る放射能雲からは、ヨウ素131とかストロンチウム90といった放射能のチリが地上に舞い降りて土地を汚染する。ヨウ素131は草→牛→ミルクを通して人体に入り、もっとも効果的に甲状腺障害を発生させる。ストロンチウム90は土→作物を通して人体の骨中に蓄積され、骨ガン、白血病などを発生させる。ストロンチウム90は半減期約29年という長い寿命をもっているから、いったん汚染された土地は数十年にわたって厳しい耕作制限を受けざるをえない。

100万キロワットの原子力発電所の中に蓄積されているストロンチウム90のわずか6%が放出されるという想定のもとで、耕作制限を受ける耕作地の面積は、風下400㎞まで、面積にして2万ヘクタールに及ぶと計算されている。

その物質的損害をアメリカの原子力委員会の報告は数百億ドルと見積もっている。

●――大事故を否定できない推進派

不思議なことであるが、このような災害の予想は、原子力委員会の審査記録の中には一言半句触れられていない。原子力委員のお偉方は別の所で「このような大事故は理論上ではあり得るが、実際上は起こり得ない。起こったとしても天災の類であって、企業や許認可した行政機関の責任は免責されるべきである」と堂々と書いている。本当に「実際上起こり得ない」のであれば、「免責されるべきである」などといわず、何でも引き受けると断言してもよいはずであるのに。企業や保険会社は、日本の法律では、「最高60億円以上払わないでよい」と免責されている。いくら円高でも数百億ドルと60億円ではバランスがとれない。何より計算高い保険会社はやはり、以上のような大事故が起こり得ると考えているのだ。庶民は、「その道の権威」の説よりも、計算高い保険会社を信じたほうが安全である。

このような大事故をひき起こす原因のうち最も有力な候補者はいうまでもなく大地震である。直下型地震をくらって、70気圧とか150気圧の冷却水をまわしている一次系の配管が破れ、冷却水が一瞬にして失われ、炉がカラだき状態になったとき、非常用の安全装置が有効に働くことはまず考えられない。大地震時の原発の大事故は、地震による被害を一挙に何十倍にも拡大してしまうだろう。

よく原発先進国アメリカが引き合いに出されて、アメリカではすでに100基以上の原発が運転されているなどという。だが、地震という点で、日本とアメリカの事情は大違いである。日本は列島全体が世界最大の大地震地帯である環太平洋地震帯を構成している。アメリカの一部である西部海岸も同じこの地震帯を構成しているが、同じアメリカでもこの西部海岸ではわずか2、3基の原発が運転されているに過ぎない。

さらに、災害時の人的損害を大きくさせる人口密度からいっても、日本はアメリカの10倍近い大きさをもっている。日本という国は、世界中で原発を設置するのに最も不適切な国なのである。しかも驚くべきことに、原発の耐震設計という点で、日本は何ら独自の研究を行なっていないのだ。

●――半数が運転を休止、重大欠陥を露呈

78年6月現在、営業運転に入っている14基の軽水炉型原子力発電所のうち半数の7基が運転を休止している。その大部分は「定期点検」だということになっているが、じつは定期点検中に故障が発見され、修理のための休

止が一年近くなっているのがその大半の実情である。このため、昨年の年間設備利用率は39%という惨たんたる有様になっている。その故障たるや、原子炉本体やそれに直接つながる一次系配管のヒビ割れという、まことに由々しいものばかりである。

なぜ、こんなことになってしまったのか。これも「死の灰」のせいである。もっと正確にいえば「死の灰」を甘く見た欠陥「原子力技術」のせいである。

原発内の大量の死の灰はその１０００万分の１の洩れも許されない。電力会社や原発推進派の学者たちは、原発の死の灰は「二重三重に閉じ込められている」と言っていた。その第一の関門は「**燃料棒のさや***」ということになっていた。だが、いまは、この「さや」にはヒビがあって死の灰が洩れるのが「技術的常識」になっている。第二の関門が原子炉本体や一次系配管であった。そこに、つぎつぎとヒビ割れが発見されていった。そうすると、電力会社や推進派の学者たちは「それもよくあることだ」と開き直った。「二重三重に閉じこめられている」のが正しいのか「ヒビ割れはよくあること」が正しいのか、はっきりしてもらわなければならない。

確かに、火力発電所のボイラー本体や一次系配管から蒸気が洩れているのは当たり前のことである。そして「よくあることだ」ということばは、原発技術が、火力発電所のボイラーの技術の延長上に、せいぜい圧力容器や配管の肉厚を厚く作る程度で進められていったことを裏書きしている。

この2、3年来、アメリカ、日本でいっせいに起こっているヒビ割れ事故は、原発技術が、炉材料という一番根本的なところでダメであったということを露呈してしまったのである。

このヒビ割れは、放置していると加速度的、いやネズミ算的に進行してゆくという性質をもっている。いま行なわれている応急措置は、ヒビ割れを含む周辺を「削り」とったり、「切断——再溶接」したりするだけである。再発は承知のうえである。この「削りとり」などの修理は、恐るべき高放射線のもとで強行される。放射線防具に身を固め、それでも5分以内で作業を切りあげ次つぎと人を交替してゆく。たった5分間で、原子力関係職業

燃料集合体の構造と制御棒

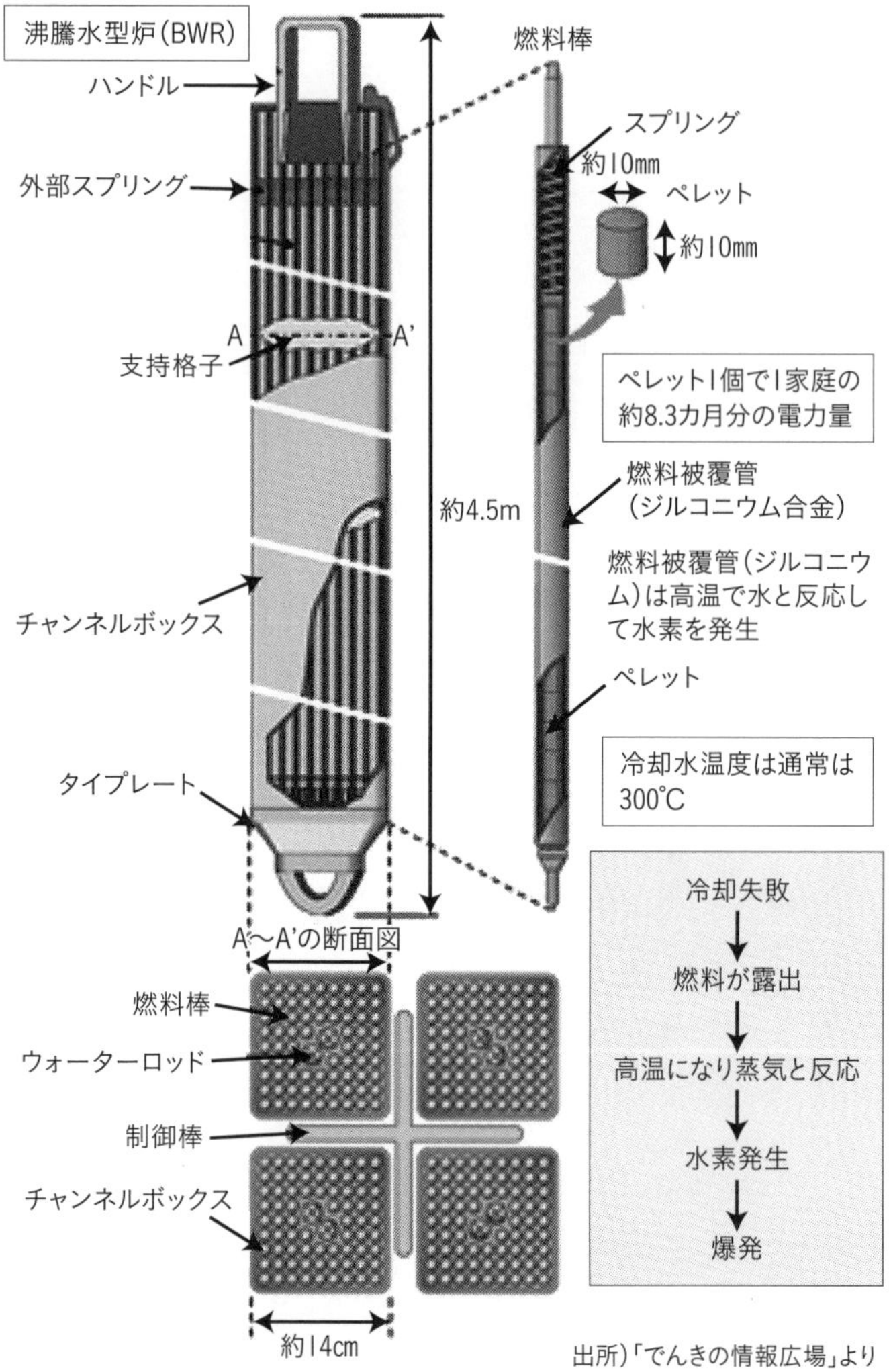

出所)「でんきの情報広場」より

人が1日にこれ以上浴びてはいけないとされている限度量を超えてしまうのである。島根原発の圧力容器内壁の「ヒビ割れ」削り取り作業では、基準限度を10倍にして作業を強行したといわれている。それまでしてもなお、ぼう大な作業員を必要とし、その数は7000人にのぼった。

このような作業には、電力会社の正社員ではなく、もっぱら下請労働者が動員される。そもそも、原発関係作業従事者の9割弱は下請労働者であり、とくに高放射線被曝者のほとんど全員は下請けである。

日本一の原発密集地帯、福島原発周辺で、土地を奪われ原発下請労働者と化した地元民の中から、ガン・白血病でたおれていく人びとが次々と出ていることをいくつかのルポ（田原総一朗『原子力戦争』など）が伝えているが、まだ、その実態はあきらかにされていない。

●――原水爆時代を維持する原発

原発の危険性を考えるとき燃料再処理工場から出てくる高放射能廃棄物（プルトニウムを含む死の灰）に触れないのは論理矛盾である。だが、ここでは、この放射能廃棄物が今後何十万年にもわたって（人類が存在しつづける限り）絶対に安全に管理し続けなければならない、人類にとって最大の重荷になる――もしこれが地球上に散逸すれば人類と生物は破滅する――ということだけを述べておこう。果たして、何十万年にもわたる管理が可能であろうか、という疑念とともに。この一事をとっても、これ以上の原子力発電所の増設は許されない。

このような危険物が公然と許されているのは、この世界にそれ以外の危険物――核兵器が充満しており、また、核爆発実験が相かわらず死の灰で地球を汚しているからである。もし核爆発実験による死の灰汚染がなければ、原子力発電所の平常運転時の放射能汚染はただちに検出されてしまうだろうし、定期点検時におけるかなりの量の放射能放出など一ぺんに摘発されてしまう。現在が相かわらず原水爆時代だからこそ、原子力発電所は生きていられるのだ。

それればかりではない。原子力発電所はその運転とともに、原爆材料であるプルトニウムを作り出すことによって、いよいよ原水爆時代を維持強化することに貢献しているのである。

●――私たちの生活にふさわしい技術を！

原水爆時代にこそふさわしい原発が、平和な「原子力時代」の申し子のようにふるまっているのは、「平和な豊かな生活」に必要な電気を作り出しているというかりそめの姿によっている。

たしかに、電気という便利なエネルギーは、私たちの生活を大きく向上させた。私たちの生活は電気なしには考えられないまでになってしまっている。

しかし、電力会社がバラまいている電力不足説には多くの誇張があり、ウソがある。第一に、現在電力は全く不足していない。半分以上の原発が運転休止しているのに、そうだ。第二に、原発建設の必要が説かれるとき、常に「10年後に2倍の電力が消費される」という大前提がもち出されるが、私たちがこの命題の前にひれ伏さなければならない道理でもあるのだろうか。

「10年後2倍に」――この数字は相も変わらぬＧＮＰ万能、高度成長万歳の考えから割り出されている。いや、工業文明至上主義者の「そうあらねばならない」という決意表明なのである。

私たちは、過去十数年間のいわゆる「成長」が何をもたらしたかをイヤというほど知っている。農漁業の外部的内部的破壊であり、環境の破壊であり、人の心の荒廃である。さらに本誌（『現代農業』）7月号本欄で吉岡金市氏が紹介されている先天性障害児の爆発的増大である。そして、ほかならぬ「10年間に2倍」という電力生産が、これらの「成長」を支えたのである。

現在の日本の国の内外の状況からして、電力会社や工業文明至上主義者がいかに力んでみても今後「10年間に2倍」は実現しそうにもないが、もし実現したとすれば、民衆にとって災いでこそあれ、幸せにはつながらない。

私たち民衆の力によってそして政治の力によって、それを実現させてはならないのである。もう、かつての「高度成長」の二の舞いは沢山である。

「10年に2倍」は、カネ餓鬼と化している大企業にとっての絶対必要事であるかも知れないが、つつましい生活の向上を願う民衆にとっては不必要であるばかりか有害である。電力会社のふりまく電力不足説におののく必要は全くない。

原発は、原水爆時代と工業文明礼讃時代の終末を飾る恐竜（亡びゆくもの）である。原発は、古い時代の科学技術――自然と人間の敵対、民衆の手に届かぬものとして民衆を支配する手段としての科学技術のシンボルである。

いま、原発とそれに象徴される工業文明総体への批判の中から新しい真の科学技術の時代が始まろうとしている。それは、自然と人間の調和、そして民衆一人ひとりが制御できる科学技術の時代である。

＊――燃料棒のさや

原子炉の燃料は燃料ペレットと呼ばれる小さな焼物（粉末の酸化ウランを磁器のように焼き固めた物で、直径1cm弱、高さ1cm程度の物）を燃料被覆管と呼ばれる厚さ0・7mm、外径11mm、長さ4m程度のジルコニウム合金の細い〝鞘《さや》〟に詰めたものである。

原子力──その闘いのための論理

『技術と人間』1980年6月号に掲載された。

反原発側がくりかえし警告を発してきたそのままの事故が、スリーマイル島原発で現実のものとなったのが1年前のことである。一般の人々にとっては理論上の仮説だったものが、原子力大国アメリカのおひざ元で放射能をまき散らす脅威を見せつけられたのだから、「原発の歴史は1979年3月28日をもって前期と後期に区分される」としただけの理由がある。アメリカ、西ヨーロッパの体制側の態度も、これを機により慎重な方向へ変化している。だが、日本は少しもその態度を変えない例外的立場をとる。反原発側は「次は必ず日本で起こる」という確信を深めて、啓蒙活動に全力を注ぐことになる。この一文も、くりかえし繰り返しの警告書である。

『技術と人間』同月号は、臨時増刊号と銘打って14人の専門家に「科学・技術論への読書案内」を書かせている。「水戸巌氏の推薦図書」として11冊が紹介された。合わせて一読をお勧めしたい。

1 『原子力発電』 武谷三男編 岩波書店
2 『原子力（現代論集第一巻）』 武谷三男 勁草書房
3 『原子力帝国』 ロベルト・ユンク 現代教養文庫
4 『原子力公害』 A・R・タンプリン／J・W・ゴフマン 現代教養文庫

5 『原子炉被曝日記』 森江信 技術と人間
6 『原発ジプシー』 堀江邦夫 現代書館
7 『反原発辞典Ⅰ・Ⅱ』 反原発辞典編集委員会編 現代書館
8 『原子力は必要か?』 大場英樹・小出五郎 技術と人間
9 『原発死』 松本直治 潮出版社
10 『スリーマイル島原発事故の衝撃』 高木仁三郎編 社会思想社
11 『棄民の群島』 前田哲男 時事通信社

●——ポスト・スリーマイル・アイランド

原発の歴史は、1979年3月28日をもって前期と後期に区分される。

いうまでもなく、スリーマイル島原発事故のような大事故の可能性は予見されていた。とくに原発批判側は、繰り返し、このような大事故の発生を警告していたし、それこそが、原発を、他のいっさいの工業施設と異質の存在たらしめると主張してきた。この意味で、この大事故は、起こるべくして起こったのである。

しかし、この警告は、潜在的可能性の域をでるものでなく現実的でない、として軽視されてきた。

スリーマイル島事故は、批判者たちの警告を目のあたりの事実として顕在化させたのである。このため、少数の国々をのぞいて、スリーマイル島事故は、体制側の態度にも大きな変化を引き起こした。事故の発生地である当のアメリカをはじめ、西ドイツ、スウェーデン、デンマーク、スイスなどで、その変化は目に見える形であらわれている(高木仁三郎編『スリーマイル島原発事故の衝撃』)。

不幸にして、日本の政府と企業はその態度を少しも変えない例外のほうにはいっている。

スリーマイル島事故は、現在、なお進行中である。最近も汚染された冷却水の漏えいが報道されたが、格納容器内にたまった大量の汚染された冷却水の処理は大問題であり、その措置が完了しないあいだは、公衆への被害の可能性は消えさらない。

また、周辺住民の被曝影響も進行中であり、その影響が真の姿をあらわすのは、今後のことである。すでに新生児の甲状腺障害の多発が報道されているが、これは、ほんの発端にすぎないだろう。

スリーマイル島事故の決定的な意味をごまかすために、その規模や、その経過について、さまざまな弁解がなされている。「人ひとり死ななかった」といった議論は、今後の被曝影響の現実化の前にふっとんでしまうだろうが、公式発表の放出放射能量だけでも、「技術的に見て起こりえない」という仮想事故をこえたという一事をおさえておかねばならない。

経過についても「特別な欠陥炉」とか「人為ミス」だとかいわれている。事故とはまさに例外的な場面から発生するものであって、それ自体なんのいいわけにもならないのだが、その細部に立ちいる以前に重要なことは、推進側が「ぜったいに起こりえない」としてきた事故が起きたという現実であろう。

そのうえで、細部にわたってもひとつひとつの弁解に反論してゆく必要がある。この意味で、当然なお中間報告であるが、『スリーマイル島原発事故の衝撃』は、重要な価値をもっている。

●——「死の灰」の影響

原発を、他のいっさいの工業施設と異質たらしめる特殊性は、それが内蔵する巨大な量の「死の灰」にある。「死の灰」が死の灰たるゆえんは、それが生体にとって有害な放射線を出すことである。

最近にいたるまで、放射線障害の大きさが軽視されていたことは、放射線防護の基準が30年のあいだに100

倍も厳しくなってきたこと（武谷三男編『原子力発電』）に端的にあらわれている。放射性物質を抽出したり人工的に作り出した科学者たち自身が、放射線障害に無自覚のまま、犠牲者になっていった。

放射線による大量被害の最初は、広島・長崎の被曝であった。直接ピカドンを経験しなかった人びとも「死の灰」をふくんだ『黒い雨』（井伏鱒二氏の小説の題名）のため犠牲となった。

つづいて１９５４年の「ビキニ死の灰事件」が起こる。わたくしたちが第五福竜丸事件とよぶこの事件のむこう側で、マーシャル群島２４３人の島民が同じ死の灰を浴び、のちになって流産・死産・白血病・各種ガン・甲状腺障害・全身の衰弱など多様な症状にとらえられ、ある者は死んだ。このときも、アメリカ原子力委員会は「住民の健康に異常はない」と発表したのだ。（前田哲男著『棄民の群島』――この著書は、大日本帝国委任統治時代から、日米共同の「核燃料管理センター」としてねらわれている現在までを視野にとらえている。原子力＝原水爆時代の帝国主義国家の醜悪さの本質を描ききった必読の書である。）

アメリカの軍部と原子力委員会が住民たちを人体実験として使った容疑は濃厚である。同時に、その当時の放射線障害への認識の甘さをも裏書きしている。

１９６２年、アメリカ国内のネバダ原爆実験に陸軍兵士が参加した。20万～25万人の兵士が参加したといわれている。最近になってこの兵士たちのガン発生率が異常に高いことがあきらかになってきた（『棄民の群島』２７８頁、２８９頁）。

ネバダ実験によってユタ州の牛乳が汚染され、世論の非難を浴びた原子力委員会（ＡＥＣ）は、これをなだめるため、研究や発表になんの制約も加えないという約束で、ローレンス研究所の二人の生物物理学者をリバーモア研究所に招き、放射線の生物への影響を研究させると発表した。かれらが研究を進めれば進めるほど、放射線障害の深刻さはあきらかになっていった。ＡＥＣは、かれらの研究成果の発表の妨害をはじめ、ついにはかれらの研究費とスタッフをとりあげてしまう。２人はＡＥＣを去らなければならなかった（ゴフマン、タンプリン著『原子力公害』5章〉。このふたりの研究者、アーサー・R・タンプリン博士とジョン・W・ゴフマン博士はいま、反原発運動の最先頭に立っている。『原子力公害』(原名――核汚染による人口抑制)は、放射線の生物学的影響やプルトニウム問題について、かれら自身のあきらかにした科学的事実を平明に説きながら、かれらが体験したたたかいの事実と科学の社会的責任についての考察をもわたくしたちに告げている。

ハンフォードにある放射性廃棄物処理工場に働く労働者の被曝記録(1944年~1972年)と各種ガンによる死亡についての膨大な調査を行なったマンクーソ博士も、ゴフマン、タンプリン両博士と全く同じ目にあっている。「大したことはない」という結論を望んでマンクーソ博士に研究を委託したAECは、その結果の発表を妨害した。マンクーソ博士が1977年に独自に発表した結果は、低線量の放射線が白血病・ガンの発生について従来考えられていたものより、ずっと大きな影響を与えることを示している(『スリーマイル島原発事故の衝撃』3章所収の市川定夫氏の報告)。

現在では、自然界にある放射線の程度でも、生物の遺伝子に有害な影響を与えることがあきらかにされている。これらの概略について、同じ市川氏の報告がまとめている(ほかに、『原子力発電における安全上の諸問題』第3分冊7章、〈技術と人間〉臨時増刊『原子力と安全性論争』所収の浦功「放射能の許容量はゼロ」などがある)。

●――労働者被曝

原発は中央制御室にすわっている運転員だけで運転されているわけではない。日常の除染作業、修理はかかせないし、1年に3カ月以上におよぶ「定期点検」時には、巨大な数の労働者が、放射線量の高い現場での除染、修理にかり出される(78年では3万4千人)。その90%以上は関連産業とその下請け、孫請けの労働者である。

この労働者が被曝する放射線量の総和(総被曝線量)は公式発表によっても、年を追ってウナギのぼりに上昇している。78年の総被曝線量(約130人・シーベルト)は、70年の75倍である(74年はその4年前の70年にくらべ5・5倍、78年は同じ4年前の74年にくらべ13倍以上)。総被曝線量の増大は、原発基数の増大をはるかにこえている。この事実は、現在の原発が欠陥炉であることを如実に物語っている。

しかも、総被曝線量の94%は下請け労働者によってになわれている。

この一事からでも、原発の現場における労働が、どんなに原始的で非人間的であるかを想像させるに十分であるが、この現実を身をもって体験した記録が、79年末から相次いで発刊された。

一つは、「原発の(素顔)がかすんで見えることへのいらだち」から、みずから原発の下請労働者として半年余をすごしたフリー・ライターの堀江邦夫氏の『原発ジプシー』である。この思い切った行動は、道路工事現場の測量・監督、ホテルマン、という経歴を歩んできた氏によってはじめて可能であったろう。堀江氏は、下積み労働者たちの仲間としての愛情に包まれながら、その仲間たちに自分の目的をかくしている苦痛にたえて、この現場からの告発を完成させた。堀江氏自身が、仲間とともに放射線を浴び危険な作業で負傷をおいながらの告発である。この現場からの告発は貴重である。

もうひとつの『原子炉被曝日記』の著者・森江信氏は、原発の除染作業をひきうけているビル清掃会社B社の放射線管理技術者である。氏は「時代の先端技術だという思い上った意識」で大学の原子力関係学科を卒業し、B社にはいった。現場の「放射線管理」の実像と使い捨て人事のなかで砂のように崩れていく組合作りの徒労があざやかに記録されている。少しちがった立場から描かれたこの両著書をあわせて読むとき、原発現場の労働の実態が、明瞭に、立体的に、浮かび上ってくる。

この二著とは異質であるが『原発死』もまた、原発の放射線技術者の死をテーマにしている。「原子力以外に日本の将来はない」と信じて北陸電力社員となり日本原子力発電に派遣され、31才でガンのため死んでいた松本勝信氏の父君が著者である。息子の信念をそれとして信じてきた父親が、子の発病、闘病そして死をとおし、その間の会社の態度のなかに、原発を推進する者たちの無知とその表裏をなすごう慢を見つめ、みずから、放射能と息子の死の関連を追及してゆく。そのようにしてえられた知識が、ただひとりの息子に先立たれ、孫と嫁とを実家にかえさなければならなくなった老夫婦というきわめて日常的な悲しみの記録をぬうように書き記されている。この悲しみと怒りは、筆でもってその心情を告げることはしない多くの原発労働者の家族の悲しみと怒りを代表している。

原発をめぐる論争は、この3つの著書に表現されたような生身の人間の悲しみや怒りを基底としなければならないと私は考えるのである。

◉——核燃料サイクル——再処理工場

原発は単独では存在しない。燃料であるウラン鉱の採掘、その加工、原発での使用、使用済燃料の再処理、高レベル放射能廃棄物の処理。核燃料サイクルとよばれるこの一連の過程で、どこでも放射線被曝はついてまわる。

さらに、自分が住む土地がウラン鉱であるため住む土地を失うにいたったオーストラリアやカナダの先住民族、南ア連邦政府によって武力占拠されその土地からウラン鉱を強奪されているナミビアの人びと。ウラン採鉱は少数民族の生活を圧迫し奪っている。そして東京電力は、南ア連邦から1984年以降10年間、ウラン鉱買上げの協定を結ぶことによって、国連ナミビア委員会の警告を無視して、南アのアパルトヘイトとナミビア不法占拠に力を貸しているのだ（北沢洋子著「原発シンジケートの暗躍と第三世界」——『反原発事典I』所収）。

公衆への危険性、環境破壊の側面からもっとも大きな影響をもつのは、核燃料再処理工場である。ここでは、原発ではまがりなりにも燃料棒にとじこめられていた死の灰が、開放される。ここで処理される死の灰は、いずれも人体の影響がきわだって大きい長寿命核種である。燃料1トンあたりの放射能は約18京5000兆ベクレル。このうち、クリプトン85の370兆ベクレル、トリチウムの11兆1000億ベクレルは環境にすてられる。ちなみに、東海村の再処理工場の処理能力は1日0・7トン、予定されている第二再処理工場は、1日5トンである。

クリプトン、トリチウムのほか、ヨウ素129、同131、ルテニウム103、同106等の放射性核種が気体としてまた廃液にまざって環境にすてられる。一口にいって、再処理工場は「1日で原発1年分を出す」といわれる。このため、ウエストバレー（米）の周辺と、そばを流れる川、ウィンズケール（英）近辺の海域、ラ・アーグ（仏）の周辺の環境汚染はいちじるしい（大場英樹・小出五郎著『原子力は必要か』第Ⅱ部3章、武谷三男編『原子力発電』7章）。

再処理工場には、各地の原発からの使用済燃料が大量に（数百トンの桁で）集積されている。使用済燃料は発熱しつづけており、たえず冷却されていなければならないから、数百トンの使用済燃料は深さ十数メートルの冷却装置つきの大プールに貯蔵される。

西ドイツ原子炉安全研究所は、このプール水冷却系が故障したばあい、あるいはプール水が漏えいしてしまったばあい、最終的に燃料棒がとけ、多大の長寿命核種を含む高温の放射能雲を発生し、このため、最悪のばあい「死者3000万人に達する」とした。

同じ報告は、燃料再処理後の廃液貯蔵タンク（これも冷却し続けねばならない）の冷却系故障もまた恐るべき災害をもたらすと解析している（原子力資料情報室『核燃料再処理工場』）。

このほか再処理工場には、化学薬品による事故、プルトニウムの臨界事故など多くの事故要因があり、現在まで頻々と従事者の死亡を含む事故をおこしている。

再処理工場が、プルトニウム生産工場として原発から核武装への決定的環になっていることはいうまでもない。核不拡散の世論、スリーマイル島事故以後の原発見直し論に正面から対抗して、日本の政府と企業は、第二再処理工場設置にむけ79年末以来なりふりかまわぬ突撃を開始した。80年3月1日、日本原燃サービスが経団連の肝入りで発足した。候補地の筆頭に、奄美徳之島があげられている。徳之島再処理工場計画は、沖縄、奄美の数多くのCTS（石油備蓄基地）、むつ母港化計画とともに、琉球列島を本土へのエネルギー供給のための犠牲にしようとするものだ。住民は、島津藩以来の植民地攻撃、太平洋戦争での沖縄島民切り捨てと軌を一にするものとして指弾している。年間1500トンの再処理工場建設は、徳之島を文字どおり死の島にかえてしまうだろう。『棄民の群島』でふれられているマーシャル群島の「核燃料管理センター」構想とともに、本土、日本人の責任として、このような廃島棄民政策をゆるすわけにはいかない。

●——放射性廃棄物の永久管理

再処理工場でプルトニウムやウランから分離された放射性廃棄物は、2種類ある。一つは、核分裂生成物でそのうち長期間にわたって消失しないものは、ストロンチウム90、セシウム137などである。もう一つは、中性子を吸収したウランから転化したプルトニウムなどのアクチニドの未回収分であり、こちらは、プルトニウムの2万8000年など核分裂生成物にくらべはるかに半減期が長く、長年月ののちには、こちらの方が問題になる。

1基の原発（燃料100トンとする）が1サイクル（3～4年）に出す核分裂生成物の放射能量は、処理後10年で111京ベクレル、1000年後で55兆5000億ベクレル。同じく、アクチニドのほうは、10年後で3京7000兆ベクレル、1000年後で2220兆ベクレル。原発推進者は、2000年に1000基の原発が運転していると夢想するが、前にあげた数値の1000倍の数量に相当する放射性廃棄物が数年ごとに生み出されることになる。

これらの廃棄物が無害なレベルに達するには数百万年を要するだろう。

この放射性廃棄物は現在液体のままタンクに貯蔵されている。この貯蔵法は危険きわまりないもので、1973年にハンフォードで440㎥、1900㎥という大量の漏えい事故をたてつづけにおこしている（『原子力発電』『原子力は必要か』）。

より安全な貯蔵法——固体化の方法は、10年も前から方針として提唱されているが、未だ工場化の段階にいたっていない。たとえ固体化に成功したとしても、現在のＡＥＣが提案している程度の方法では、その管理には、精力的な人間の介入を不可欠とする。おそらく、１００万年以上も人間の介入を必要としない「永久処分」は永久に実現しないだろう。

とするならば、人類は、ワインベルグの唱える放射性廃棄物管理のための超国家的超階級的「聖職者」群の出現を必要とすることになる。とうの昔に原子力発電など無用になっているのに、人類はこの聖職者たちに供物を捧げ、かれらへの礼拝を迫られる。これは、「原子力帝国」の一つのかおである（ロベルト・ユンク『原子力帝国』）。

数十万年の未来はともかく、原発は、その排泄物の処理方法を解決しないまま、毎日大量の排泄物を吐き出しているのである。

◉――事故

スリーマイル島事故直前まで、原発の存在を正当化するために「社会的リスク論」が横行していた。

社会的リスクとは、人工的設備によって引き起こされる災害、あるいは自然災害の規模に、その事件のおきる確率を掛け算したものである。この計算を信じると、原発の最大級事故に対応する社会的リスクは１００年に１人の死亡にもあたらない、という。そして、自動車事故や火力発電所の大気汚染や自然災害、スポーツ事故などと比較して、原発のリスクははるかに小さいということになる。

スポーツ事故や自然災害と比較することはナンセンスであり、自動車事故や火力発電所のリスクをだれも歓迎してはいない。だれもがなくすことを願っているのだ。

そこで、リスクと利益のバランス論が登場する。この「利益」は社会の成員すべてに一様だと仮定される。だが原発は電力会社の株主や大電力を消費してもうける企業と、原発周辺でつつましく生活している漁民とに同じように利益を与えるのだろうか。しかもリスクはもっぱら周辺住民に背負わされるのだ。

さらに肝心なことは、リスク計算の基礎になる確率、とくに巨大事故のように経験がなくしかもまれな事件の確率の予測は全くあてにならないということである。事実スリーマイル島事故は予測された確率の100倍ないし1000倍も大きな「確率」で発生した。

しかし、リスク論の決定的弱点は、想定された巨大規模の災害の確率がいかに小さくてもそれがゼロでない（物理法則が禁止していない）以上、発生しうる可能性を否定できない点である。そのような場合、内田秀雄原子炉安全専門審査会会長は「それは……いわば自然災害における天災の類であって、当事者にとっては計画・設計上は免責される事故であると考えられてよいと思う」という。少数者の「利益が大きい。確率が小さい」という「善意」の判断が結果として多数の人間の運命を一変させたとしても、受容せよという専政主義である。「科学」の名を冠したこのような独断と専政主義は捨て去られなければならない。

原発のような施設を許容するか否かは、その施設からおこりうる（物理法則が禁止しない）最大限の災害を想定し、これを基準として判断するという立場が明確に対置されなければならない。

●——「原子力帝国」

その巨大な潜在的危険性を根拠にして、原発の存在が容認されるか否かは、いまや、社会的政治的問題になった。ラ・アーグの再処理工場の労働者は、自分たちの職場放棄が、工場と周辺住民に危険を与えるという恐れのため、闘いを中断せざるをえなかった。核ジャックや原子力施設へのテロ攻撃を恐れるイギリス社会はその長い民主主義的伝統にもかかわらず、原子力施設労働者のプライバシー侵害を容認せざるをえなくなっている。アメリカではテロリストからの核攻撃の脅迫があった場合、一地方の市民的権利は停止されなければならないと真剣に考えられている。そして、ワインベルクの放射性廃棄物管理のための「聖職者」たち。さらに、反原発運動にたいする社会心理学の動員および個人への精神医学的侵襲。これらの諸例を詳述しながら、ユンクは、原子力が、社会を「硬直化した管理社会」にみちびいていると警告している。そして、ある者たちは、あきらかに硬直化した管理社会のために、原子力を導入していると。

問題はそれにとどまらない。体制的社会が反原発運動やテロリストの攻撃に神経をとがらせているのを尻目に、体制内の「裏切り」によってファシスト的叛乱のために大量の核物質が盗み出され、さらに、西ドイツ―南ア連邦―アルゼンチンを結ぶ核枢軸がひそかな胎動を開始しているという(ロベルト・ユンク『原子力帝国』)。

いまや、原発の存在は、核兵器禁止と両立しないし、民主主義とも両立しないのである。

おわりに、「原子力について考える」のには、歴史的考察が不可欠である。武谷三男『原子力』は生きた闘いの歴史であり、読者は、現在の闘いのための論理を豊富に見出すであろう。

原子力船むつの「物理の次元」と「社会心理の次元」

一九六八年11月27日起工、翌年6月12日に進水した原子力船むつは、74年9月1日青森県沖の太平洋上で行われた初の原子力航行試験中に放射線洩れを起こした。事故後、母港である青森県むつ大湊港への帰港を反対されたために、16年に亘って日本の港をさまよい新母港のむつ市関根浜港へ回航され、原子炉部分が撤去された。

この原子力船むつの放射線洩れ事故は、当時としては国内最初の原子力災害となった。

著者は、この事故においてもまた繰り返された推進側評論家・学者の論理―〈資源のない貿易立国の日本においては必要〉〈石油の枯渇〉〈原子力発電の技術的統制は可能〉〈問題は、噂の伝播や恐怖感を拭い去ること〉―の無責任さ、デタラメさを批判し、人々に警戒を呼びかけている。

本稿は、谷沢書房『状況と主体』一九八四年5月号に掲載された。

1

1月17日、自民党科学技術部会が「むつ廃船」を決定したという。その後、内部でなにがおきたかは定かではないが、むつ「新母港」（関根浜）に100億円の予算がついた。「むつ」が漁民の反対をおしきり、そのすきをついて大湊を出港、そして洋上で放射線洩れをおこして欠陥を露呈、洋上50日間の漂流をつづけたのは、1974年秋であった。このときの放射線洩れは、定格出力の1・4％時で毎時2マイクロシーベルトのガンマ線が測定されたという。毎時2マイクロシーベルトは、自然の放射線の約100倍である。この放射線洩れは、原子炉の遮へいの設計ミスから生じたという。設計は、もちろん、定格出力時（100％）で外部に有意な放射線を洩らさないということでされているはずだから、この設計ミスは、途方もないことであって、信じがたいほどの初歩的ミスであった。

遮へい設計のやり直しをやってみると、遮へい材のみで、船の積載重量制限いっぱいになってしまうことがあきらかになった。その後の調査でさらに緊急炉心冷却系にも大きな欠陥のあることがあきらかになった。

これだけのことで（つまり全く「物理の次元」で）、「むつ廃船」はそれ以外に方法のないことがわかる。10年にもわたった、その後の「漂流」は、全く「政治の次元」でのメンツの結果であったのである。であってみれば、自民党科学技術部会の「決定」は、遅すぎたにせよ、当然のことである。

不思議なのは、「新母港」建設費の100億円である（ちなみに、当初の「むつ」計画では、予算は地上施設こみで60億円、そして建設から現在までに実際につかったカネは600億円である）。これを、単純な地元への「手切金」とみるのは危険であろう。

もともと、むつ小川原を巨大コンビナートにし、下北半島を巨大原発群地帯とする計画があった。列島改造計画の一環である。そこには当然、再処理施設の建設がもくろまれていたであろう。

再処理施設は、原発の中で使用され、「死の灰」をフンダンに含んだ使用済燃料棒をコマゴマに刻み、化学処理によって、残存ウラン、プルトニウム、そして「死の灰」を分離する工場である。死の灰による環境の汚染は、原発のそれの何百倍かになる。現に、世界各国の民間再処理施設は、どこでも住民の被害が問題になって操業停止ないし中止においこまれている（表面上は別な理由であっても）。

米、英、仏と相つぐ再処理施設のダウン、もしくは、作業の停滞によって、日本の原発の使用済燃料のもってゆき場はなくなってしまった。東海村の再処理工場は、もともと試験的規模といった容量しかないし、これも事故つづきでダウンしてしまっている（周辺住民にとっては幸いなことというべきであろう）。

そこで原発推進派としては何としても自前の実用規模の再処理施設を！ということになる。

今回の「関根浜」予算が、この再処理施設への目くばりをもっていない、と考えるほうがどうかしているといえるだろう。

死んだ「むつ」が、再処理施設をよび出そうとしているのである。もちろん、私は、これが杞憂におわることを望んでいるのだが。

2

上述のとおり関根浜に関するかぎり、「むつ」は問題ではなく、再処理施設こそ問題というのが真相であろう。その煙幕なのかどうか、「むつ再建」論もチラホラしている。3月13日の日本原子力産業会議年次大会での**有沢**[*]**広巳**会長の「21世紀には原子力船時代がくると確信しており、『むつ』を活用し……」という発言もそのひとつである。『エネルギー・レビュー』という月刊誌の本年2月号にのった上智大学新聞学科講師・中沢道明氏の「さまよえる『むつ』」という短文もそのひとつであって、有沢氏の発言同様、「むつ問題」にとっては無意味なものであるが、この文章は、体制側の評論家・学者が、住民を攻撃するときにつかう手口の典型例であるので、検討しておこう。

その論理の第一は、「原子力船の開発は貿易立国の海洋国家・日本にとって必要だ。それすら否定することは、さほど遠くない将来の日本の糧道を断ち、自分で自分を兵糧攻めにすることになる」といういきめつけ論である。「資源の乏しい日本帝国が生きてゆくには、満州がどうしても必要だ。それすら否定することは遠くない将来……」

というあのヒステリックな論理を思いうかべるのは、筆者だけであろうか。海洋国家―貿易立国―石油事情の悪化は間違いない―だから原子力船。この議論を構成している各要素には、それぞれ、いくつもの選択肢があり、それこそ無数の可能性をはらんでいるにもかかわらず、それを切り捨て「だから原子力船に反対することは、**日本の糧道を断つ**ことになる」というこの短絡思考と大げさなきめつけ、この論法をもって、かつての日本軍部とそれに乗った迎合的知識人とマスコミは、日本の民衆を戦争にかり立てていった。この新聞学科講師は、戦前のこの故知をよく学んでいるのであろう。

遠い将来において石油石炭が涸渇するであろうことは確実である。だからこそ私たちは石油文明自体を批判してきたし、それからの一日も早い脱却をめざしている。それを、単純に科学技術で解決しようとするのは間違っており（『成長の限界』がつとに指摘しているように）、それこそ、社会体制、文化、生活様式全体の問題なのである。また、原子力技術自体がぼう大な石油浪費のうえに成り立った存在であり、単純な技術解決策としてみても原子力技術が決して石油問題の解決策になりえないことは、すでに広く論じられているとおりである。

第二の論点は、「むつ」の事故は、「物理の次元」ではどういうことのない事件であり、「むつ」問題をひきおこした真の原因は、「社会心理の次元」の問題、つまり科学的に根拠のない「今となっては苦笑するほかない」トラブルや「理不尽な噂」によったのだという主張である。

私は1で「物理の次元」「政治の次元」という用語を使ったが、これはこの中沢氏から借用したことを、ここでお断わりしておく――使い方はちょうど正反対であるけれども。

では、「今となっては苦笑するほかない」トラブルとはどのようなものだったのか。「洩れたのが放射性物質であるのなら海を汚染することになるが、そうではなく放射線だ。しかも病院のレントゲンより遥かに微量で、原子炉の運転をとめれば放射線もとまる」のだそうである。放射能と放射線のちがい、放射線量の病院のレントゲン線量との比較、このような一知半解の議論におつきあいするのはウンザリだが、病院のレントゲン線量との比較についていえば（これは新聞報道でもいつも紛らわしいのだが）まず、局所にあたるものと全身にあたるものとを比較するのは、全くの間違いである。これはちょうど、二つのものの重さを比較しようとするとき、それぞれの比重をもち出していることにあたる。Aが100キロあり、Bが1グラムしかないのに、AもBも比重がともに1だから、AとBは同じだというトンチンカンな議論なのである。こういうまやかしは慎しんでもらいたいものである。

毎時2マイクロシーベルトという線量を、あるものに対比したいのなら、局所にあてる病院のレントゲンではなく、全身すっぽりと浴びる自然の放射線をとるべきであろう。

もっとも大切なこと、それは、定格出力のわずか1・4%でこのような欠陥が現われたことであるが、このことを中沢道明氏は、ひと言も述べていない。積極的なウソを書かなくても、ある大事なことを故意に伏せて書かなければ、これは、立派なデマであり、これも戦前・戦中の軍部マスコミがよく使った手段である。

いずれにせよ、あの「むつ」のトラブルが、「今となっては苦笑するほかない」ものでもなく「理不尽な噂」であったのではないことは、遮へいの設計変更によって、船の最大積載可能限界量ギリギリまでになってしまったという「物理の次元」の事実が明白に示しているのである。

「『物理の次元』では全くのナンセンス」が「社会心理・噂の次元」では「現実の社会的圧力として作用する」ので、この「社会心理の次元」の問題を「科学の対象」としてとりあげ「噂の発生メカニズムを認識し、**噂の発生伝幡を防ぐ**手段を取れ」と中沢氏は主張する。だが事実は先にのべたとおりである。こと「むつ」に関するかぎり、中沢氏は「物理の次元」で根拠のあることをムリヤリに「全くのナンセンス」やら「噂」にしてしまい、その「発生伝幡を防げ」と主張する。中沢氏はさらに再処理問題にふれ、それへの反対も「『社会心理・噂の現実の次元』であるように思われる」とのべている。

原子力はまちがいなく下り坂にきているが、その状況のなかで、このような主張が、かりそめの短文とはいえ、表面化していることは警戒に値するだろう。

＊——有沢広巳（ありさわ　ひろみ、1896〜1988）
今後も有望な日本のエネルギー源である石炭を海外に依存せざるをえない石油に転換させた人物。日本の石炭がつぶれた後、石油だけでは不安なのか、原子力を推進した。先を見通す力のない人。

出港を阻止しようと漁船団に囲まれた「原子力船むつ」(毎日新聞社提供)

IV

東海原発裁判 講演記録

本章収録「チェルノブイリ原発事故と東海」（原題は「ソ連原発事故と東海」）の講演を行う水戸巌（写真提供：相沢一正氏）

原発はこんなに危険だ

本稿を含め以下3つの講演記録は、水戸巌死後の1987年6月28日、講演の主催者である東海原発訴訟原告団と茨城県平和擁護県民会議原発対策部会によって作成された。タイトルは、「水戸巌さん証言・講演の記録——東海裁判とともに（水戸巌さん捜索の続く日々に）」と付けられている。いずれも現地の反原発運動を担う住民・労働者に向け、分かりやすく丁寧に語りかけている。

これらの講演は、スリーマイル島原発事故前、スリーマイル島事故後、チェルノブイリ原発事故後と3つの時期に分かれており、その時々の情勢を反映した内容となっている（尚、「証言記録」については本書では割愛させていただいた）。

この講演は、スリーマイル島事故より1年前の78年4月22日に行われた。

当時の経緯を知る相沢一正氏（当時・原告団代表、現・東海村村議会議員）は、次のように語っている。

「東海裁判は、水戸先生を中心に小泉好延さん、井上啓さんの協力で訴状がつくられ、原告としては大先輩の寺沢さん、根本さんらが関わりました。一審では小泉さんが水戸先生と連絡をとりながら、証人に立つ科学者と原告をつなぐ役割をされ、原告側は根本さんがその任に当たっていました。西の伊方裁判（PWR）、東の東海裁判（BWR）と言われていて、その東の裁判をけん引していたのが水戸先生だと僕は感じていました。いろんな場面での水戸先生の発言は、問題の核心をぴしゃりと突き、論理的にわかりやすく、歯切れよくまとめられていて、自分の頭が整理される思いでした。」

「この日の講演会の参加人数は正確な記録はありませんが、80人〜100人程度だったと思う。連続講演会は、1978年のこの年は小泉、水戸、水口憲哉、室田武の各氏の講演で延べ350人ぐらいと思います。」

●――肝腎なのはたった一つのこと

今日は原子力発電の危険性ということについてお話をするわけですが、そんなむずかしいことではなくたった一つのことだけが肝腎なことなのです。それは原発の中には死の灰が大量につくられるということです。この事実は原発を安全だといいはる人でも認めざるを得ない。この裁判で被告となった国側の答弁の中でも争いようなく認めているわけですね。この問題が原発の、さらには再処理工場の危険性の出発点になっている。つぎに、この点にくらべればカッコの中に入れておいてもいいぐらいなんですが、他の我々の知っている毒物は、例えば青酸カリは簡単な化学的処理で危険でないものに容易にかえてしまうことができます。どこかで造られているかも知れない生物兵器にしても、危険だから全部捨てようということになれば、それを熱で燃やしてしまえば全部死んでしまう。ところが放射性物質については、この危険性をなくすっていうことはほとんどできない。人間はこれに手を加えることはできないということですね。最悪の場合には数百万年間その危険性は持続する。ある方法がうまくできたとすれば、数千年間にその時間を縮めることはできるかもしれない、たかだかその程度だということです。

この二つのこと、現に運転されている原発の中に大量の死の灰が存在すること、そしてその危険性は容易に消えないこと、この二つのことが根本にある。そしてそれはお互いに争うことができない客観的な事実だということをおさえておきたい。その上で推進側の人は何というかというと、一方ではその危険物を大量に外へ出さないで何とかやっていけるんだといい、他方では日常的に少しずつ出してしまっている、というよりはむしろ計画的に出しているが、それは絶対に人体に影響がない、といっている。大量にでるのは事故の場合ですが、大事故は万が一にも起こらない、もし起きたとしたらそれは地震などの災害と同じように考えてがまんしてくれ、とこう彼らは言うわけです。それから、日常的なもれ出しについては、それは自然放射能とくらべてたいしたことはない、という言い方をします。

これらに対して私たちはそうは考えないと言っているわけです。

●——原発と原爆

さて原発で使われる燃料はウランですが、天然にとれるウランではなく濃縮ウランという少し手を加えたものが使われます。ウランの中には燃えるウランと燃えないウランがあり、原子炉のなかで燃えたウランがそのまま死の灰になってしまうわけですね。これが0・7％はいっているのが天然ウラン。濃縮ウランの場合は３〜４％ぐらい。１００％近くまで濃縮したウランをある量以上にまとめると、急に連鎖反応を起こして大変な熱とか光を出す。これが原子爆弾ですね。ですから、燃えるウラン＝ウラン２３５が一方では原爆に使われるし、他方では原発に使われている。それじゃ原爆と原発の違いは何かといいますと、ウランの分裂するスピードの違いということで、簡単にいえば1kgのウラン２３５が10万分の１秒、ですからものすごく短時間なわけですね、その位で全部はじけてしまえばそれが原爆。一方同じ1kgが10時間ぐらいかかってゆっくりと分裂していけばそれが原発。原発の場合は燃やしながら水で冷やしているわけですが。この時間の差、人間のコントロールの有無というその違いは非常にあるわけですが、出てくる死の灰の量には変わりはないわけです。

さっきからウラン1kgといっていますが、実は広島の原爆はウラン２３５が1kgはじけたのに相当するというふうに推定されているわけです。実際に使われたのは100%のウラン235が10kgで、その10分の1位が連鎖反応をおこして爆発し、あとの9kgは大変な圧力で分裂反応を起こす前にバラバラにはじけて飛んじゃったのだろうといわれています。

そうすると、原発でも10時間たつと広島に落っこったと同じ位の死の灰がたまってしまうということがわかるわけで、1日で2～3発分、1年で広島型原爆1000発分が作られるということになります。1000発分の放射性物質が内蔵されるというのは正確ではないと考える方もあるかと思います。半減期の短いものは1年間で消えちゃうので。しかし、死の灰の中でも人間に非常に重大な影響をもたらすものは寿命の長いものが多い。例えばセシウム137やストロンチウムは30年近い寿命で、1年ぐらいでは減ることがなくずっと同じ強さを保っているわけで、そういうものについては1000発分の量だけたまっていくわけです。それからウランの分裂によってできたのではなく、ウランが中性子を吸収して生まれるものにプルトニウムがあり、これも非常に長い寿命を持っています。また原子炉の材料になっている鉄などが**放射化**[*1]したものにコバルト60とかマンガン54があり、これらも非常に長い寿命を持っています。

つまり、私たちが広島の死の灰の1000発分が原発に内蔵されるという場合には、寿命の長いものについていっているわけで、その限りでは人間に大きな影響をもたらすものだという意味で言っているわけです。

●――「異質」な危険性

この死の灰が外へ出てくるということになれば一体どれだけの被害をもたらすかというのが問題ですね。原発には1000発分はいっている、その潜在的な危険については議論の余地がない。問題はその潜在的危険の大きさをどう考えるかということになるわけですね。私たちの周辺にはいろんな工業施設がたくさんできている。その潜在的危険の大きさを考えてみると、例えば石油コンビナートではどんなに大きな事故を起こしても、その中にいる労働者が数十人か数百人死ぬかも知れない（それ自体は非常に大変なことだ）、あるいは周辺住民の何人かが亡くなるということも場合によってはあり得る。しかしどんな大事故を考えてみても私たちの知っている限りの工場施設というのはだいたいその程度のものだと考えていい。それに対して原発の危険性っていうのは、ざっと計算してみても数万人の人が数日間ないし1カ月ぐらいの間に死んでしまう。それから20年たつか30年たつかわからないけれども、その間に晩発性障害で死んでいく人、さらに同じ程度で遺伝的に障害を受ける人が出てくるかも知れない。そういうふうに非常に大きな危険性をもっているわけですね。それは従来の工業施設と原子力施設のもっている危険性が全く異質のものだということです。簡単にいうならば、一つの地域が壊滅してしまうという、そこにいる労働者も主婦も市民も子供も、原子力施設から直接利益を受けているかいないかには何の関係もなく、皆殺し的被害を受けるというのが原子力施設であって、それは従来人類が所有しなかったものであるわけです。そこがポイントだろうと思う。

●――天災だからあきらめる

この異質性は私たちがいうだけではなく、実は原子力推進側の人、しかも安全審査会の会長である内田秀雄さんが、別の角度からはっきりと言ってらっしゃるわけです。内田さんはこういう潜在的危険性は認めるし、工学的施設に安全性というものが１００％でありえない以上、それが顕在化する可能性を否定できない。しかし万が一大事故が起こっても、それはそれを作った人の責任ではない、それは免責されなくてはいけない、普通の天災と同じに考えなくてはいけない、つまりそういう新しい考え方をしなくてはいけない、とこう言っているのです。従来の工業施設、たとえば石油コンビナートが起こした事故に対して、これは天災と考えなくちゃいけないと主張した人はいないわけです。それを内田さんは原子力施設の場合は天災と考えて皆さんあきらめてもらわなくちゃいけないと、はっきり文章にしているのです。

それを勘定高い計算であらわしたのが保険の話です。保険会社は既成の工業施設については保険を受け入れますが、原子力施設についてはそれをやろうとしないわけです。つまり、原子力施設について、事故の際に保険会社が支払う最高額が決まっていて、それ以上はどんなことがあっても支払う必要がないと法律は規定しています。原子力委員会は安全審査をした時に、技術的に考えて絶対に起こりそうもない事故まで考えて、たいした被害はでないと計算して、それ以上の事故があたかもないような顔をしていますが、もし本当にそういう事故が起こらないのなら、保険会社は安心して何千億円であろうと何兆円であろうと、起きたことは全部引き受けますといえるはずなんですね。

ところがそれを言えないから、支払最高限度額を決めている。それ以上の事故もあり得るということなんです。内田さんはそれを天災と考えてくれというんです。ここのところが非常に大事なんですね。くりかえしていえば、原子力施設は従来の工業施設と全く異質なものだということです。

この異質性はお互いに認めている。その上で推進側の人は、それは天災だと思えといい、私はそういうものは原則として置くべきではない、人類はそういうものは持つべきではない、一地域が全滅するようなものは置くべきではないというわけです。私は、南極みたいな所にどうしても人間が住まなくちゃいけないとして、その場合小型の原発を使いましょうということになったら、これにはことさらに反対するつもりはありません。

都市のごく近くに、しかも110万キロワットのものをおくのはどうしても許しがたい。これが東海2号炉訴訟で、都市接近、大型化の無謀はけしからんといっている内容なんですね。ついでにこの訴訟の争点として、もう一つ集中化ということをあげてるわけです。

東海村には30いくつもの原子力施設がある。その中には、燃料の加工など非常な汚染をもたらすものが前からあったが、加えて再処理工場が動き出した。このような施設の集中化によって被曝の重畳が大きな問題となるわけですね。

●――原発の事故

さて、もう少し詳しく潜在的危険性がどういう形で顕在化してくるか、冷却材喪失事故の過程をとって述べてみます。

燃料の周囲はたえず水で冷やしている。この水の流れが止まり、分裂反応が進行しているとすれば水の温度はどんどんあがってしまうわけです。これは冷却水がなくなる少し前の話ですが、アメリカのある原子力発電所でかつて実際に起こったことです。電源ケーブルの密集している場所が火事になり、それで電源が全部ストップし、当然水もまわることができなくなり、水温がどんどん上昇してしまった。この時、水が完全にまわらなかったら、短時間でこの水は蒸発してしまい燃料自体が熔け出すということが起きえたわけですが、そこまでいく前に、補助用につけていたポンプの電源が通じることが出来て燃料熔融事故をようやく避けることができたわけです。

つまり、水の流れが止まっただけでも燃料熔融事故というのは起こりうる、そういう状態なんですね。

一番大きい事故として推定されているのは主蒸気パイプが破断するというものです。そうすると内部は約70気圧という高い気圧（ＢＷＲ）ですから、ほとんど一瞬のうちに水が全部なくなってしまう。しかし燃料棒の中には死の灰がいっぱいつまっている、その死の灰が熱を出し続ける。それを崩壊熱といっている。崩壊熱は分裂反応によって出る熱のだいたい７％といわれています。そうすると電気出力１００万キロワットの原発の熱出力は３００万キロワットですから、約20万キロワット相当の崩壊熱が死の灰から出るわけです。いってみれば、20万キロワットの中型火力発電所がカラだき状態になってしまったということと同じです。これはみるみるうちに温度が高くなり、約10秒もしますと１０００℃位になってしまう。崩壊熱の他にもう１つ余熱がある。これも無視できない。アイロンは電源をストップしても、すぐさわれば熱いですね。それと同じことで分裂反応が止まってしまっても燃料棒内にたくわえられた熱はすぐに冷えてしまうんではなくて、まだ残っている、それが余熱です。

さて、１０００℃ぐらいになりますと、大変やっかいなことに燃料棒の金属と水とが激烈な化学反応を起こして、またまた熱を発生します。これを反応熱といいます。１０００℃をこしますと、崩壊熱よりもこの反応熱が主役になって、そのためにつぎつぎに恐るべき事態が起きてきます。パイプ破断事故が起きて１分もすると、金属・水反応が開始します。こうなったらＥＣＣＳはもう手遅れなんですね。こういうことが起こる前にＥＣＣＳが作動しなかったらどうなるか考えてみますと、１５０トンの燃料全体がどろどろの熔融物となる。水がもうなくなっているのですが、わずかでも炉心に水が残っていると、その水の残り具合によっていろんな違いがでてきますが、その水の中へ熔融物が落ち込むことによって、水は一気に蒸気になる、いわゆる蒸気爆発ですね。これによって、場合によっては原子炉容器が破壊される。そしてふっとんだ容器の断片が格納容器の天井を打ち破ってしまう、これが最悪の事故ですね。

燃料が熔けることを炉心熔融と呼んでいる。この炉心熔融から格納容器破壊までは残っている水の量とか、さまざまな偶発的な条件によっていくつかの道がある。熱と圧力による破壊、水素爆発による破壊、蒸気爆発による破壊などいくつかの道を通して格納容器破壊に至るということです。

●——チャイナシンドローム

当初のころチャイナシンドロームというのが非常に問題にされましたが、それはどういう話かといいますと、格納容器にひびが入っちゃうとか、あるいは天井がぬけちゃうとか、そういうことがなかった一番幸いな場合で、原子炉容器そのものも熔けてしまって、どろどろの熔融物として格納容器の土台の上に熔けおちる。コンクリートとの反応が起こってそれを熔かし、コンクリートも含んだ巨大な熔融物として地面にもぐり込んでいく。地面の中には土があり、岩石があり、水があるが、高温のもとではそれが全部熱源に変わっていくわけで、熔融物はどんどん巨大になって地中にもぐりこむ。これは理論的にはどこまでもとどまることはないということで、アメリカでこういう事故が起きたら地球の裏側の中国までいっちゃうだろうと、これは冗談ですが、中国まで含めてしまう事故ということで、これをチャイナシンドロームと呼んだんです。大地は非常に大きいですから現実にはそういうことにはなりませんが、しかし相当広い範囲で陥没していき、場合によっては地下水に触れることによって大爆発を起こすかも知れないし、地下水を猛烈な死の灰で汚染してしまう、そういうことは当然考えられます。

ところで、チャイナシンドロームに至るまでには、数日間はかかる、そうしますと、しかも地中にもぐってしまうんですから、大気中に放射性物質が放出される割合は比較的低いわけで、むしろ事故としては幸運な方の話なんですね。それに対して、蒸気爆発によって格納容器の天井がこわれてしまうというようなことが起こったとすれば、事故発生から非常に短時間、30分から1時間、あるいは数時間のうちに、減衰していない強力な放射性物質が外へとびだして大気中にまじることになる。

●——事故評価のあゆみ

こういう場合にはもともと気体であるような死の灰は100％外へ出てしまう。人間に対する破壊の大きいヨウ素などは非常に気化しやすいもので、70％は外へ出る。それから固体になると外へ出る割合は減っていくわけだけれども、例えばストロンチウムなどは5～7％程度出る。こういう数字は現実にはどのぐらい信用できるかということは別として、その物質の化学的物理的性質によってどのぐらい外へ出るかということは一応試算できるわけです。そうなるとあとは風にのって、その時の風速、風向によってどこへ飛んで行って、どの位の人にどの程度の危害を加えるか、ということは比較的容易に計算できる。

こういう計算は20年以上も前にアメリカで最初におこなわれました。一番初めは数万キロワットの原発で試算されたのですが、その時は3000人以上の人が死亡するのではないかという結果が出た。これは大変だということで、その当時から、ＥＣＣＳ——つまり、こういう事故を未然に防ぐために、事故が起きたら10秒から１分の間に原子炉を水びたしにしてしまう装置を、どうしてもつけなくちゃいけないといわれるようになったんです。

さらに、１００万キロワットという大型になったらどうなるかという計算を、今から10年以上前にアメリカ原子力委員会がやった。その結果、４万５０００人は死んでしまうという非常にショッキングなものだったんです。しかも、広大な土地が、死の灰がばらまかれることによって人の住めない状態になる、あるいはそこに住んでいれば、明らかに放射線障害を受けるような状態になってしまう。その土地の広さはペンシルバニア州という、北海道よりも広い、面積だけ比較すると１・５倍もある広い地域全体にわたって土地が汚染されるというんですね。こういう結果だけを出したのでは人々に対するショックが大きすぎるということで、原子力委員会はその後10年間、ひた隠しにしていた。

その後出たラスムッセン報告はこれに確率論を援用して、たまたま悪い結果が生まれるのはこんな計算の結果のせいなんだということで人々を安心させようとしたわけなんですね。この計算は、非常にたくさんの核種について、どれだけ外へ出るか、それがどう被害を与えるかについて大変わかり易くしてくれた。ですから私はそういう点で評価してるんですが、確率の計算になりますと、これは確率論の悪用でほとんど信用できないと思う。本当に１億年に１回なのか、10年に１回なのか、こういう計算では何もでてこない。ひょっとしたら10年に１回なのかも知れない。たとえばジャンボジェット機が墜落する確率というのは計算できるわけです。２つともエンジンが止まってしまって墜落する確率は１００万回に１回だというふうに。しかし墜落事故は現実に起きている、１００万年たたないうちに１年かそこらしかたたないうちにそれは起きている。

そういうことを考えると、確率計算っていうのはどうにでもなる、１００万回に１回などという数値はその程度のものだということがわかってきます。

まやかしの確率論

事故解析にたずさわっている人々が、このラスムッセン報告の絶対値は絶対信用できない、事故解析の方法っていうのは比較の時に使う、今、BWRとPWRとをくらべてどちらを採用するか、どっちがより危険が少ないかということを評価するためにこっちが1億年に1回で、あっちが10億年に1回という計算がもし出たらこっちを採用する、ということで、決してこの結果をみて本当に1億年に1回なんだというふうに考えてはいけない、これとあれの相対的な値だけに意味があるんだ、と言ってるわけです。それからまた、比較としての意味があるということを誤解されると困るんです。ラスムッセン報告は自然の災害のことも計算した。都市のど真中に巨大なイン石が落下して、100人とか1000人くらいの人が死ぬ、そういうことはありえないことではないですね。そういう計算をして、それがだいたい1億年に1回の割合でおこると、だから隕石が都会のど真中に落ちて何千人かの人が死ぬのと、原子炉が事故を起こして何千人かの人が死ぬのと同じことなんだという説明をしようとしている。しかしこれは比較にならない。工学的人工的施設の間で、どの道をとったらいいのか、あるいはBWRでもいろんなやり方がある、そのやり方のうちでも、どれが一番事故の確率が小さいか、そういうことの比較には役に立つ。似たようなものの比較には役に立つけれども、一方は自然の災害、これは非常に単純な計算でできるわけで、そういうものとそれとは全く異った工学的施設、その間の事故確率を計算して比較する、この比較はすでに意味がない。だから隕石の落下に較べてどうなのかという議論も全く意味がない。私たちが大切に思うことは、大事故の確率がゼロでなかったということだけです。

「重大事故」と「仮想事故」

さて、格納容器の破壊はECCSの不作動、あるいは有効でない作動によってもたらされる。ここで大切なのは原子力委員会の安全審査会が重大事故とか仮想事故とかの言葉を使って、敷地の外にいる人は何の被害も受けない、受けても許容量以下の放射能にすぎないという結果を出していることです。この場合、重大事故とは技術的見地からみて最悪の場合には起こるかも知れない、最悪の事故。仮想事故は、重大事故を超えるような、技術的見地からは起こるとは考えられない事故、と言っています。つまり起こるとは考えられない事故まで我々は計算した、そしたらそれでひと一人傷つくこともない、そういう結果が出たんだというわけです。私は最初のうちは最悪の場合を本当に科学的に定義して計算したんだろうと思った。

しかしどうもそうではないらしい。重大事故というのは、パイプの**ギロチン破断**[＊2]を考え、ECCSの作動が若干遅れる条件、それから一部が作動しないという条件を加えているわけです。それで計算した結果、炉内の希ガスが2％（私のいった100％とは大違いです）、ヨウ素1％（70％とは大違い）。しかもそれは格納容器内に放出されるだけで外には出ない、と、これでは技術的見地から言って最悪の場合には起こるかも知れないということとは何も関係ないんですね。そもそも、「若干」とか「一部」作動したとかしないとか、の条件で計算できるはずがないんですね。結局、重大事故の定義というのは希ガス2％、ヨウ素1％が格納容器内に放出される、ということなんです。だからこんなことが技術的見地からみて最悪な事故だなんていうことは、日本語を知らないにもほどがある。こういう重大事故なんていう言葉に私たちはまどわされてはいけない。次に仮想事故ってのは起こるのは考えられない事故だという。ところがこの事故も起こるんですね。アメリカ原子力委員会も、内田秀雄さんもそれを認めている。この場合もその定義らしいものをみると、全燃料の熔融を仮定して、炉内の希ガス100％、ヨウ素50％が格納容器内に放出される、としているわけです。ここでは全燃料の熔融は仮定する、しかし格納容器は絶対にこわれないんですね。さっき話したように、ECCSが1分かそこいらの間に有効に作動しないと必ず炉心熔融がおこる、炉心熔融が起きてしまえば、物理的な法則に従って格納容器がこわれる、勿論格納容器スプレーが働くか働かないかという問題がありますが、いずれにしても外部に放射能はもれてしまう。炉心熔融はイコール、その一部分にせよ全面的にせよ格納容器がこわれる、ということだ。これは物理的必然なんです。炉心熔融がおきてしかも格納容器が健全であるということは、それこそ技術的に起こり得ないですね。彼らのいう仮想事故は、格納容器が健全なんだからそこへ放射能をとじ込めてしまう。しかし圧力がだんだん増大してきますから少しずつ外へ出していく。1カ月もそうやっているわけです。ヨウ素は8日間で半分になるから1カ月もおいとけばどんどん減少するから、人に対する被害は加えられないんだという計算をやって結局敷地外の人には許容量以上の放射線を与えませんというわけです。

●――炉心熔融は格納容器損傷へ

今まで話してきたように、こんなことには絶対ならない。炉心熔融は格納容器の損傷につながり、それは大量の放射能を一挙に外部へ出すことになるんです。ところで、この場合ＥＣＣＳが働いているのかどうか彼らは言葉をにごしてしまう。それは何故かというと炉心熔融を仮定する所ではＥＣＣＳは作動しないと暗に言っているわけですし、格納容器の損傷はないという時にはこれが作動しているということを仮定しているわけで、全く自己撞着しているものだから、ＥＣＣＳについては何もいえないわけです。ＥＣＣＳについて一言しておけば、実物大の原子炉でそれが有効に作動するかどうかの実験は全くありません。ＥＣＣＳが作動して10秒後に何度になり、20秒後には何度になり、水位はどこまであがるかというようなことは実験的には全くなされていない。模擬テストがなされているだけですね。原発が大事故を起こすか起こさないかという一番きめ手の、重要なＥＣＣＳがこういう状態だということは非常に問題だということです。

●――東海2号炉で大事故

さて、東海2号炉で最悪の事故が起こった場合に被害がどうでるか。非常に単純化して東京方面に向って一様に風が吹いているとします。放射能雲は最初は小さく、しかし濃い濃度で、それがひろがりながら薄くなり、風にのって移っていくわけです。放射能雲からの強い放射能の直接照射によって急性で死ぬ人は東海で3600人、勝田で1万8000人、水戸で9000人となり、東京では急性死者はでないだろうということで、全体で3万6000人。つぎに放射性物質を吸いこむことによって内部被曝し、死ぬ人（晩発性死者）は勝田で600人〜1600人、水戸で3400人〜1万人、東京で3万〜8万6000人に達する。

さらに、ガンなどでいつか死ぬだろうという人が全体で4万〜13万あるということです。晩発性患者についてみると、これは子供の場合ですと甲状腺腫瘍が非常に多いのですが、勝田で3万人、水戸で13万人、東海ではみんな亡くなってしまいますからゼロ。東京都では160万人となる。全体で220万人。この数字は決して大げさな場合の計算をしたのではなくて気象条件など、よりひかえ目に計算をして、こういう結果が出たということです。

＊1——放射化

放射能を持たない元素が中性子などを吸収して放射能を持つ物質、放射性物質に変わること。原子炉の冷却水中に存在する不純物が中性子を受けて放射化すると、環境へ放射能が漏れてくることになる。原発周辺で調査対象となるのはコバルト60、マンガン54である。またトリチウムも放射性物質であり通常運転で大量に海に捨てられている。

＊2——ギロチン破断

原子炉の配管が瞬時に刃物で切断したようになること。日本では1991年2月9日に、関西電力の美浜原発2号炉で伝熱細管がギロチン破断して、炉心を流れる水が2次側に漏洩した。このため原子炉は緊急停止した。

原発の事故解析と災害評価

この講演は、スリーマイル島事故後の1983年7月8日に行われた。
前編に続き、相沢一正氏の回想である。

「一審の過程では何回か夏合宿をし、原告、弁護士、科学者が集まり、意志疎通を図りました。危険な原発を止めるのに、この行政訴訟を勝ちぬこうと皆が意気込んでいました。証人に立たれる先生たちはそれぞれの分野で優れた業績を持ち一騎当千の論客であり、運動にも理解の深い方々でしたから、原告団としては大船に乗ったつもりでいました。主尋問・反対尋問を通して、原告側が論理的にも実証的にも勝っていると確信していました。」

「訴訟指揮に関しては、原告側証人の数を制限し、結局8人に抑えられたことには不満が残りました。また、いい判断を示していた裁判長が更迭されるなど裁判長がしばしば変わったのは問題だと感じました。文書の引き継ぎがあるとはいえ、法廷での雰囲気は引き継がれることはないわけで、口頭弁論主義の意義が減殺されると危惧しました。」

●——広島、ビキニ、原発と死の灰

私は水戸には何回か来て話をしておりますが、10年越しとなった東海原発裁判の、今証言の準備をしていまして、今日の話はその証言にかかわることにも触れてみたいと思います。

原発が危険であるということは、これはもう物理学とか、そういう分野の人にとってはごく常識です。原発を推進している人もそれは否定できない。さて広島に原爆が投下された時、破裂と同時にそこからものすごい熱と光が出、爆風が起こり、そのため、真黒に焦げたり焼けたりし、建物が倒潰《とうかい》し、また瞬間的に出てきた中性子という放射能によって火傷して20万人の人が死んだわけですが、仮に熱線や爆風がなく中性子線だけでも大分殺されていただろうといわれています。それ以外に死の灰がある。原爆投下直後広島市内へ来た人は、残留放射能によって原爆症を発症しています。さらに当日、広島市内へ家族を探しに来た人は、雨に、いわゆる黒い雨ですね、死の灰を含んだ雨にぬれて原爆症を発症して亡くなっています。井伏鱒二という立派な作家が『黒い雨』という小説を書きましたが、これは原爆の直接の被害を受けなかった娘さんが原爆投下の当日、広島市内へ出かけて行って黒い雨に当たったために亡くなってしまったことを題材にしている。それが死の灰の問題です。

それから、ビキニの原爆実験が行なわれて、その時には雪みたいに白いものが降ってきた。その白いのはビキニのサンゴ礁のカケラだったんですが、それに沢山の死の灰がついていた。その灰をかぶった日本の漁民の１人が死ぬという事件が起きたわけです。日本人だけじゃなくて実は、あの辺の島に住んでいた多くの人、退避させられた人もいましたが、３００人近い人々がこの死の灰をもろに浴びてしまった。そのために非常に多くの人が原爆症になり、特に妊婦の方はほとんどが流産してしまい、子供の多くは甲状腺障害にかかり、加えて多くの人がその後にガンなどで死んでいった。ビキニの人々がそういう被害を受けたということはご存じだろうと思います。

原爆がまき散らすこの死の灰が、原発でも、原子炉のなかでも作られます。ウラン235が核分裂を起こして、そこからエネルギーが出る、一方こわれた原子核からはいろんな放射能、放射線が出てくる。それが死の灰なんです。その大部分は非常に短時間で放射線を出して安定した状態になってしまうんですが、なかには非常に長い半減期、長い間「興奮」状態にあって放射線を出し続けるものがあります。死の灰のなかで半減期の長いものにセシウムというのがあって、半減期は30年位。30年たってようやく半分になる。60年たって4分の1、90年で8分の1、なかなか減らない。だからこういうものが無害になるにはまあ、100年~200年かかると考えなくてはならない。それが死の灰なんですが、実はもっと厄介なプルトニウムというのが出来るんです。それは2万4000年という半減期を持っている。こういうものが無害になるには数十万年かかる、量が沢山あれば本当にもう安全になるまでには100万年ぐらいかかっちゃう、そういう厄介な放射能です。

●――廃棄物管理専門家という「聖職者」集団の独裁?

最近、こういう原子炉から出てくる放射能を含んだ廃棄物をどう捨てるかということで、海へ捨てようということになりましたが、南太平洋の島々の人々がとんでもないことだ、そんなに安全だというなら自分の国のそばへ捨てたらいいだろうと主張する。島々の人たちは魚を常食としていますからそんなもの近海に捨てられたら、自分達がビキニの二の舞になると反対して、うまくいかない。それで今度は当分の間、ドラム缶をそのまま陸地に積んでおこうじゃないか、ということになったと新聞に出てました。だけどこれはどんどん数が増える一方で、近い将来に百数十万本になるだろうということです。

これは原発が運転し続ける限りたまっていく。しかも、これは一番楽な、つまり低レベル放射能の廃棄物です。それよりももっと高レベルの放射性廃棄物、これはどこから出てくるかというと、やはり東海村の再処理工場から出てきますが、今お話したようなものではない半減期の長い、想像もできないような永遠といってもいいような長い年月、絶対に環境に漏れ出ないように閉じ込めておかなければならない種類のものですね。再処理工場からはそういうものが出てくるんです。これをどうするかということについては、何年度までにはこういうことをやってみようという試験の手順だけが文章化されているが、一体どうしたらいいかということは全然決まっていない。多分最終的にはうまい方法はなくて、人間が永久に厳重に監視し続けることになる。少量ならいいんですよね。税金で、特別のお役人を使って年がら年中それを見張って、ドラム缶がこわれたら本当に死ぬ思いで補修作業を全部その人がやる、つまり他の仕事しないで放射性廃棄物については全部責任を負う、そういう専門職をつくって管理するということはできるかも知れない。しかし、世界中の再処理工場がどんどん動き出して、廃棄物の量が大量になったらどうするか。専門家集団が多数必要になる。その専門家集団が廃棄物を管理するかわりに彼らの言うことを地球上の人が何でも聞かなければならなくなる。聞かないと俺はこの廃棄物の面倒見ないとおこり出しちゃう、管理から手を引くと言ったら地球上の人たちは危険にさらされますから、結局、彼らの言うことを何でも聞くというわけです。これはワインバーグという人が言ってるんです。放射性廃棄物を監視するための専門家集団が必要になり、それはローマカトリックでいう聖職者と化すということです。

原発が一体どの位の期間動き続けるかということですが、勿論私は今すぐやめるべきだと考えていますが、不幸にしてそれは通らない。強引に原発が建設され、世界中で動き出すという事態になって何年位続くかということですが、これは長くて50年位だろうと思います。そこから先はもうこんなものは使わない、というふうに言われています。それにはいろんな要因があります。コストの問題とか、あるいはその前にいろんな事故が起こってしまうかも知れませんが、それは一応考えないことにして、今のべた廃棄物の問題があるし、あるいはその間には太陽エネルギーの開発とかがなされるということもありましょうから、せいぜい50年位だろうと思います。たった50年間、人類が原発を使った、そのために数十万年にわたってそれを監視しなければならない人々が、しかも膨大な人々が必要になる。しかもその人々が場合によっては権力をふるう、ある意味では大変な武器を持っているのと同じなのですから。ワインバーグという人は推進側の人ですよ。人類はファウストの取引きをした。原子力エネルギーと引き替えに放射性廃棄物を受けとるという約束をした。そういうことを言っているんですね。

●――広島原爆1000倍の死の灰をもつ東海原発

さて、話を戻しまして広島の原爆ではこの死の灰がどの位存在したかといいますと、掌にのる程度です。500g位のウラン235が炸裂しまして、20万人もの人が亡くなってしまった。その時に出来た死の灰は500gからせいぜい多くても1kgです。それが、東海村の2号炉の中には1トン入っている。約1000倍ですね。原爆投下のあとにもう広島には住めないといった連中がいるが、そんなことないじゃないか、30年足らずで、いや10年もしないうちに広島は復興したじゃないか、だからまた何いってるかわからんとおっしゃる方がいるかも知れませんが規模が違うんですね。1000倍入ってるんです。その1%だけがばら撒かれたとして、広島原爆の10倍の死の灰がまかれたことになる。

私はこの3月の証言の中で、私の試算をお話したのですが、例えば東京方面に風が吹いてこの死の灰が降ることによって、どういうことが起こるかということを話したんです。天候など変化するファクターが多いですが、そのうちで全然変らない、必ずそうなるというものはこの辺が住めなくなってしまうということなんですね。さっき言いましたセシウム137は半減期が30年、つまり無害になるには少なくとも100年以上たたないとダメというような放射能が雲と一緒にこの辺を過ぎていくとしますと、その通り道は人が住めなくなってしまう。雲が高く舞い上がったとすると、今度はかなり広範囲にわたってそういう場所が作られるし、比較的雲が低かったとすると、範囲は狭いが非常に濃厚なセシウムに汚染されてしまう。その幅は水戸あたりで4km位でずっと住めない地帯ができる。現在、大勢の人達が住んでる所が死の灰で居住不能となってしまうわけです。そのために何万人もの人が退避しなければならなくなる。汚染の帯はずっと東京まで続き、東京23区全部が住めなくなるような事態になります。

つぎに人はどの位死ぬか。これは天候をどうとるかによってものすごく変わります。場合によっては一人も死なないかも知れない。私の計算では東海、勝田、水戸までで、最悪の場合5万人位の人が死ぬ。これは即死並びに一週間位の間に原爆症の症状を呈して亡くなるだろう。それからもっとあとになって、ガンなどを発病して亡くなる人が数万人発生するだろう、これは要するに死の灰だけの影響なんです。原子炉から飛びだした死の灰が放射能雲となって風の間に間にただよって来たというだけでそういうことが起きてしまうということなんです。

●──運転員が人為的に冷却材喪失事故を起こせる

じゃ、どういう具合にして、死の灰が飛び出るかという疑問を皆さんは持たれるかも知れません。例えば、スリーマイル島事故の時にいろんなことをお聞きになったことと思いますが、冷却材、原子炉を絶えず冷やしている水がなくなっちゃう、そうするとどういうことが起こるかと言いますと、燃料棒が熔けてしまいます。燃料はどの位あるかと申しますと、100トンから120、130トン位。それが全部熔けてしまいます。それから燃料棒を包んでいる圧力容器が熔ける。そのことによって死の灰が外に出てくるんですね。熔けるのはどういう熱で熔けるのかというと、死の灰が出す熱なんです。死の灰は放射能を持つ熱なんです。放射能はそれ自体が熱にも変わるんです。その熱によって燃料棒も圧力容器も十分熔けてしまうことがわかっています。だからそれが熔けないようにいろんな装置がついているんです。注意していただきたいのは、普通の運転状態のあとで原子炉が止まったとしても、死の灰が出す熱だけでそうなるということですね。

火力発電所の場合とは全く違います。火発でもいろいろ事故が起きます。だけどその時は重油なり、燃料をたってしまえばあとはどうってことないわけです。原子炉の場合は制御棒という核分裂反応を止める装置がついてまして、それを一斉に全部挿入すると原子炉は止まります。しかし、運転が止まってもなお死の灰のもっている熱で燃料棒が熔けちゃうんです。

そこが違う所です。これは勿論、原子力推進側の人も全部知ってます。だから原発は大変危険なんだということをこの人達も知っているわけなんですね。

ところで、今度の証言の準備でいろいろ調べてみると、今まで冷却材が何らかの原因で全部失われてしまうということ、これはそう簡単には起こらないように思われますが実は簡単に起こるんですね。1つはパイプが割れてそこから水が出てしまうことなんですが、そういうことはほとんどないと推進側の人はいいますけれど、仮にいう通りだとしても、それと同じ結果は水を止めちゃえばいいんですね。水を止めちゃうと10分かからないで原子炉の水は全部蒸発してしまいます。水を止めるのにはどうするか。これは誰かが止めれば止まる。

この間、**日航機の逆噴射事件**[*1]っていうのがありましたが、機長さんが急に世の中いやになったんでしょうね。勿論自分が死ぬことを覚悟の上でそういうことをやったわけですが。つまり運転員の1人か2人が、少しでかいことをやってやれっていうような気持ちになって、ちょっと操作すれば簡単に原子炉の事故を起こすことができるわけです。絶対にそういうことができない装置であればそれこそ安全だと言えるかも知れませんが、そうはなっていない。人間が人為的に事故を起こそうとすれば事故は起こるということです。その場合飛行機の事故も大事故だが、原発はもっと恐しい。ですからあの日航機事故で、ものすごく恐怖感を感じたのは原発関係者だったろうと僕は思います。一度起こったことはあり得ることですから。

飛行機を運転している人はものすごいストレスがかかっているのでしょうけれども、原発の運転者も同様です。そういうことで、給水を止めてしまうというようなことが起こり得ないとは全く断言できない。

●――スクラム失敗事故が恐い

冷却材がなくなる事故というのは大変恐ろしい事故だといわれてきましたし、私もそう思っておりました。ところが、最近調べていてわかったのですが、アメリカの原子力規制局が、それ以上に恐しがっている事故があるんです。これはもう5年位前から気にしていたんですね。どういう事故かっていうと、制御棒を一斉に入れて原子炉をストップさせることをスクラムといいますが、その制御棒が入らないという事故です。この方がむしろ、冷却材喪失事故よりも頻度が高く起こり得る。

従来、スクラム失敗の確率を、原子炉製造業者のゼネラルエレクトリック社とかウエスチングハウス社は10億回に1回ぐらいだといっていたんです。ところがよくよく調べてみますと、確率は1万分の1位だと考えられるようになった。そうしている所にまたアメリカの原発でテスト中にスクラム失敗が起きてしまった。それで、1000回に1回は起こると。

ところで、スクラム、非常停止装置はどういう時に必要になるかというと、要するに異常事象が起こった時ですが、これはしょっちゅう起こっているわけです。アメリカの沸騰水型原子炉の場合、スクラムが必要になる異常事象は、原子炉1基につき1年に8回起きているんです。仮にアメリカで100基の原発が動いているとすると、3年に1回位は本当に大きな事故が起こる勘定になります。緊急停止装置が働かなければならないのにそれが働かない、そのために起こる事故が3年に1回位起きてしまう、というので緊急停止装置の改造を提言したわけです。日本ではまだそれをやっていないんです。アメリカ原子力規制局は実際にこの改造をやらない限り、原子炉を止める。BWR、つまり東海村の原子炉と同型のものは緊急停止装置の改造を行なわない限り運転を認めないという、ものすごい強行な態度をとったんです。これは原子力産業界が猛烈な反対をして、政治家に圧力かけてその実行を不能にさせてしまったんですが。

東海村の原子炉は緊急停止装置の改造をやっていません。だから3年に1回の確率でスクラム失敗の事故が起こるという事態がそのままあるということです。日本の原子力安全委員会はこの問題には頬かぶりしていますね。ですから、今までは事故というと冷却材喪失事故だったんですが、この緊急停止装置が必要とされるような事態が起こる可能性がもっと高いわけです。実はスリーマイル島原発事故っていうのは、緊急停止装置が必要な過渡現象の1つから発展したものなんです。あの場合は緊急停止装置は働きました。しかし他の故障、つまり水と蒸気が洩れてしまうという故障があったためにあんな事故になってしまったんですね。

●――もっての他の事故隠し

ですから緊急停止が必要な過渡現象というのはしょっちゅう起こっているんです。1年に1基あたり8回もアメリカでは起こっている。日本はどうか。これが不思議なんですよね、1回も起こってないんです。アメリカの原子炉をそのままもってきている日本で、私はそういうことはないと思うんです。運転員は多分、日本人の方が優秀なのかもしれませんが、技術が優秀だというだけで、アメリカで8回も起こっていることが起こらないはずはない。私のみた統計では起こっても1年に1回か2年に1回ぐらいですね。私は、これは事故の報告をしていないからだというふうに確信しています。それは、今までに何回も事故隠しというようなこともやっているからなんです。

皆さんもご存じのように随分前ですが、美浜の原子炉で燃料棒が折損した、しかも運転中に燃料棒が何センチにもわたって割れ、破片が落っこちて炉の中で多分ぐるぐる回っていたという恐るべき事故がありました。会社はこれを3年間にわたって隠し続けたんですね。それが内部告発で暴露されたんですが、その時会社側が何ていったかというと、使用済燃料を引きあげた時にどこかにぶつかって破損したと。もしほんとうにそうだったら、もっと大変だったわけですね、運転員の人たちはセシウムだとかその他の放射能を浴びて、多分死亡事故が起こったと思うんです。そういう、嘘だということがすぐバレてしまうような嘘しか考えつかない人たちが、今の日本の原子炉を運転しているんです。勿論、あとの事故調査でそんなことはなくて、他の原因だということがわかったわけなんですが、ともかく3年間ひた隠しに隠したんですね。で、それが明らかになってからも、日本の通産省は何もしませんでした。運転停止を命ずるのが当然です。アメリカだったら勿論やられてますね。ところが、日本では時効だというんです。

それから敦賀の事故です。つい最近起こった、大量の放射能を漏洩させた事故ですね、これも報告しないでほっておいて、外部からわかったんですね。こういうふうに事故隠しをずっとやっているんです。

過渡現象も本来報告すべき事故なんです。だけどそれがほとんど報告されていないんです。つまり隠されているということです。私はこういうことはものすごく恐しいことだと思う。むしろ、アメリカのように公表すれば、正直に発表されれば、その方が本当に事故を少なくしようとするための努力ができますからその方がいいと思います。隠し続けるというのは本当に危い。

●——原発建設は世界的にダウン

他にももっと恐しい事故、しかし確率はこれよりも小さいだろうと考えられる事故もありますけれども、とにかく恐しいのはこの2つです。冷却材喪失事故とスクラム失敗事故。この両方ともが東京まで死の灰が行くような大きな災害をひき起こす可能性があるということになります。

さて、スリーマイル島原発事故のあと、アメリカではもう原発はだめだということで、GE社では新規の開発をやめてしまう。国内では原子炉は売れないということでやめてしまった。勿論、事故原発を製造した会社のそれは全然売れなくなってしまった。WH社もだいたいもうおしまいだということで、あのタカ派のレーガンになっても電力会社の方が原発を敬遠している。レーガンになって原発推進政策は多少息をふきかえしてきたんですが、電力会社の方がイヤだということで、アメリカの原発熱は完全に下火。北欧三国は以前から比較的抑制的で、ぎりぎりの所でしかやらないというやり方をしています。西ドイツでは政府が原発を強行しようとしています。原発に批判的な運動がおこったのは日本よりはずっと遅いんですけど、住民運動はすごく盛んです。しかしこの数年間、ものすごい勢いで起こってきた。１つの集会に20万人とか30万人とかが動員されている。反原発ということだけで、緑の党のような政党が国民の支持を得て、議会に大きな勢力をしめるようになっています。ですから、ヨーロッパも多分フランス一国を除いては、原発は非常に抑制されている。相変らず推進派が意気軒昂で住民も10万人なんて規模では反対運動はしないのは日本だけではないでしょうか。フランスも若干それに近い所もあるんですが、やはり日本だけです。日本は今やアメリカについで第2の原発所有国になるといわれています。再処理工場は意気だけが盛んで技術が伴わないから、今はぽしゃっちゃっていますが、数倍の規模の民間再処理工場を作るべくいろんな策を練っている。

私はこれはものすごく異常なことだと思いますね。

●――東海原発の人口密度は世界一

アメリカは広い国で、人口密度は普通に人が住んでいる所での平均で、１㎢あたり40人位です。ところが東海村は１㎢あたり８００人。水戸は２０００～３０００人です。東海村の８００人というのは海の方まで全部とってならしたって４００人です。アメリカの常識でいったら原発の建てられる人口密度っていうのは１㎢あたり40人ぐらい。その10倍にもなる。アメリカの基準でいって、ここに原発を作ってもいいなんて所は日本中どこをさがしたってない。で、アメリカはこの人口密度に非常に着目しまして、ある一定の距離以内の所には建てさせないという方針を、これは法律で規定しているのではなく、実際の行政指導でずっと実行してきているんです。その中で一番人口密度の高いのはインディアンポイント原発、これはニューヨークの比較的そばに１つのサイトがあったんです。東海村の原発はまさにこれと同じ、そしてやや多めの人口密度です。ですから世界で一番人口密度の高い所にあるのが東海村の原発です。インディアンポイントの原発は82万キロワット、東海のは１１０万キロワットです。

●——原子炉設置許可と「残留リスク」

アメリカの原子力規制委員会は最近、「残留リスク」ということばを使うようになっています。それはどういう意味かと言いますと、原子炉を設置する場合にはある一定の範囲の事故を想定します。その事故が起きた場合、周辺住民には絶対被害を与えない、与えたとしても非常にわずかである、そういう場合にだけ原子炉の設置を許可するというふうになっていまして、ある一定限度の事故想定を必ずやっているんですね。それを設計基準事故といいますが、日本では重大事故とか仮想事故とか呼んでいます。それ以上の事故は設計上は起きないとされている。

原子力安全審査会の委員の先生達は、それ以上の事故は起きないと仮定していいんだとおっしゃる。しかし本当に起きないかというとそんなことはない。人間が作ったものだから絶対ないということはあり得ない。従って起こるかも知れない。しかしそれをいちいち問題にしていたら産業社会は成り立たない。だからそれは許容されるんだと。

万が一起きちゃったらそれは天災と同じで、住民もがまんしなくちゃいけないんだというわけです。つまり、設計基準事故以上の事故は絶対に起きないとはいえない、工学的施設である以上絶対に起きないとはいえない。しかしそれ以上の事故は免責されると。設計者も事業主も免責されると。その免責を認めなかったら産業社会は成り立たないというわけなんですね。

しかしですね、原子炉以外にそういう施設があるかっていえば、ないんですね。確かに新幹線が正面衝突する、これは起こり得ませんけれど、前に止まっている列車にドーンとぶつかったら、ひょっとしたら１０００人位死ぬかも知れない。それでも１０００人です。原子炉の災害の場合、アメリカのいろんな計算で最悪の場合は20万人に達するとみられますから、新幹線の比ではないですね。これはもう戦争と同じです。

それで、アメリカの最近の原子炉規制の考え方は、この設計基準事故以上の事故を考慮に入れなくちゃいけない。確率は非常に小さいかも知れないが、そういう事故は起こり得ると考えて、その上でその災害をなるべく小さくするようにしなければならない、とこうなってきているわけです。そのためには人口密度の高い所には原発を建ててはいけないんだと、こういう考え方なんですね。ところが、日本の原子力安全委員会はまだ、昔の考え方に固執しています。設計基準事故を考えればそれでいいんだと、それ以上の事故については一切考える必要はない、といっております。

竹村健一という無責任な人がいます。あの人は、原発反対の運動をしている人達が「そんなに安全だったら新宿に建てたらいいじゃないか」といったのに対して、「ああ、建てていいんだ。が、地価が高いから建てられないんだ」と言ったらしいですけど、まあ、要するに無責任で、原子力のゲの字も知らない人です。下劣な男です。ああいうのが大きな顔をして、それを歓迎する社会や国とかいうのは僕は非常にみじめだと思います。もっとも新宿にでも建てられるというのは、設計基準事故だけを考えればということになるのかも知れませんが、しかし残留リスクという考え方を入れたらもう、新宿には建てられないし、やっぱり腹の底では危ないと思っていますから例え土地が安くても建てないでしょう。

それで残留リスクという考え方からいくと、世界で最も多く残留リスクを受けるのが勝田市や日立市、水戸市の住民です。

それだけではないんです。東海2号炉は110万キロワットという世界最大規模の原発ですが、それが世界で最も人口密度の高い場所に建てられている。そればかりではなく、再処理工場もある。再処理工場の災害評価は、西ドイツなどでは行なわれていますが、これは原発のさらに10倍も上回わるだろうといわれています。再処理工場には原発の何基分もの恐しい放射能が集積している。もし、火災事故が起きたり、それ自身のもっている熱によって事故が起こったとしたら、原発をはるかに上回る事故となるんです。

●——原子炉設置許可処分取消裁判の困難性

私はそういうことから、ここの東海裁判は、他の裁判と比較することは不謹慎ですが、他の裁判がたとえ負けたとしても、東海裁判だけは負けてはならないというようにずっと考えていました。東海サイトは他の日本のどの原発サイトとも比較できないし、世界のどこと比較してもこれほど無謀な計画はないわけです。ですから、ここで何かを裁判長に言わせなくちゃならない。こういう行政裁判で、しかも現実に被害がみえていない場で勝つということは日本では今まで一度もありません。

西ドイツはかなり勝ってるんですね。例えば、放射性廃棄物の問題で、その処分方法が確定できない以上、原発の建設はやってはいけない、あるいはその安全問題が解決されていないとして差し止め訴訟に勝った例があるんです。日本ではこういう例は一件もありません。そういう中で勝つというのは、これはものすごく小さな確率だと思います。しかし、たとえ負けても、判決文の中で何かを引き出さなくちゃいけないだろう。何らかの形で我々の主張が生かされている箇所を引き出さなくちゃいけない、何かこう弱気な話ですが、そう考えています。勝つということは素晴しいことですが、日本の裁判所のやり方を見ていれば、それはなかなか大変だなあというのが率直なところです。

●——石油に代替できない原子力

先程も申しましたように、フランスと日本を除いて他の国々では原発建設の伸びが止まってしまっている。その最大の理由が、ひところ騒がれた石油が足りないとか、石油がなくなるとかいう話がどこかへ消えてしまって、むしろ石油があり余っているということがわかったからといわれていますけれども、根本的にもっと問題があると思うんですね。それは単に石油が安くなったために、原発のコストが石油に較べて安いとはいえなくなってしまった、つまり経済性の神話が崩れてしまった、というだけではない。

もっと本質的に、決して原子力発電っていうのは石油の代わりにはならないということが次第に認識されてきたということだと思います。原発を作るためには大変な量の石油が必要である、その石油を火力発電なんかで使った方がむしろ有効なんではないか、ということですね。原発を作るにはいろんな所で石油を使ってしまう、つまりコンクリートを作り、鉄を作り、濃縮ウランを作る、そのために膨大な石油を使ってしまう。一方、原発を動かしてみるといろいろと故障が多い。年間の操業率は40％位、そういうことを考慮に入れると、始めから石油で火力発電をやった方がよっぽどいいじゃないか、というわけですね。

それから、あたかも原発は石油の代わりになり得るかのように言われているけれども、そんなことは絶対にない。何故かというと、原発からは今のところ、電気しか作れない。原子力製鉄なんてこともいわれていますけれども、とても実用にはならない。要するに原発では蒸気を作ることぐらいしかできないし、蒸気によって何ができるかといえば、一番手っ取り早いのが電気を作ることなんです。ところが我々の周りのエネルギーをみれば、全部が全部、電気ではない。全体の20％程度ですね。石油は燃料以外にもいろんなものに使われている。熱そのものとしても使われている。ということで、石油をすっかり原子力発電におき換えることはできない。で、今、原発は発電にしか使えないっていったんですが、発電っていうのはものすごく能率の悪いことをしているんです。

私はよく、原発というのは海を温めるついでに電気を起こしている、というんですが、というのは作った熱の70％は海に捨てているからです。残りの30％だけが電気にかわる。何故そんな無駄なことをするか、といえばこれは熱力学の法則っていうやつで決まっていて、それ以上の効率をあげられない。もう一つには原発が危険だからです。もっと温度を高くすれば、高い温度の蒸気を作れば効率をもう少し上げることができるんですが、原発は危険だからそういうことはやらないわけです。ということで、原発が作った熱の30％しか電気に代わってません、あとは全部海に捨てているんです。

●――原子力がなくてすむ生活のあり方

そういうことを考えると、原子力の全部を否定しない考え方に立ったとしても、これから１００年先にずっと頭のいい人がでて、害のないような原子力の利用法をみつけるかもしれない。私は人間の技術的な知恵はこれからいくらでも発達すると思うので、その時までとっといた方がいいのじゃないか、大部分の熱が海を温めるために使われるというそんな変なやり方でない、もっと安全で有効なやり方で原子力エネルギーが利用されるような時代になるまで、大事にとっとくべきだと思います。じゃ、その間どうするかということですね。電力会社は10年ごとに電力の使用量は2倍になる、だから、これから10年後に日本の発電能力を2倍にしなくちゃならない、そういう一種の危機感みたいなものをあおり立てて原子力発電をやっているわけです。逆にいうと、10年前には今の電気の半分で我々は暮らしてたんです。１９７３年、10年前の暮しはそんなに絶望的だったですかね。10年前程度の電気しか使えないとしたら、我々はもう生きられないわけですかね。よく、原発に反対すると、ローソクで暮す気かなんて言われますが、何も僕はそんなこと一言も言ってない。これから10年先、2倍にする必要なんかないじゃないか、今と同じでもいいし、なんだったら今より50％位落としたっていい。今、原発で作っている電気は約2割といわれていますが、その分だけ全部節約したっていっこうにかまわないじゃないか、ということです。勿論そのために銀座のネオンが消えるかも知れない。僕はものすごく腹が立ったことがあるんですが、福島だったか、こういう話をしたら、そこの青年が、でも銀座のネオンは輝いていた方がいいよって言うんですよね。あんた、銀座へ行ったことがあるのかって聞いたら、行ったことないって。行ったこともないのに何故銀座のネオンの心配をしなくちゃなんないのか。

一時、節電節電って騒がれたことがありましたよね。広告灯を消されて気持ちよかったと思うんですよ。今はネオンをパカパカつけるから、あんまりついちゃっているからひとつも目立たない。結局、あれ、ないのと同じことになっていると思うんですが、それだったら節約したっていっこうにかまわないと思うんですよね。しかも、原発所在地の人々を犠牲にして何故、そんな電気の使い方をするのかっていうことですね。

10年前の生活に戻ることはそんなに苦痛だと私は思いません。それどころか、20年前の１９６０年頃の生活だって実にかまわないと思います。ですから、今から10年後のことを考えて、原発をどんどん作らなくちゃいけないんだというような宣伝にまどわされる必要はありません。西ドイツをはじめヨーロッパではもうそういう気分になってきている。それが一つには**緑の党**[*2]という組識が大きな勢力を伸ばし始めたことにも表われてきています。残念ながら、日本はまだそういう所にきていないように思うんです。けれども、何でも電化して便利になっていくことにさほど意義を感じない、むしろいろんな自然食品に興味をもち、公害には鋭く反対していくというような生活意識の変化がみられます。これは緑の党の伸張ということと根は同じだと思うんですね。食品公害の問題にしても、見た目のきれいさとか形のよさだとか、そういうことだけにまどわされないで、本当に命を大切にするようなものを考えていこうということがありますが、それも同じだと思うんです。

最後に、原発の危険というのは2通りありますね。事故が現実に起こるかも知れないという危険、それから何十万年にもわたって子孫に毒物を残すという危険。何十万年にわたって人間はその毒物を管理し続け、管理に手落ちがないということになるかも知れないが、それによって我々が管理され、抑圧されることに必ずなる。そういう管理のパターンというものはさけたい。今だってもうできちゃっていますけれども、今より更に10倍も増えるということを、今すぐにでもくい止めなければならない。そういう意味で、これからの10年、20年、せいぜい長くて50年、その間、少し楽をするために、毒物を作り出してしまうということだけは、我々は避けようではないか、そういうふうに僕は思っているわけです。

＊1――日航機の逆噴射事件

1982年2月9日、日本航空福岡発東京行350便が羽田空港沖に墜落した事故。心身症の症状である幻聴などの影響を受け、機体を墜落させるような操作を行った結果としての墜落である。

＊2――緑の党

1970年代から世界各国で台頭してきた、市民運動を中心とする政治勢力。世界各地にある緑の党をモデルとして、日本では「緑の党 グリーンズジャパン」が2012年7月に結成されている。緑の党の国際組織であるグローバルグリーンズに加盟しており、中沢新一氏らによる運動団体の「グリーンアクティブ」とも協力関係にある。

チェルノブイリ原発事故と東海

この講演は、チェルノブイリ原発事故直後の1986年5月14日に行われた。

「大事故は『杞憂』でなく起こる。放出された放射能はとてつもない影響を人と社会、環境に与える。この訴訟を提起したこと、訴状の中で述べたことは正しかったのだと、はっきりと確信を持つことができました。チェルノブイリ事故の後で、日本では伊方原発の出力調整試験反対の運動がおこりました。子を持つお母さんたちが運動に参加するようになり、反原発運動はやっと市民権を持つことができたという実感も持つことができました。」と、相沢一正氏は、孤立した闘いから一筋の光明を見出した想いを語っている。

だが、東海第2原発訴訟第1審（水戸地裁）は1985年6月25日原告敗訴の判決を下し、2001年控訴審、2004年最高裁においても不当な棄却決定を行った。

73年の提訴以来一貫してこの裁判に取り組み、設置許可取り消しを求める住民に寄り添い励まし続けてきた水戸巌は、この年の12月31日、2人のご子息と共に厳寒の剱岳・大窓付近で消息を絶った。53歳の若すぎる生涯であった。

亡くなられた長男・共生くん（京大大学院）と次男・徹くん（阪大）は、共に物理学を専攻し、そして反原発の活動に果敢に取り組んでいた学生であった。

今回、会場はいっぱいで入れなくなるんではないかと思って来ました。つまり、水戸の住民にとってはソ連の原発事故はそれほどの事故であるわけです。

チェルノブイリからは多分20キロぐらい離れている町の、総計5万人の人が2、3日のうちに全部退避させられた。東海村から20キロ圏内ですと、60万人が住んでいます（東海第2原発設置時、現在は70万人を超える）が、その60万人がどうやって2、3日のうちに退避できますか。ですから、今、水戸市は騒乱状態になっていて、東海原発は直ちに止めろという大規模な運動が起こっているのではないかと思ったのですが。水戸市でもし選挙があるとするならば、争点は東海村の原発を撤去させるかどうかでなければなりません。自民党の奥さんも子供も一様に死の灰にやられるんですから、水戸市民ならばですね。あれだけの事故が起きたら東海原発はとり除けというのが当然の反応だと思うんです。

●——マスコミの報道

さて、話の順序として一番目に29日以後の報道の問題点、つぎにチェルノブイリで何が起こったか、最後に東海原発裁判とのかかわりについて話を進めて行きたいと思います。

29日からの報道をみますと、2000人死んだ、いや1万人死んでごろごろ死者が増えているというような話がありましたが、すぐに2000人死ぬということは原発事故ではまずあり得ない。修学旅行で原発の中をうろうろしていたらそれは死ぬかも知れない。しかし原発の建物にはせいぜい100人か200人位でしょう。だからその人達が全部死んだとして200人位でしょうね。それから放射能によって即死するということはまずないですね。また、連鎖反応を起こして容器がメチャメチャになっちゃうということもまずない。事故が起こることによって物理的には即時に何人かの人は死ぬかもしれないが、原発事故の恐しさというのは、原発従業員も含めてこれからなんです。これから数千人、あるいは1万人を超えるかも知れない人々が放射能によって死んでいくんです。

これは今回の事故の規模からいってほぼ間違いないですね。ところが2週間以上たつとそろそろ忘れかけている。『週刊新潮』というのはおっちょこちょいですから、ソ連はこんなにひどいとさんざん書きたてる。ところが『週刊文春』には何も書いていない。多分、雑誌の『文藝春秋』も沈黙を守りますね。つまり、ちょっと先が見えるやつは必ずこれは日本にはね返る。ソ連のことだといって大騒ぎしていると日本がやられる。住民が日本の原発を止めろといってくるということで沈黙を守る。で、おっちょこちょいのマスコミはジャンジャン書きたてて、あとはすっと消える。こういうことでは本当の原発事故の恐しさはわからない。

それから、国際原子力機関が動き出していますが、仏、米を含めて、[*]**チェルノブイリ原発の被害を隠蔽**していくことに総力をあげて協力するだろうということです。実はたいしたことはなかったんだという報道が必ず行なわれるだろう。炉心熔融は実際にはどうかなっていう話まで出てくると思うんです。新聞報道というのは起こった時はソ連だということもあって、ウワーッと騒ぎ出す。そしていやまてよ、これじゃ日本の原子炉が止まることになってこれはまずい、ということで鎮静化をはかる。まあ、意図的なこともあるし、新聞記者があまりよくわからないということもあると思いますが、今日の『東京タイムス』には原発封鎖は数百年に及ぶと書いてある。これはこの通りですね、数百年たったってダメかも知れない。放射能除去にはなお数カ月を要するとある。これはとても数カ月なんてもんじゃないですね。それから、溶けた炉心が地球の中にもぐり込んで中国までいってしまう、そういうことが始まる寸前だといっている。それが炉心熔融だと思って書いているんですね。このチャイナアクシデントというのは一種のブラックジョークで、原発の恐ろしさのシンボルにはなっても、現実の問題として主張している人はいないわけです。これは悪意があって書いているのではなくて善意なのでしょうが、正しくはありません。私が取材された『東京新聞』では、東海第2原発で事故が起こった場合の災害評価の問題で水戸周辺の早期障害者数1万9000人を1900人と書いている（死者は1800人ですが）。これは悪意ではなくて多分ミスプリなのでしょう。この記事を見た人が大変な驚きを示しているわけです。1900人という1桁違いの誤報でも大変だと感じるわけだし、事実大変なことなのですが、正確にはひとつ0を加えて話はしていただきたいと思います。

つまり、数字というのは1000を超すと、1900人でもすごいと思うし、1万9000人でもすごいし、19万人でもすごいと思う。人間の頭というのは区別の判断を受けつけなくなってしまうんですね。だから、その感覚的な受け止めだけではだめで、今度は逆に、いやたいしたことない、やむを得ないことなのだ、10年もすればすむよという宣伝がきいてくると、そう思い込んでしまう。だから、やっぱり感覚的だけではなくて正確に押さえていく必要があるんです。それから、反対派の側の資料にもちょっとまずいのがありまして、チェルノブイリ原発事故の放出放射能はスリーマイル島原発の20万倍だなんてことを書いているチラシがある。そうするとスリーマイル島事故はたいしたことない事故だということになっちゃうんですね。そんなことは絶対にないわけで、あの時も48兆1000億ベクレルも放出されたんです。今度のは多くてもその100倍ぐらい、つまり3700京ベクレル前後だろうと私は考えています。もし20万倍とすると、実際には炉内にできる放射能の100倍以上にもなってしまって理屈に合わないわけです。やはり、私たちの宣伝は正確でなければならないと思います。

●――チェルノブイリで何が起きたか

次にチェルノブイリで何が起こったかということですが、ほとんどの報道機関が炉心熔融、メルトダウンが起こったと言っています。私もそう思いますが、動かない証拠は日本に降ってくる死の灰の核種です。新聞や科技庁の発表では、何故かヨウ素のことしか言わないのですね。確かにこれは甲状腺にたまって障害を起こしますし、発育期の幼児は普通人の10倍以上もの影響を受けますから大騒ぎになるのは当然なのですが、実はその他にセシウム、ルテニウム、テルル、モリブデンというような核種がぞろぞろ出て来ているんです。私の大学の屋上で採っているチリの中にそういうものが入っているんです。普通の事故では絶対に出てきません。スリーマイル島原発事故では、これらの核種は出てこなかったと思います。実際、アメリカでも測定されたとはいわれておりません。これらは炉心が非常に高温に達しないと大気中に上昇してこないのです。

ラスムッセン報告という事故解析の報告——事故確率については評判が悪い——がありますが、その中でルテニウムとかモリブデンなどという核種が比較的たくさん出るのは最大級の事故で、それより程度の落ちる事故では出て来ない、ということを分析しています。BWR1という最大級の事故では炉心の死の灰の半分が出るとされている。その次のクラスは3％しかでない。ついで2％。多分、3％規模ですと私の大学の屋上の装置ではそれらの核種は検出されないでしょう。ですからチェルノブイリ原発事故は最大級の事故だったということですね。

最大級の事故でどの位死の灰が出るかといいますと、ほぼ3700京ベクレル。スリーマイル島原発事故では48兆1000億ベクレルですから約100倍ですね。

●——放射能の完全犯罪

3700京ベクレルの死の灰が出ると、どれだけの被害がでるか。原子炉立地点から北西約10kmのプリピャチ（Припять）という町、南東約10kmのチェルノブイリの町はいずれも人口2万5000人位。まあ、東海村と考えればいい。それから南々東130km離れた所がキエフで、人口250万の都市です。

この、10キロ地点の5万人位が事故の翌日、1000台のバスで避難した。そして5月12日の新聞によれば30kmまでが無人地帯になっている。ソ連は広大な土地で街は点々としかないですから30km四方を全部無人にすることはさほど困難ではないでしょうが、20km四方で70万人という当地では、そうはいきませんね。

事故の翌日に退避できたとしても、致死量に近い放射能をすでに吸入してしまっている。原子炉の内で働いている人や原子炉のごく近傍にいる人は直接に致死量の放射能を外から浴びることが多いんですが、この位離れた所ですと、外部から浴びるよりも大気中にひろがった放射能雲が地上に落ちてきてそれを吸い込むことで被曝するわけです。体の中にセシウムだとかストロンチウムだとかヨウ素を吸い込んでしまうと、これはなかなかどいてくれません。ストロンチウム90というのはカルシウムによく似ていますから、体の方では一生懸命とり込むし、ヨウ素131も子供の成長にとってとても大切ですからとり込んでいく、そしてそれが絶えず放射線を出し続ける。これを内部被曝といって、これの方が10倍も恐しい。ですから一生懸命逃げた、100km先、1000km先まで逃げたとしても、1日でも呼吸しちゃっていれば放射能は体の中にとり込まれてしまうし、いったん入った放射能はそれから30年位出て来ない。その間ずーっと、体内は放射線を浴び続けるわけです。まあ早い人は1カ月位でいろいろな症状が出て来る。遅い人は30年位でガンになる。30年もたってしまうと、そのガンがあの時の事故の影響かそれとも最近飲み過ぎたせいなのかわからなくなってしまう。これは完全犯罪ですね。放射能の完全犯罪です。

●——早期死者は数千人、居住不適地は2万km²

今度の場合、250ミリシーベルト以上浴びる人の範囲は50kmに及んだし、退避させられた人も、1日たったあとだから肝心な吸い込みは終っちゃったと考えられます。ソ連の学者もそういう事を知らないわけではないと思うんですが非常に甘くみている。

これからガンなどの症状がどんどん出てくるでしょう。それは隠そうと思えば隠せるし、そういうことになればドイツ、アメリカといえども、原子力推進ということでは仲間ですから黙っていてくれるかも知れない。従ってこれから出てくる被害というものはなかなかわからないんじゃないかと思います。

今度の場合、早期障害者、早期の死者は、10km圏内から退避した5万人位のうち数千人位と思います。甘いといわれるかも知れませんが私はその程度の数ではないかと見ています。もっと潜在的な障害、髪がぬけてきたとか白血球が増えたとか、そういう目に見える障害ではなくて、じわじわと30年、40年と犯され続けていく人の数は相当数にのぼるだろうと思います。しかしそれは結局、闇から闇へ葬られてしまうのではないかという感じが私にはするのです。

農業に対する打撃、これは相当なものですね。人的被害っていうのは気象条件その他に左右されますし人口密度に勿論左右されますが、農業ができるかできないか、人間が住める土地かそうでないか、というのはそれらの条件には全く無関係です。

今度の場合居住不適地は2万km²程度に達するでしょう。それ位の面積が300年位もの間、人間が住めない土地になる、これは主にストロンチウム90によるものです。人体がそれをものすごく濃縮しますが、植物もせっせと濃縮します。

ですから地面にそれがほんの少しあっても人体にまでやってきます。本来は農業も禁止すべき地域になりますね。今度の事故で、まあそれぐらいの土地が奪われるということです。

ソ連は広大な面積があるから、あるいはたいした影響を受けないかも知れませんが、日本ではそうはいきませんね。もし東海2号炉でこういうことが起こったらどうなるか……。ことはむしろ、ソ連ではなくて日本の問題ではないかというのが私の思いです。

●──格納容器の神話

ところが、そういうことを思う前に、今、原子力推進派の人たちがさかんに言っていることは、あの原子炉にはECCSがなかったとか、これはすぐに否定されましたが、そういうデマも一時流れた。つぎにあれには格納容器がない、日本のには格納容器があるから大丈夫なんだと、そういっている。

この格納容器については、ラスムッセンの解析によると炉心熔融が起きたら、99・999…%、つまり100%それは役に立たないといっているんです。ラスムッセン報告は炉心熔融に至る経過として74通りをあげています。たとえば停電が起き、非常用の電源も入らなかったという場合、これは西ドイツの原発でもありましたし相対的に確率の高い現象ですね。あるいは電源は入ったんだけれどECCSが働かなかったと、そういういろんな組み合せを考えて、炉心熔融にまで至る経過を74通りにまとめた。その74の1つの例外もなく、炉心熔融が起こった時には格納容器は30時間、つまり1日半位の間に爆発を起こしてふっ飛ばされるか、炉内にたまった水蒸気によって圧力も高くなりビシビシとへし折れてしまって放射能がふき出してしまう、ということなんですね。これはNRCが過小評価だからだめだといった、ラスムッセン報告で言っていることなんです。だから、もし格納容器が大丈夫だというなら、ラスムッセン報告について反証をあげなくちゃいけないですね。それをしないで、格納容器があるから大丈夫という推進側の宣伝は全くのデマゴギーに過ぎない。要するに格納容器はあってもだめだということです。

●――人為ミス説の無理

つぎに出てくるのが人為ミス説です。これはたとえば、アメリカに較べて日本の故障はすごく少ないといっていますが、信用できませんね。73年に美浜1号炉燃料棒折損事故というのがありました。4年後に暴露されたんですが、時効にかかってほとんど処罰なし。今朝、原子力年鑑を出して調べたんですがこの事故のことは出ていないんですね。これは何故かというと、年鑑に載っている事故というのは、法律にもとづいて届け出されたものだけなんです。美浜の事故は法律にもとづいて届け出されていないから年鑑にはいくらみてもないんです。だから、原子力年鑑をみて、日本の原子炉事故はこれだけかと思ったら大間違いです。何故、あんな重大な事故を載せなかったのか。日本の官僚は杓子定規ですから、この1件を載せると、原子力事業者がひた隠しに隠している事故を全部載せなくちゃならない、そこでつじつま合せに、この事故を載せなかった。どうでしょうこの解釈は。本当に不思議な国ですね、日本は。日本の事故はアメリカの20分の1だというのは、ひょっとするとそうなのかも知れません。その言葉を文字通り信用して、日本の企業は本当にまじめにやっているのかも知れません。しかし、いつまで続きますか。僕はそんなことを聞くと思いだすんです。戦争に負けた時、僕は12歳の少年でした。日本は物量はすごく少ない、しかし大和魂があり、いざとなると神風が吹くんだ、だから日本が負けることは絶対ない、そう本当に信じていましたね。零戦というすごい飛行機、日本の技術の粋を尽して作ったものだと、それをまたぞろ聞いているような気がするんですね。

原子炉についても日本は特別なんだ、ものすごく頑張っているんだと。日本人は優秀で技術も優れていると、聞かされれば聞かされる程危ないという感じがします。もう、ぎりぎりの所でやっている。もうちょっと気軽にやって欲しいですよ。

原子力っていうのは爆弾として最もふさわしいんです。一気に爆発させるのにこんないいものはない。しかしチョロチョロ燃やして電気にして使うには、何もこんな大変なものを使う必要はないんです。ウラン235とかプルトニウム239とかは兵器として強大な威力を持つものであって、日常的な平和的な生活には決してふさわしいものではない。そういうものを無理に制御しようとするから事故が起こる。

アメリカでは1年間に日本の20倍の事故を起こしているというが、何か危いと止めちゃう、しょっちゅう止めてるからなんですね。日本はそれをしないで頑張っているというわけです。だから日本では原子炉の緊急停止は1年に0・2回しかない。そんなことではなく、1年に何回も止めるぐらい余裕をもってやって欲しいですね。

人為ミスがアメリカやソ連で起こるんでしたら、日本でも起こる。日本は優れているから起こさないんだという言い方はやめて、もう少しリラックスしてやって欲しいという気がします。

●――黒鉛炉は危険というが…

つぎに出てくるのは黒鉛炉だから悪いという説です。水素爆発が起こったということは炉心熔融が部分的に始まったということですが、そんな所にいかないで、最初ちょっとした爆発が起こって、それによって黒鉛を遮蔽していた壁が破れて、酸素が供給されて黒鉛が燃え出したと。その火災によっていろんなケーブルなんかが切れちゃって、そうして第2の本格的な炉心熔融が始まったという説です。つまり黒鉛だから悪いんだという話になるんですね。

イギリスのウインズケールの原子炉は黒鉛を使っていますし、東海の1号炉も黒鉛です。黒鉛は危いって強調すると、じゃあ東海1号炉はっていう話になるからあまりそれも言えない。で、何故黒鉛を使ったかというと、ウインズケールの事故の前は、黒鉛が一番安全だと考えられていたんです。日本でも全部黒鉛にしようとしていたんですがウインズケールの事故でもって、それをやめてアメリカの軽水炉に切り替えたんです。そういうわけで黒鉛炉が危いというのはずい分前からわかっていた。

わかっていながら、やはり有利な点があるということでソ連では開発を続け三重、四重の安全装置を作った。日本の原子炉の安全装置が三重、四重というならソ連の原子炉もそうしているのに違いないんです。それだけ一生懸命やったんだと思いますね。

●――原子炉の潜在的危険性

でも事故が起こってしまった。潜在的な危険性を持っていればどっかで出ちゃう。どんな原子炉でも原子炉そのものが危険きわまりない。というのは、原子炉には死の灰が広島原爆の１０００発分――これはいろんな言い方があって、１００発分というのもある。それはそれで正しいんです。放射能の総量、ベクレル数ではかるとそういえる、もっとも１００発分はないかも知れないが。しかし、人間にとって一番害毒のあるセシウム１３７とかストロンチウム90とかに焦点を当てればやっぱり１０００発分入っているんです。人間にとって害が多いというのは半減期が長いものです。そういうものが１０００発分たまっちゃうんです。それだけのものがただあるだけでも危険なのに、２５００度もの熱を持っている。水の循環が悪くなったりストップすればあっという間に出力が10倍にも増大してしまう、ちょっと狂い出したら止まらない。そんな危険なことをしているんですから事故が起こらない方がまぐれなんです。ですから原子炉は根本的に危いということです。

これに対して、99・９９９％、つまり9が6つ並ぶ程安全だ、いいかえれば事故の確率は１００万分の１だということ、１００万炉年に1回だということがいわれている。これは1炉だけだったら１００万年に１回だということですが、このラスムッセンの事故確率論は過小評価だとして、ＮＲＣが取り消したんです。

●——50年間に10％の確率でスリーマイル原発級の事故、3％の確率でチェルノブイリ原発級の事故

現実にもその評価はのり超えられて、２０００炉年に1回です。つまり世界中に原子炉は今３６０基あります。概算で４００基とすると、5年で延べ２０００基。２０００炉年に1回というのは5年に1回の割で起こるということになり、現実にもそうなったんですね。チェルノブイリは。

スリーマイル島事故はどの位で起こったかといいますと、ＮＲＣは５００炉年から１０００炉年に1回といっています。５００炉年に1回というのは、1基が50年間（原子炉の寿命）運転している間に10％の確率で起きますということです。

チェルノブイリはどれだけかというと、２０００炉年に1回ということは、1基が50年間運転している間に3％の確率で事故が起こるということです。3％って小さいですか。普通だったら小さいですね。明日の降水確率3％っていうとまあ洗濯物干して行くでしょうね。10％っていうと干さないで行った方がいいかも知れない。

ところが、東海村の原子炉は10％の確率で事故を起こしますよって、アメリカのＮＲＣがいってるのですよ。アメリカの原発反対派の人達は10％なんてそんなインチキ言うな、もっとだって言っている。

私も東海原発裁判の証言で10％ないし20％と言ったのですがまあ無視されました。10％か20％でスリーマイル島原発のような事故が起きているんですよ。起きるんですよ。そんな危険物の存在に黙っていられますか。チェルノブイリの事故は３％の確率で起きるんです。水戸の20万の人がその日のうちにどこかへ引越さなくちゃいけない、１００年間にわたって水戸には住むことができない、そんな事態になる。関東地域の全農業地帯が放射能でおかされるかも知れない、それが３％の確率で起こるというんですよ。そんなものを許容できますか。僕はできませんね。

●——3％の確率は社会的に許容できない

ところが、東海原発裁判の一審判決で裁判官は社会的に無視できると言っているんです。スリーマイル島原発事故のような事故の確率は、極めて権威ある分析によって、10％ないし20％だということを言ったにもかかわらず、裁判官は社会的に無視できるからいいというふうに判決を下しているんですね。東京にいる裁判官は無視できるかも知れませんが、水戸にいる市民は無視できないですよ。20％という確率は、起きるか起きないかと仮定をすると起きないかも知れない。

しかし危険性は確率だけでは決まらない。確率とそれによって何がもたらされるかということを掛け算して考えるんですね。そうすれば、３％の確率というのはものすごいですよ。巨大なものですね。とても社会的に無視できるものではない。これは皆さん自分の問題として考えたら、とてもそんなリスクを犯すことはできないと僕は思います。

●——東海で事故が起きたら……

で、ちょっと先廻りしたんですが、日本でこのような事故が起きたらどうなるか。東海2号炉の場合の僕の計算をいいますと、外部被曝、内部被曝あわせて6シーベルトの放射線を浴びると100％死にますが、それだけの量を浴びる人はだいたい5キロ範囲の人、東海村にいる人ですね。少なくとも風下にいる人はその日のうちに逃げ出すとしても死はまぬがれない。原子炉のごく近傍の人は、外部からの放射能だけで致死量の2シーベルト以上を浴びてしまうから、1週間以内に死亡する。

20㎞範囲の人は平均1シーベルト浴びる。1シーベルトというと何％かは死にます。何％というのは8％とか10％というオーダーです。もちろん放射線の影響は人によって違います。小さい子供は一番弱いし、病人も弱い。ですから、あくまで確率でしか言えませんが、東海2号炉から水戸のはずれまでに住んでいる人口の8％とか10％とかが死ぬということです。

それから250ミリシーベルト浴びるのは50㎞、つまり土浦地域までです。250ミリシーベルトというのは広島の被爆者が被爆者手帳をもらう線量ですが、この量だと必ず何かが起こる。体の具合が悪くなると考えられます。

以上は、極めて平均的な気象条件、たとえば風速3ｍというのはこの辺では普通です。気象のタイプも快晴というのでもなくどんよりでもない普通のタイプを想定しました。つまりどんよりと曇っていて、風速がないという気象条件ですと、今述べた評価の10倍になります。

気象条件ひとつで、もっとひどいことはいくらでも起こるんです。たとえば雨がザーと降るとすると、わずか1時間でほとんどの死の灰が地面に着きます。そうすると地面からの強烈な放射能による外部照射が起こります。この場合、最悪の事態としては勝田と水戸を合わせて6万人近い人が死亡するということも起こる。これは事故の10時間後には皆退避していると想定してです。もっとのんびり、退避が24時間かかったと仮定したら、もっと多くの人が死亡します。

こんな大量の死者がでるのは、ひとつに東海2号炉が水戸とか勝田とか人口密集地帯にあるからです。風向が日立の方だったらどうかというと、これも計算したのですが、雨が降った場合には15万人位の人が死にます。

これに較べたらチェルノブイリでは、20キロ範囲だけを考えてみると人口は10分の1以下です。ですから、退避もより容易に行なわれ、実際に放射能を浴びた人も少数で済んだでしょうが、日本ではそうはいかないというのが私の考えです。

●──原発事故は大地震より深刻

どんなことからいっても原発の起こす災害というのは関東大震災などに比べてもはるかに深刻です。建物の一時的破壊ということでは大地震の方が大きいかも知れない。しかし、そこに100年も住めなくなってしまう。あるいは農業ができなくなってしまう。というようなことを考えると原発による災害の方がよっぽど大きい。そういう災厄をもたらす張本人がそこにいる。人間が止めようと思えば止まるんです。大地震はどうしようもないですが、原発は人間の意志で、政治の力によって止めることができるんです。水戸市民が、選挙を通じてでもいいし、署名をもってでもいいです、止めてくれっていえば止めなくちゃいけないものだと僕は思うんです。

●──水戸地裁判決は取り消すべし

東海原発裁判の話を最後にしますと、この判決は本当に奇妙です。よく読むと原子炉は危険であると書いてあるんです。

絶対事故が起きないなんてことはあり得ない、人間が作ったものである以上必ず起こる。しかし、専門家がその確率は十分に小さくて無視できるといっているから無視できる。これが判決です。原告の主張は大変もっともだが、国の専門家の言うことをくつがえす程、まだ説得力がないんだから、それはおいておきましょう。そういうことを個々の問題について次々とやった上で、事故の確率は社会的に無視できるというわけです。

あの裁判長は、チェルノブイリの事故が起こった今、何を考えていますかね。少なくとも社会的に無視できるといったことは取り消すべきですね。社会的に無視できないことが現実に証明されたんですから。

●——安全審査は全部やり直せ

東海2号炉の安全審査では、仮想事故の場合の放出放射能量は2京5900兆ベクレルと評価された。仮想事故というのは、彼らの定義によれば技術的見地から見て考えられない事故のことです。それで2京5900兆ベクレルだというんです。そして地域住民への影響はちょっとだと。しかもちょっとの被害も、技術的には起こりえない事故を無理に想定した結果なのだから心配しなくていいんだと、こういう安全評価だったんですね。

ところがどうですか、3700京ベクレル出ちゃったんです。技術的に起こりえない事故で2京5900兆ベクレルといっていて、現実には3700京ベクレル出ちゃったことを何と説明するんですか。炉内にはだいたい1万4800京ベクレルあり、そのうち半分ぐらい出ても不思議でない、事故というものはそういうものなんだと僕たちは言ってきたわけです。

技術的に見て起きちゃったんですから、安全審査は全部やり直すべきですよ。

●——スリーマイル島事故でも犠牲者

最後にもとに戻りますが放射能の被害というのは、早期死、早期障害というのは誰がみてもわかりますし、マスコミも追及するし、隠そうと思っても隠しおおせることはできないだろうと思いますが、問題はその後の長期にわたるガン死ですね。結局それは押し隠されてしまうのではないか。

スリーマイル島の事故も決して被害を出していないわけではないんです。あの事故の直後にあの近辺で新生児（1年未満の幼児）の死亡率が50％上昇した。約５００人の新生児が普段より余計に死んでいるんです。これは有意な値です。まさにスリーマイル島事故の犠牲者が存在したんです。しかし、それを事故の際の放射能が原因だとは証明できない。だからといって、死傷者なしと評価していいのかと僕は言いたい。それから現在でも、あの近辺の婦人グループが1軒1軒訪ねて、ガンの発生率を調べていますが、１３０軒ほど調査した結果、ガン発生率は6倍だっていうんですね。これは大変なことです。だけれども統計学で処理すれば、なんだたかだか１３０軒か、有意じゃないって否定されてしまうんです。

アメリカは事故の状況を公開して、おおらかでいいなって感じがします。それは一面です。もうひとつの面は新生児死亡率50％上昇、ガン発生率6倍、という事実については一切報道しない。そういう領域はタブーにしている。事故の際はワァーッと騒ぎ、しかしその後ずーっと続く災害については目をつぶってしまう。そういうことがあるんですね。細々と続く地道な市民運動をしてしかそういう事実は伝わってこない。

●――東海2号炉を止めることが必要

スリーマイル島事故の犠牲者はすでに出たし、現在も出ている。それが闇から闇に葬り去られているというのが真実です。

チェルノブイリの場合もガン死者1万人という予測もありますし、もっと多いかも知れない。しかしそういう人達はわからないままに葬り去られてしまうというふうに思うんです。つまり、晩発性の障害に関しては完全犯罪だということです。原発事故は2万人でも3万人でも完全犯罪で殺せるんです。

東海2号の事故で一番ひかえ目な計算でも東京都民のガン死者は８０００人です。30年で８０００人。こんな数字は無視されてしまいます。よくわかりませんが、東京の１０００万人の中で、1年間にガンで死ぬ人は何千人かいるでしょう。その中で２００人やそこら増えてもわからない。わからなくても、事実としては原発事故によるガン死です。でもそれは誰にもわからない。

わからないというだけで無視されてしまう。ですから原発事故は、どんなに小さくとも起こしちゃいけないんです。

スリーマイル島原発のような事故の起こる確率は10～20％です。東海2号炉のそれも10～20％。チェルノブイリのような事故の起こる確率は３％です。これは絶対無視できるような数字ではありません。私は水戸市民が本当に自分達の将来、子孫の将来を考えるならば、あらゆる手段をつくして、東海2号炉は止めさせる必要があると考えます。どうも時間が長くなってしまいました。

＊——**チェルノブイリ原発の被害を隠蔽**

国際原子力機関（ＩＡＥＡ）はチェルノブイリの原発事故で死亡した人は運転員と事故処理に当たった消防士合わせて33人以外は認めていない。当時の原発事故の調査を行うＩＡＥＡの国際諮問委員会の委員長は重松逸造。「汚染地帯の住民には放射能による健康影響は認められない」との結論を下した。

あとがき

——後藤政志

●——水戸巌さんについて

残念ながら、私は水戸巌さんにお会いしたことがない。

ただ、1986年冬、水戸さんが二人の息子さんと山で遭難されたという衝撃的な報道は、今でもはっきり記憶に残っている。原発に正面から反対する物理学者として活躍されていたことは、雑誌「技術と人間」の論文などを通して知っていたが、私にとっては伝説的な雲の上の存在であった。

それが、2013年の夏、芝浦工業大学OBの方を経由して、水戸さんのおつれあい、喜世子さんと本書編集委員会の皆様にお会いする機会があり、本書のあとがき執筆の依頼を受けた。10年ほど前に、現代技術史研究会の先輩であり元日揮の技術者であった故飯島孝さんと元日立の技術者だった猪平進さんから引きつぐ形で、芝浦工業大学で科学技術史の講義を始め、その後も非常勤講師を務めていることから、うかつにも気軽な気持ちでお引き受けしてしまった。

私は1989年から原発の設計に携わり、3・11以前はペンネームで原発の技術的な問題についてつたない文章を書いていたが、3・11以降は実名で福島原発事故について発言を始めただけである。しかも直接水戸さんを存じ上げない私のような者が、本書のあとがきを書くなどということはあまりにも無謀であると思い、一時は本気でお断りすることも考えた。

しかし、福島原発事故から2年半以上経った現在も、熔融した炉心がどこにあるかも分からず、原子炉格納容器の損傷箇所も分かっていない。建屋のトレンチや汚染水タンクから次々と漏洩が見つかり、汚染の拡大が懸念されている。日々400トンもの地下水が建屋に流入して汚染水を増やしており、多核種を除去する汚染水の処理施設はトラブルによって長期に停止したままだった。汚染水の処理と貯蔵方法の見通しはまだ立っていない。水素爆発で損傷した4号機の使用済燃料プールから、1年以上かけて燃料を取り出し、共用プールに移す作業を始めようとしているが、損傷した燃料が大量にある1号機や水素爆発で壊滅した3号機など、危険で困難な作業が続くと予想される。また、原発再稼働へ向けた動きや原発輸出へのきな臭い動きがあり、さらに民主主義の根幹を破壊する特定秘密保護法案の審議など抜き差しならない日本の状況がある。

このような中、40年以上も前から科学者として脱原発に向けて敢然と戦いを挑んでこられた水戸さんの意思を世に出そうとされている喜世子さんの思いを共有させていただきたいとの一念で、この原稿をお引き受けすることにした。

以下、3・11以降の福島原発事故について発言をしてきた元原発技術者の立場から、水戸さんが残されたことばを紹介・確認してゆく。そして、水戸さんのことばは、現在も全く色あせていないばかりか、増々重要な意味を持っていることを原発の技術的な視点から示したい。

●――スリーマイル島原発事故の水位計問題は福島原発事故につながっていた

本書に収められている内容は、核物理から原発の仕組み、地震と設計基準地震動の設定、使用済み燃料の処分、核燃サイクル、放射性物質の拡散と放射線被曝、被曝労働など多岐にわたる。大半の議論はまさに今も十分通用する論考だと思う。

特に、スリーマイル島原発事故とチェルノブイリ原発事故の経緯や日本の原発事故の危険性に関する記述は、あたかも福島原発事故を予見していたかのようである。軽水炉の安全性に対する的確な指摘は圧巻で、例えば、「原発はいらない　2スリーマイル島事故の教えるもの」の中で、「運転員が操作ミスで緊急炉心冷却装置を止めたため事故が拡大した」とされている件を鋭く批判している。「緊急炉心冷却装置を止めたのは、人為的なミスではない。炉心と加圧器とはつながっており、加圧器の上まで水が来ているので、炉心は水で一杯だと判断したのは当然だ。つまり、水位計が誤表示をして炉心が満水になっていると判断したためだ」と書いている。これは、福島原発事故とそっくりな様相である。

福島原発では地震を起因として、津波の影響もあり、非常用発電機の停止などにより原子炉の冷却ができなくなったが、3月11日夜から数日の間に1号機～3号機までのすべての原子炉で炉心熔融すなわちメルトダウンが起きてしまったと推察されている。東京電力はメルトダウンした事実をなかなか認めず、それを正式に認めたのは5月始めになってからである。様々な状況から見るとメルトダウンしていると断定せざるを得ない状況でも、東京電力がそれを強く否定し続けたのは、原子炉の水位計の誤表示に2カ月間も気がつかなかったからである。

スリーマイル島原発事故の水位計の欠陥問題は、福島原発事故で形を変えて明るみになった。水戸さんは、軽水炉が炉心熔融を起こした場合、水位計の欠陥は致命的であることを30年以上前に見抜いていたのである。

●——福島事故で起きた水素爆発は予測できた

水戸さんは、1979年6月16日の講演、「原発はいらない　原発事故の特徴」の項（68ページ）中で、スリーマイル島原発事故の炉心熔融後の状態を解説している。燃料棒の鞘に使われているジルコニウムという金属が高温となり、水と反応すると水素が発生する過程を丁寧に説明し、スリーマイル島の事故も水素が大量に発生して、水素爆発を起こすことが非常に危惧されたことを強く主張しているのだ。

福島事故では、沸騰水型の原子炉格納容器の中に窒素を充填して、格納容器内における水素爆発を防いであったのだが、1号機、3号機、4号機の原子炉建屋の上部が吹き飛んだ。格納容器の圧力・温度が設計条件よりも大幅に上がってしまい、格納容器のフランジや電気配線貫通部から放射性物質や水素が漏れた可能性が高い。1号機においては、隔離時復水器の配管が格納容器外部で配管破断し、そこから水素が漏れた可能性も指摘されている。さらに、3号機の格納容器から放射性物質を含むガスや水蒸気をベント（排気）した時に、共用のため接続されている4号機のベントライン配管から逆流して、4号機の原子炉建屋も水素爆発を起こしたのではないかと指摘されている。

現在、新規制基準の適合性審査が進められているが、スリーマイル島原発事故と福島原発事故で明らかになった水素爆発に対する抜本的な対策がなされていない。加圧水型の原子炉格納容器は、水素の処理装置を付けているものの、沸騰水型のような窒素ガスの封入による信頼性の高い水素爆発対策はしていないので、機器の故障や誤作動から格納容器内の大規模な爆発を防ぐ構造にはなっていない。

水戸さんは、大規模な爆発を免れたスリーマイル島原発事故の分析から、福島原発事故で水素爆発が起きることを見抜いていたかのように、原発事故と水素爆発の密接な関係性を指摘していた。

●——炉心熔融事故につきものの水蒸気爆発の危険性

本書の「チェルノブイリで一体何が起こったのか『日本の軽水炉は安全』というまやかし」（129ページ）の中に、水蒸気爆発発生の危険性に対する次のような記述がある。

チェルノブイリ原発は、黒鉛炉であり燃料が分散されていて、熔けた燃料と水が反応して水蒸気爆発を引き起こすという可能性は非常に少ない。ところが、実際にはチェルノブイリ原発事故では、炉心が壊滅的に損傷して宙吊りになり、一生懸命水を抜いていることから推測すると、黒鉛も含めて高温になった燃料総体が、地下にあるプール水の上に落っこちて水蒸気爆発が起きることを非常に心配していたことを指摘している（傍点筆者）。

一般に、高温の熔融物が1000℃あるいはそれ以上の温度差がある液体（ここでは水）と接触すると、激しい爆発を起こすことがある。その代表的な現象が、火山の溶岩と水が接触した時に起こる水の急激な蒸発による水蒸気爆発である。

福島原発は、沸騰水型のマークI型という原子炉格納容器であることから、原子炉直下の格納容器下部に圧力抑制プールがなかったために、大規模な爆発を免れたのではないかと推察できる。仮に格納容器の型式が柏崎刈羽原発や福島第二原発等で採用されているマークⅡ型であったならば、圧力容器直下に圧力抑制プールがあるため、プールの水に熔融物が落ちて、大規模な水蒸気爆発を起こした可能性が高い。

現在、原子力規制委員会で行われている新規制基準の適合性審査で、電力会社は「水蒸気爆発は起こりにくい」などと、極めて危険な水蒸気爆発の発生に対して根拠のない楽観的な評価をしている。水戸さんが、チェルノブイリ原発事故では、熔けた炉心が原子炉の下部にあるプールの水と接触して水蒸気爆発が起きることを恐れ、水を抜いたことの重要性を指摘していたが、そのことを電力会社や原子力規制委員会の人たちはどう受け止めているのであろうか。

●──炉心熔融が起きればもはや制御できない

チェルノブイリ原発は、水蒸気を冷却して圧力を下げるための巨大な冷却プールを備えているが、水戸さんは、本書の「チェルノブイリで一体何が起こったのか　炉心熔融が起きれば格納容器は無力」（136ページ）の項において、このプールが前述の水蒸気爆発の原因になり得ると同時に、沸騰水型の格納容器と同様に、水蒸気を冷やして水に戻す機能を失うと圧力が上昇してしまい危険な状態になることを指摘している。これは福島で起こった格納容器の異常な圧力・温度の上昇と密接に関係していると推測される。

さらに「ラスムッセン報告」から、軽水炉で炉心熔融が起きれば、格納容器は必ず破壊されてしまうという設計上の問題点を挙げ、現在日本にある米国の設計による格納容器には炉心熔融に対する備えがないことを強調している。つまり非常用炉心冷却装置が働くことを前提に格納容器は設計されており、それが機能しないと格納容器は役に立たないという、格納容器の設計思想の根幹を語っている。

実は、ここに、福島事故で問題になった格納容器ベントの意味が示されている。２０１１年3月11日未明から原子炉の冷却ができなくなり、格納容器の圧力が設計圧の2倍近くまで上がってしまった。本来、電源喪失と配管破断等の冷却材喪失事故が起きても、いくつもある緊急炉心冷却系が働き炉心冷却ができれば、配管から出てくる大量の放射性物質を含んだ蒸気、ガス、水などを格納容器内に閉じ込め、格納容器の圧力・温度も設計想定以内に抑え込み、大規模な放射性物質の漏洩は防げるはずである。しかし、福島原発ではいとも簡単に、しかも稼働中の3基すべてがメルトダウンし、格納容器のベントをしようとしたがうまくいかず、大量の放射性物質が外部に流出してしまった。

数にものを言わせた政府・自民党の力を背景に、「炉心熔融が起こっても、準備をしておけば人海戦術で過酷事故を収束させることが可能である」との安全神話の再構築が、原子力ムラの人たちによって画策されている。しかし、どんなに多数派工作をしようとも、原発が非常に危険である事実は消えない。

私たちは、今こそ水戸さんの言葉をもう一度噛みしめて、原発に依存する社会から一刻も早く脱却する道へ進まねばならない。

●——科学者と技術者の社会的責任

私事になるが、私は大学に入った1970年代前半から、工学部で学ぶ学生として公害問題など科学技術と社会の問題に関心があった。当時は全共闘運動の影響が大きく、技術とはなにか、技術者として生きるとはどういうことか、技術者の社会的意味は、といったことを自問自答していた。私の生き方に決定的な影響を与えたのが、技術評論家・故星野芳郎編による『日本の技術者』(勁草書房刊)である。この本は、企業の技術者や大学の研究者、大学院生が徹底した議論を重ねて書いた本で、私が、悩みながらも技術者として生きることを決めたのは、この本によるところが大きい。執筆者はみな「現代技術史研究会」で活動しており、私も後にこの小さな研究会に入ることになる。

この頃から、原発については、放射性廃棄物の問題、被曝労働の問題や安全性の観点から、漠然とではあるが懐疑的であった。しかし、技術者としては、原発が何故危険なのか確信を持って人に言えるほどの自信はなかった。大学では船舶工学を専攻し、卒業後、民間企業で16〜17年ほど海洋構造物の設計をしたが、1989年に企業解散により失業したため、原発の技術者を募集していた㈱東芝に入った。東芝は、日立、三菱重工と並んで、代表的な原子力プラントメーカーである。

原子力プラントの設計や研究に携わっていた頃、会社での仕事と対極にある原子力に批判的な科学者や技術者の本を予断を排して読んだ。物理学者の水戸さんをはじめ、故高木仁三郎さんほか、地震学者の石橋克彦さん、元原子炉設計技術者で科学評論家の田中三彦さんの論文や評論から「どうみても原発の安全性は成立していない」、あるいは「原発の安全は原理的に成立するはずがない」との直観を得た。

そうした中で、原子力に対する評価をあえて抑えて、原子炉格納容器の設計に携わることにした。事故があった時、放射性物質の外部への放散を防ぐ原子炉格納容器がどのような設計になっているのか、どの程度の圧力・温度まで耐えられるのかを具体的に研究した。安全の最後の砦である格納容器が、どのような設計思想でできているのかを学ぶうちに、それまで漠然とした不安だったものが、原発の過酷事故は必然的に起こるもので、過酷事故を確実に回避することは原理的にできないとの確信に変わっていった。冷却系に多重故障が起きれば格納容器がもたなくなり、格納容器ベントをせざるを得なくなること、それは大量の放射性物質の放出を意味することを、技術者として遅まきながら確信した。

福島原発事故の半年前に、私は、柴田宏行や池田諭というペンネームで、原発の事故時には格納容器ベントをせざるを得なくなることを『21世紀の全技術』（藤原書店刊）という本に書いたが、残念ながら福島原発事故でそれが現実のものとなってしまった。私は、技術者として原子力の技術的な問題点に気が付きながらも、実名で声をあげることができなかった自分が悔しくまた情けなかった。3・11が起きて、「だれが何を言おうがそんなことは関係ない」「このまま黙っていては一生後悔する」との思いに突き動かされて、実名で福島原発事故の状況について発言を始めた。

原子力業界の原子力安全に関するデマゴギーは徹底していた。水戸さんや多くの原発に批判的な科学者や技術者の研究や論考を読む機会もなく、会社で普通に原子力の仕事をしていれば、私は原子力ムラの中で〝安全神話の虜〟になっていた可能性が高い。

本書にあるように、水戸さんは東海原発の訴訟に中心的に関わってこられたが、その中で、東海原発が過酷事故を起こせば、東京でも多くの死者を出す可能性があるとの警鐘を鳴らしていた。これは福島原発事故における「最悪のシナリオ」に酷似している。科学者や技術者が、その良心にしたがって、専門家として自分の知り得た事実を世の中に問う意味はまさにここにある。原子力業界は福島原発事故の情報の隠蔽とデータの改竄を繰り返し、住民の被曝を避けるための情報も隠してきた。今、国会で成立せんとしている特定秘密保護法は、原子力関連の情報を機密という名のベールで覆ってしまい、今後大規模な事故を起こす可能性をより高めることになる。かつて、水俣病の被害が拡大する中で、多くの御用学者が汚染物質の特定と水俣病の解明を妨害する行為を繰り返したが、真実を追求する少数の科学者・技術者と被害者に寄り添って病気の治療にあたった医師が事態の解決の糸口を見つけた。

水戸さんの生き方は、真実を隠蔽し、問題を矮小化しようとする似非科学者・似非技術者との戦いを通して社会的使命を達するべきことを示していると思う。

●――私たちが引き継ぐべきもの

私たちは、スリーマイル島原発、チェルノブイリ原発、福島原発と、「隕石に当たる確率より小さい」と言われていた過酷事故を3回、原発6基で経験したことになる。米国ウェスチングハウス社が開発した加圧水型原子炉でスリーマイル島原発事故を起こし、ゼネラルエレクトリック（GE）社が開発した沸騰水型原子炉で福島原発事故を起こした。

しかも、これまで述べてきたように、スリーマイル島原発事故の対策をきちんとできないままに運転を続け、地震と津波がきっかけとはいえ、福島原発事故を起こし、まだ事故原因の特定もできていない。このような状態で過酷事故対策さえすればよい、原発本体の設計を見直さずとも大丈夫だという安全神話を再構築している。福島の県内外で避難を強いられている住民や、関東から東北にわたる放射性物質の拡散により、内部被曝の危険性にさらされている多くの人々がいることを忘れて、無謀にも再稼働の準備を進める原子力業界と政府は、本質的に「懲りない人たち」である。

原子力業界の人々は、福島原発事故以前は原発は絶対安全だと言っていたが、3・11以降は、どんな技術にも絶対安全はないと言い始めた。原発も絶対安全はないが、十分な安全対策をしており大規模な事故の発生は確率的に十分小さい、と。確かに、列車や航空機が事故を起こす確率のほうが高いし、事故により何百人あるいはそれ以上の犠牲者が出る。しかし、その事故の影響は限定されている。大規模な原発事故の場合には、急性被曝による死亡に加えて、広範囲の人が低線量被曝による晩発性の健康被害を受ける。また、放射性物質は国境を越え、海を越えて、生態系に取り返しのつかない被害を与え、こうした環境汚染は少なくとも数十年単位、場合によっては百年単位続くことになる。

また、技術の改良発展により安全な原発ができるはずだと主張する専門家がいる。だが、事故を起こす度に改良を重ねたとしても、事故のシナリオは無限にある。少しは安全だと思われる原発ができる頃には、日本中が放射能汚染で居住不能になり、国が亡びることになる。

こうして見れば、経済的な損失は国家予算レベルをはるかに超えることも考えられるため、損害保険さえかけることができない。損害保険会社が商売にならないからと手をひくほど危険な原発をどうして運用できるのか？　水戸さんも、原発事故の被害の大きさと保険の問題について、厳しく批判している。

技術には、人間が制御可能な技術とそうでない技術がある。原子力がどちらであるのかを問うまでもないだろう。水戸さんは、原発の危険性を理解するのに必要なものは、知識ではなく論理である、と言っている。最悪の事故が起きたときの結果を想定して、事故の危険性の判断基準を作るべきであり、取り返しのつかない潜在的危険性に対しては明確な論理を持たねばならないと説いている。正にこれが、私たちが水戸さんから引き継ぐべき脱原発に向けた戦いの論理だ。

●――希望に向けて

水戸さんは全人生をかけて原発を阻止しようとしたが、私たちは福島原発事故を経験してしまった。

政府と電力会社は懲りもせずに、原発の温存と輸出を画策しているが、新聞等の各種アンケートによれば、日本人の約70％は原発のない社会を目指すことを望んでいる。自民党以外の全野党は原発ゼロを目指しており、自民党の半分も原発ゼロを望んでいるとも言われている。小泉元首相も原発からの脱却を呼びかけている。にもかかわらず、政府と電力会社が強気なのは、選挙で自民党が圧勝したのだから、何をやっても国民から支持されると勘違いしているに過ぎない。

社会学者の小熊英二さんは、日本は市民の力で原発を止めていることをもっと評価すべきだと発言している。実際この2年近く原発はほとんど動いていないし、電力は足りている。地震の度にたとえ大規模事故にならなくても点検のため止めざるを得ない。日本では、原発は決して安定電源ではないことを知るべきである。

水戸さんが戦いを挑んできた原子力ムラ総体が、張子のトラになりつつあるように見える。

私たちは、何としても原発のない社会を実現する必要がある。福島事故を一度でも正面から見据えた人は、原発の危険性をもはや忘れることはできない。徐々にではあっても、脱原発の波は確実に広がりをもっており、この流れを抑え込むことはだれにもできない。決してあせらずに、負けない戦いを挑んでいけば、一見強固に見える原子力業界も、経済性のない脆弱な体質が露呈してやがて恐竜のように滅びていくと、水戸さんが訴えているように思えてならない。

原発ゼロに向けて水戸さんの志を共有するために、本書が多くの方に読まれることを祈念したい。

（２０１３年11月30日）


後藤政志（ごとう　まさし）◉１９４９年東京生まれ。静岡県富士宮市で育つ。沼津工業高等専門学校機械工学科卒。１９７３年広島大学工学部船舶工学科卒。博士（工学）。民間企業で海洋構造物（石油掘削リグ）設計に携わる。１９８９年㈱東芝入社、原子力プラント設計に従事する。２００９年東芝退社。現在、芝浦工業大学・明治大学理工学部・國學院大学非常勤講師。現代技術史研究会会員。元経産省原子力安全・保安院ストレステスト意見聴取会委員。原子力市民委員会委員。ＮＰＯ法人ＡＰＡＳＴ理事長。

水戸巌に捧ぐ

武谷三男
久米三四郎
高木仁三郎
菅井益郎
小泉好延
中山千夏
槌田敦

最も謙虚で、最も勇敢な人――武谷三男

水戸巌に捧ぐ❶

水戸巌君は、私が著書を贈るたびに、はがきに感想を書いておくってくれた。このはがきに水戸君の活動のもとにある思想、人間的なものにふれるものがあるので、ここに引用して皆様に知っていただきたい。

1979年1月25日、私の『特権と人権』(勁草書房刊)に対して。

『特権と人権』さっそくお送りいただきましてありがとうございます。『エコノミスト』の論文(注『特権と人権』の序論に採用)読み直して何かいっぱい沢山のことが出て来そうに思います。……ゆっくり考えて、考えをまとめたいナ――私の体験を経たものを――という感じでいます……

彼の遭難の約1カ月前の86年11月11日に、私の著書『聞かれるままに』(思想の科学社刊)に対してのはがき。

ごぶさたしております。先日は『聞かれるままに』を御恵送いただきありがとうございました。大変おもしろくて、一気におわりのページまで読ませていただきました。相変わらず先生に励まされているような感じです。(もっと私自身が、他人を励ますような存在にならなくてはならないのでしょうけれど、なかなかそうはなれません)。

寒さの折どうぞ御大切に　86・11・11

水戸君について私の見るところを簡単にいうと。
①最も謙虚で、最も勇敢な人であった。
②社会運動をやる人には、しばしば特権に興味をもつ人が出るが、水戸君はそれには全く関心のない、まれな人であった。

〈1988年1月31日、「水戸 巌さん追悼集会」に於いて〉

武谷三男（たけたに　みつお）◉物理学者。湯川秀樹、坂田昌一とともに戦後日本の素粒子論研究グループの中核を担った。宇宙線観測による素粒子理論研究グループとして、ブラジルとの共同研究の道も開いた（水戸巌は甲南大学勤務時代に、その一員として、高度5200メートルのチャカルタヤ山の宇宙線観測所で半年間を過ごしている）。戦時中反ファシズムの活動で2度にわたって検挙される。「技術論」「武谷三段階論」で知られる。2000年、88歳で死去。

水戸巌に捧ぐ❷

水戸さんと私

―久米三四郎

私も、水戸さんの影響を受けて反原発の道を歩き始めた者のひとりです。

今から16年前、敦賀市での原水禁国民会議主催の原発問題の会議の席上で、はじめて水戸さんにお会いし、次のような依頼を受けました。

「愛媛の伊方の住民の人たちから、原発用地の裁判の証人に、と頼まれているのだが、大阪から近いし、引き受けてくれないだろうか」と。

それでは、とにかく一度、ということで伊方に出かけ、住民運動のリーダーの今は亡き川口寛之さんとお会いしたのが、伊方原発との長いつき合いの始まりとなりました。

それから間もなく、せっかく、証人として松山地裁の法廷に立つことを承諾された水戸さんを、浅間山荘での献身的な行為の故に拒否した政治勢力の介入を避け、住民の切なる願いに基いて、日本で初めての本格的な原発行政訴訟が提起されたのでした。

それ以来、主として西で運動に関わってきましたが、水戸さんと再び、ひんぱんに意見を交わし合うようになったのは、チェルノブイリのあとからでした。そして、チェルノブイリでの「爆発」の謎を、協力して解こうと準備している最中に、思わぬ知らせを受けたのです。

大きな打撃から、なお立ち直れないままに1年が過ぎましたが、日本の反原発運動にもようやく、守りから攻めへの新しい息吹きが出始めたことを水戸さんに報告し、お別れの言葉に替えさせていただきます。

〈1988年1月31日、「水戸 巖さん追悼集会」に於いて〉


久米三四郎（くめ　さんしろう）◉核化学者。1926年3月生まれ。阪大理学部化学科卒。50年に阪大分析化学の助手を経て、58年から放射化学講座の講師を務める。水戸巖と共に日本の反原発運動の創成期を担った。反原発運動全国連絡会の結成、「はんげんぱつ新聞」の発刊に携わり、伊方原発訴訟においては原告側補佐人として尽力した。2009年、83歳で死去。

最後の思い出

高木仁三郎

水戸巌に捧ぐ❸

これっきりもう会えないというなら、もう少しあのときじっくり話しておけばよかった……親しい人を突然に失ったときに常に感じる悔恨の念が、今回は特に強い。

水戸さんに最後に会ったのは、一昨年の11月末か12月の初め、最後となった山行のほんのちょっと前の頃だった。その頃、私は岩波ブックレット『原発事故――日本では？』を出す準備をしていて、東海原発事故についての水戸さんの想定計算の結果を、まるごと使わせてもらうことになった。その関係で、その日もふらりと水戸さんがわが資料室を訪れて、私の求めていたデータを置いていった。我々のやりとりは概して素っ気ないもので、資料を置くと、水戸さん、「ちょっと急いでいるから、じゃあ」。こちらも「それではまた」。

いつもはこれで終わってしまうのだが、その日はちょっとだけ違った。部屋を出かけた水戸さんが「あ、これ」とカバンの中からコピーした何枚かの紙をとりだして、「あんまり内容のよいものだったから、皆に読ませようと思い翻訳したよ」と言って、ニヤリと笑った。

水戸さんが翻訳したのは、R・ウェブが『エコロジスト』誌に書いたチェルノブイリ事故に関する論文で、私が入手して水戸さんにもコピーを渡したものだった。『ニヤリ』には意味があって、例によって、私があれこれとお願いすることに水戸さんはやや辟易している部分があって、しばらく前に「計算はするけど、他のことはちょっとかんべんして。すこしやりたいことがあるから」と僕に言ったことがあった。『ニヤリ』は、「翻訳も結局やらされたよ」と言うことだったろう。もっとも水戸さんのことだから、恩着せがましいということはなく、ごく軽い『ニヤリ』だったが。

「やりたいこと」が冬山行きで、夏の頃からずっと準備していたことだったと知ったのは、もちろん遭難の報を受けた後のことである。そうと知っていたら、あの時もう少しいろいろ聞いてみたかったのに、と今になって悔まれる。しかし、こういう思い出話は、水戸さんがいちばん嫌うことかもしれない。せめて、あの軽い『ニヤリ』を最後の思い出として、胸にとめておくことを許してもらいたい。

〈1988年1月31日、「水戸巌さん追悼集会」に於いて〉

高木仁三郎（たかぎ　じんざぶろう）◉核化学者。東京大学理学部化学科を卒業して日本原子力事業に就職。4年後東京大学原子核研究所に勤務した後都立大学へ。73年、フリーな市民科学者として生きる決断をして辞職。当時盛り上がりつつあった各地の反原発住民運動の情報発信地として原子力資料情報室構想が原水禁を母体に議論されていた時期で、その代表を引き受けた。以来2000年62歳で病に倒れるまで市民科学者として運動を支え続けた。

水戸巌に捧ぐ❹

水戸さんと学術会議闘争——菅井益郎

武谷さんに柏崎での講演を頼みに行って紹介されたのが水戸さんだった。とくに72・73年頃、盛りあがる反原発運動を鎮めようと科技庁や原子力委（当時）が、学術会議の力特委（注・原子力特別委員会）を引き込んで原発推進の世論作りをしようとした時、水戸さんは核研連（注・原子核研究連絡委員会）に問題提起し、柏崎を中心とする各地の住民の先頭に立って学術会議批判を展開した。73年度の学術会議の総会のときだったと思うが、演壇に突進した水戸さんが問題の重要性を力強く訴え、住民として君も話しなさい、と私を促すので当時大学院生だった私は一瞬とまどったけれど、水戸さん、岬さんに続いてアジった。

学術会議の講堂で話すことなど後にも先にもこれっきりだが、水戸さんの気迫に思わず乗ったのだった。その後75〜76年にも科技庁は中央（学術会議）一地方（県）2本立て公聴会を画策したが、水戸さんを中心とする核研連の研究者と住民とが協力して、それを阻止したのである。その水戸さんだったからこそ、TMI後の科技庁と学術会議共催の事故検討会議には心の底から怒ったのだった。科技庁の職員達たちに文字通り足蹴にされながらも会場に突入した水戸さん、その時も一緒でしたね。

あなたは打てば響くような、稀にみる理解力の早い人で、一瞬のうちにこちらの意図をよみ取り、適切な行動をとって下さいました。水戸さん、あなたの思想と行動はいつまでも私たちの中に生きいきと存在しつづけるでしょう。（在フィラデルフィア）

〈1988年1月31日、「水戸 巖さん追悼集会」に於いて〉

菅井益郎（すがい　ますろう）◉1946年新潟県柏崎市に生まれる。早稲田大学政経学部卒。一橋大学大学院単位修得。東京大学社会科学研究所助手を経て、国学院大学経済学部教授。1970年柏崎原発反対同盟、74年柏崎原発反対在京者青年会議、75年原子力資料情報室の設立に参加。現在市民エネルギー研究所研究員、Labor Now 運営委員、たんぽぽ舎アドバイザー。『通史足尾鉱毒事件 1877-1984』（東海林吉郎との共著、新曜社、1984）などの著書がある。

オリオンは闘う――小泉好延

お願いすることは大きく、頼まれることは小さかった。果敢に生きた人の死はやはり激しい。友が言う。尊敬する人はいる。愛せる人はいる。しかし、尊敬し、愛せる人は少ない。水戸さんはその人だ。機会が少なく、つきあえた時間が少なく残念だ。あなたは長い時間つきあえたのだから……。そうなのだ。このように果敢に生きた、敬愛できる人とつきあえたのだから、これ以上の贅沢を言ってはならない。

冬の夜空を南東から西に向かって立ち上がっていくオリオン座。

猟師オリオンが寝た姿勢から左手に毛皮、右手にこん棒を持って、次第に立った構えに移っていく。勇壮である。オリオン座の三ツ星は水戸さん親子3人が隊列を組み闘いにかけめぐっているようである。

〈1988年1月31日、「水戸 巖さん追悼集会」に於いて〉

小泉好延（こいずみ よしのぶ）◉放射線計測学専攻。元東京大学アイソトープ総合センター。現在市民エネルギー研究所、たんぽぽ舎で調査・講演活動に従事。水戸父子劔岳遭難時の第一次救出捜索活動の中心を担う。

水戸さん、わたしは本当に悲しいよ—中山千夏

「運動」はおおむね善意の人々の集まりだ。そして、「運動」というものは、何より人間関係を抜きにしては成り立たない。だから、私にとって「運動」は、「善意さえあれば、人間関係がうまくゆく、というものではない」という道理を体得させてくれる場でもある。これは、ごく当たり前の道程だが、他の場ではなかなか実感しにくいものなのだ。

「運動」の人々は善意だ、という大前提がある。しかし、善意にあふれてはいても、民主的な人間関係を築くのに適さない対人態度を身につけている人はいる。というより、ほとんどの人間がそうなのであって、人が成長するというのは、それに気づいてそれから解脱することをいうのだろう。

女の言うことは、どうしても軽く見る「男権主義」。自分の地位や学歴や「運動歴」を笠に着て威張りたがる「権威主義」。人にばかり求めて与えることの少ない「利己主義」。無礼を民主と間違っている行儀知らず。などなどが、「運動」の場にもいくらもある。そして「運動」に大切な人間関係を阻害している。

「運動」が人間関係で成りたっている以上、こうしたことについてもっと研究、反省してみる必要がありはしないか、と「運動」に関わり始めてからずっと思い続けてきた。

今、それを持ち出したのは、水戸巌さんのせいだ。

私が知る限り、水戸さんは、民主的な人格者の筆頭だった。死刑廃止の集会を妨害した人に対して、激怒して飛び掛かったのは見たことがあるが、誰に対しても威張ったり、知識を振り回したりするのは見たことがない。いつも楚々としていた。それで私は知り合ってから長い間、彼が偉大な物理学者だとは知らないでいた。

83年の参院選挙では、私たちの苦しまぎれの依頼をあっさり引き受け、名簿のしんがり候補として街頭に立ってくれた。気分はまったく任侠であった。それでいて、後々それを恩に着せるどころか、かえっていつも「あの時は、本当に苦労かけましたね」と私たちをねぎらってくれたものだ。立派な思想や学問と立派な心ばえを持ちながら、少しも御大層でない水戸さんの人格を、私は深く深く敬愛していたのに。

水戸さん、水戸さん、あなたと会えなくなって、私は本当に悲しいよ。

〈「女の会ニュース（死刑をなくす女の会：編集発行）」1987年 夏季号より〉

中山千夏（なかやま ちなつ）●1959年『がめつい奴』（芸術座）を初めとする舞台で子役として、以後、俳優、歌手、TVタレントとして活躍する。77年、市民の政治参加を目指した政治団体「革新自由連合」の結成に参加、代表の一人となる。80年から参議院議員を一期務める。現在は著作活動のかたわら、死刑廃止運動など市民運動を続けている。

水戸巌に捧ぐ❼

水戸様 追悼します　―槌田 敦

私は水戸巌さんの後輩ですが、しばしば一緒に行動しました。1960～70年ころの若手物理研究者は物理学者の社会へのかかわりに敏感で、たとえば半導体国際会議がアメリカ軍の資金援助を受けたことなどに反対しました。多くの年配の物理学者もこの若手の運動に共感していただき、張り合いのある毎日でした。

ところで時代は変わりました。最近の物理研究者は社会の問題にまったく関心がないようです。特に、若手研究者はわき目も振らず細かい物理問題だけに取り組んでいます。老衰した私はたったひとりで、無駄とも感じながら、原発を推進した物理学者の責任を問うビラを物理学会会場で手渡し、また、「これでも科学技術か？福島原発」を書きのこしているのですが、水戸先輩ならどのようになさるか考え込む毎日です。

２０１３年10月29日

槌田敦（つちだ　あつし）◉物理学者。元理化学研究所研究員。「槌田エントロピー理論」を掲げ、独自の立場からエネルギー問題や廃棄物・リサイクル問題に取り組む。70年代初頭から、反核・反原発を主張し、核融合技術の開発に反対している。元高千穂大学非常勤講師。水戸巌と同じ１９３３年生まれ。

1988年1月31日、東京都勤労福祉会館で行われた「水戸巌さん追悼集会」。

特別寄稿

「原発は滅びゆく恐竜である」発刊に寄せて

―水戸巌と息子たち―

水戸喜世子

●——1986年12月　厳寒期の剱岳北方稜線に挑む

1986年12月23日から翌年1月5日の予定で夫と二人の息子は、冬の剱岳北方稜線に挑戦していた。当時の「登山届」のコピーと12月25日「馬場島」から入山し12月30日までの足跡を記した手帳が、私の手元に残っている。

この数年、クリスマス・正月は山で過ごすのが習慣になっていた。正月明け7日ごろには下山し、しばらくは雪焼けした額を寄せ合って、写真や記録整理を楽しむ。日頃離れて暮らしている父と息子の睦まじい光景を眺めるのが嬉しく、一人の正月は少し寂しいけど、山に行くなとは言いだせないまま、エスカレートを許してきた。いつも心労の絶えない巌が日常から離れて唯一好きなことに打ち込める数日間であり、親密に息子と過ごせる貴重な時間をむしろ応援したいくらいの気持ちだった。息子の成長とともに、初めは家族そろっての夏山縦走だったのが、やがて男3人のロッククライミングや沢登りにエスカレートし、とうとう行き着く先は、冬の白い岩壁だった。父親としての「権威」を保つためか、巌は都岳連主催「冬山講習会」で実践を積み、とうとう「修了書」を手にした時はほんとうに嬉しそうだった。息子たちも大学の山岳部からは早々と撤退して、GAC（夫、息子三人の登山グループ名称）の登攀にいれこんだ。

だが、この年は例年と少し違っていた。山行にかける共通の思いとそれぞれの現実があった。

三人共通の思いは、昨年自分たちを拒んで寄せ付けなかった憧れの厳寒期剱岳を今年こそ踏破し、それをもって親子登山の集大成としたいという強い意志があった。とりわけ父親が数十キロの重装備を背負い、雪の岩稜に挑むのは、体力的に今年が限界であると思った息子たちは、「来年からは一緒に家族でスキーに行こうな」と言って私を喜ばせた。ひとりぼっちの正月はこれが最後になるのかと。

チェルノブイリ事故が連休中に起きて、大学のゲルマニウム計測器はフル回転。巌にとっては、持ち込まれる試料や空間線量の測定、夜は講演会と二部の授業、救援センター原則上の懸案事項の議論など、手帳は真っ黒。校務の方も私立大学サバイバルに向けて改革の真最中。彼の性格上どれも手抜きできないものばかりだった。遺品の整理に河野益近さんに伴われて初めて芝工大を訪ねた時、同室のSさんは「食事をとる暇もなくてパンをかじりながら、廊下をいつも小走りしておられましたよ」と同情顔に話して下さった。

長男は父親が、「圧力にめげずに証言してくれる地震学者が少ない」とぼやくのを聞いて、物理から地震学に転向し京大防災研の院生1年生になったものの、それまで学生運動にかまけてサボっていた分、学力不足気味。「そんなことも知らんの？　と今日も友達に笑われたよ」と屈託なく言いながらも、流石のノンキ屋もおしりに火がついた模様で、恋愛と勉強と山と活動をオールランドにこなすのは、なかなか大変だと思い始めていた。しかし、8月の南極地学シンポジュームに参加してからは、「Ｐｏｌｅだ！」と、がぜん意欲をみせはじめていた。

二男は卒業後の進路で悩み、素粒子の理論で自分はやっていけるだろうかと父親に悩みを打ち明けていた。それに答えて父は長い手紙を書いた。一部を引用すると、「いい加減なことで、自分に見切りをつけて、安易な道を選ばない方がいい。――どちらかというと、去年くらいまで、適当にやれと言ってきたような気がするが、われながら恥ずかしい――今までの君の勉強の仕方では答えは出てこない。北岳第二尾根くらい気張ってやってみて、なるほど面白いとか、いや、やっぱり駄目だとか言えるのであって、それを試みてください。……何よりも、一生打ち込める何かを見つけること（ある程度、客観的に価値あることで）。できれば『激しく生きる道』を見つけた方がいい。人間、何か『燃える』対象を見つけるべきだと思ったのは（ただし、燃えることによって、他人を殺したり、傷つけたりすることはするべきではない――いかに善意でも）『Ｋ２に憑かれた男たち』を読んでのこと。……こう書くと、今冬は、北方稜線を諦めなくちゃならないのかなと思ったり、それは別だと思ったり苦しいところです。8月25日　巌。だらしない先輩の一人として」。

私は、若い雛鳥たちが本格的に巣立つために欠けている何か大切なものをこの荒修行が教えてくれるような気

右写真の2人の息子と共に登攀する巌
（後ろの山脈が黒部別山）

1981年夏、剱岳八峰を登攀する
共生（左）と徹（右）

1982年11月1日〜8日、
「もんじゅ阻止」の鉢巻をして北鎌尾根を登攀。
左が徹、右が共生

共生、三原山内輪山上にて噴火を観察。
（京大防災研・三雲研究室に入って初めての
地震学のフィールドワーク）

がして、バターたっぷりのクッキー作りに夜遅くまで精を出した。

●――遭難の知らせから、生存救出を断念するまで

1987年1月5日、警察から〈遭難した可能性あり〉との連絡を受ける。

自分の頭がすでに壊れているという自覚もないまま、原子力資料情報室に向かった。私の記憶はこのあたりから飛び始め、脈絡がつかなくなる。小泉好延さんを中心に情報収集に血眼になっておられたこと、早稲田大学山岳部の大貫敏史さんを中心に入山できる精鋭の捜索隊が編成されようとしていたこと、高木仁三郎さんがなんとも言えない表情で机の前に座っておられたこと、ただ槌田敦さんが私に「この程度のことでこんなに大混乱していたのでは実際に原発事故が起きた時が思いやられるよ」とつぶやかれた言葉がリアルで印象的であったこと、などなどフラッシュのように断片的な場面として記憶に残っている。

捜索本部が置かれた上市では芝浦工大からは、緊急連絡先を引き受けてくださっていた西山忠成さん他1名、京大山岳部から2名が第一次捜索メンバーとして山岳警備隊と共にすでにヘリコプターで遭難現場付近に入り、大学からは野末先生ほか数人が上市鉱泉に張り付いて、警察との窓口になってくださっていた。

大貫敏史さん、剣持昌一さんらを中心とする「水戸さん救援会」の登山家たちも入山を求めて、必死の交渉が山岳警備隊と続いていた。天候は悪くなる一方で、この先は二次遭難の危険性が高いとする警察に家族の立場は揺れる。二次遭難だけは絶対に避けたい。しかし、入山許可を求めてテコでも動かぬ登山家たちには感動で心が熱くなった。しかし、みんなの努力と願いも空しく1月14日、ついに生存救出を断念すると発表することになった。残された課題は遺体捜索に移った。

私は捜索が必要だとする反原発の人たちに、どうやって断念してもらうかに、腐心していた。

ぬけがらとなった骨を拾うために人さまに二次遭難が起きたらどうするか。想像するだけで身震いがした。クレパスだらけの谷筋は危険極まりなくツルギの冬山事故では、遺体が見つからないのがむしろ普通であると山岳警備隊長から聞かされていた。そんな危険を冒して、夫たちが喜ぶはずがない、というのが頭の壊れた私の言い分だった。

幸い私の心配は杞憂に終わり、見事なチームワークと奇跡的な幸運のおかげで、三人はほぼ氷に保存された状態で見つけていただき、遺留品もほぼ完全な形で回収された。

スカーフの一枚に至るまで発見し尽くした捜索だったが多くの謎は残ったままである。テントのファスナーは閉じていて、谷に向いた面だけにT字型の破れ目があって、そこから谷筋に向けて体が放り出されたと思われる。この破れ目は何が原因でできたものか、なぜ靴はテントに残したまま全員が寝袋と共に靴下姿で谷筋から発見されたのか、頭部の血痕の原因はなにか、等々登山家たちから聞く「気象遭難説」だけでは説明したことになっていない。詳細は稿を改め「捜索報告書」の形で公表、解明されることを願っている。

ぬぐいがたい疑問があっても、生きて帰らなかったという一点で彼らの山行は失敗であった。国を挙げての原発推進と反原発市民運動の相容れない関係の中での山行であるという自覚が欲しかったと思う。

未知なものへの憧れと挑戦。困難に打ち勝って、父子で歓喜に到達したいという強い願望がすべてを忘れさせたのだろうか。

巌の中で勝算は間違いなく１００％だった。なぜなら、不安がる私に「僕がアイツ達を殺すと思うか?」と言って私の反論を遮ったのだから。

事故の原因が何であれ、予想外の過酷な場面に遭遇した時、夫は決してむざむざと死んだわけではなく、息子を守るべく極限まで力を尽くして闘ったに違いないことを思うとき、許してあげようと思ってしまう。

彼の一生を思う時、こうときめたら最善を尽くし、周到に準備して体力の限界まで力を尽くすという、まさに冬山に挑戦する姿に重なる。真の巣立ちを果たそうとしていた息子たちに、山を通してそんな人生にこそ測り知れない喜びがあり、いいものだよと伝えたかったに違いない。

◉——ご支援いただいた友人、知人の皆さまに心から、お礼を申し上げます

1987年の新年からすべての捜索が終わった9月14日まで、捜索に費やした日数は250日余り。入山してくださった登山家、総勢25名。その活動を支えてくださったのは、全国からお寄せいただいた激励とカンパでした。カンパ総額2370万円余り、捜索費用はヘリコプターの768万円を含め総額2530万円余りに及びました。たかが個人の山行が引き起こした事故にこのような援助をいただいたことに、ただただ申し訳ありませんでしたとお詫びするばかりです。

遺体捜索の全期間をGAC捜索実行委員会代表として、危険極まりない捜索活動を見守り、最前線で陣頭指揮をとられたお茶大物理学科教授の（故）亀井理さんは疎開先の宇都宮中学・高校、そして東大物理学科の学生時代を共に過ごした友であり、終生の水戸の理解者でした。また、私の心許せる学生時代の友人であったことも幸いなことでした。

捜索隊長の森田己男氏は水戸が受講した都岳連・冬山講習会の師であり、会社勤務のかたわら、すべての余暇と心を捜索に注ぎ込んでくださいました。

隊長を支え、実質的な捜索の核として最多の足跡と共に精緻な捜索報告書を残してくださった長男の友人、京大山岳部の月原敏博氏（現福井大）、過酷なルートで膝を割って入院・手術を余儀なくされた西原正氏、生存救出に正月返上で駆けつけてくださった登山家たち、遺体捜索では阪大山岳部など団体・個人の登山家のお世話になりました。心からの感謝を捧げます。

巌：毛糸の帽子に雪が貼りついている

左が徹（次男）、右が共生（長男）、
二人とも睫や眉毛にまで氷が貼りついている

雪深い樹林帯でひと休み

ラッセルは腰まで浸かって、
お疲れさま

テントはみるみるうちに雪で出入り口を
ふさがれてしまう。息子二人で除雪作業

捜索の末発見された、遺留品のカメラのフィルムには、
剱岳北方稜線に挑む3人の姿がおさめられれていた

警察に呼び出されて夫や息子の遺体と対面した時でも涙ひとつ出なかった。現実が理解できずに。だが今、あなたの予言通り原子炉は爆発し、猛烈な放射能を噴出し、福島の人々を地獄に叩き込もうとしているのにあなたは姿をあらわさない。ありえないと思った。あなたなら、絶対に救ってくれるはずだ。悔しく、不在が恐ろしく、はじめて涙がせきを切ったように押し寄せて止まらない。

たった一人官邸に乗り込み、自分たちを参加させろ！　と菅総理に要求を突きつけている巌が夢の中に出てきた。でも二度とは夢にもあらわれなくなった。遭難以来初めての衝撃的な喪失感だった。

●――3・11、ついに現実となった原発事故

個人的な心配事にも心を奪われていた。巌の眠る墓から1キロほどのところに小さな牧場を営みながら巌の叔母家族が暮らしている。巌が小学時代に疎開した地。福島県相馬郡新地町杉の目。我が家の子供たちが夏休みを過ごした大好きな場所。三輪トラックで牧草刈りに連れていってもらって、帰りには草の中にもぐりこんで呆れるほどはしゃぎまわった大切な思い出の地。子牛の愛らしさを娘の心に植えつけてくれた小さな水戸牧場は、事故直後電話も手紙も通じなくなった。娘とネットで伝言板にメッセージを発信し返事を待った。突然、待ちに待った応答が見知らぬ方から届いた。その嬉しさは、ネットの威力とともに永遠に忘れないだろうと思う。「杉の目の水戸牧場は無事ですよ」と告げ、「もしかして水戸巌さんのご家族ではないですか。水戸さんが講演で来られた時の資料を必死に探しているところです」とつけ加えてあった。

さりげないこの付け足しの一言に心臓が高鳴った。福島で講演した時のレジュメのことを言っておられるのだろうか？　水戸はこんな形でフクシマを守って生きていた。3・11以来初めて心に明かりがさしこんだ。

仙台空港の開通を待って、娘と二人で新地を訪ねた。変わり果てた風景も衝撃だったが、もっと衝撃だったの

政府が棄民政策をやめてすぐに移動させる以外、この地の人々に笑顔が戻ることはない。

選んで引っ越してほしいと願うが、村を見捨て自分だけ脱出するなどということは決して出来ない人たちだ。

だから」、「巌ちゃんの言うとおりになってしまったねえ」と言葉にならない。今すぐにでも牧場ごと過疎の地を

従弟は、牛乳の出荷停止で搾乳しては捨てる日々が続いていた。「同じ組合の飯舘と比べれば、うちはまだまし

は人々の表情の重苦しさだった。90歳近い叔母は妊婦と幼子の健康をひたすら気遣い仙台の親戚に避難。70代の

◉――「本にして、若者に伝えようではないか」、と……

福島から帰ってしばらくしたころ、見知らぬ訪問客を迎えた。

「水戸先生が芝工大におられたころ、生協の理事を引き受けていただいて、お世話になった者で村上といいます」

といって切りだされた話の趣旨はかいつまむとこのようことだったと思う。

〈原発事故の深刻さが日増しに泥沼化してくるにつれ、水戸さんの事がどうしても思い浮かぶ。今、水戸さん

がいたらどうしたであろうか。自分たちは何をすべきか。チェルノブイリの後、大学の教職員学生を対象に講演

した『水戸巌の講演録』を読み返してみた。事故が起きた今読むと、まるで現場を見たように事故の現象をリア

ルに語っている。原発とは一旦事故が起きると取り返しのつかない非常に危険なものであることを、水戸巌の名

前を知らない世代にも本の形にして伝えていきたい。いかがなものか〉と。

「お願いします」と頭を下げた。彼の生き方は、福島後の人びとに、力を与えられるかもしれないと思った。

村上さんたちを中心に立ち上げた編集委員会は、すぐに出版社探しに着手された。

水戸の活動の分野は広いが、緊急性の高い原発に焦点を当て、小出さん、後藤さんにご協力を願うという提案

が編集委員会から出された。私に異論のあろうはずがないが一抹の不安は、彼の著述は書かれてすでに30年近く

経つことだった。新鮮味に欠けはしないだろうか。旧知の山本義隆さんに読んだうえでの感想を伺ってみた。「現

代的価値あり!」と返事をくださって、わたしの気持は一歩前に進んだ。でも考えてみれば敦賀原発1号炉などは1966年製であり、30年どころか、すでに47年も経つ。核反応方程式も、放射性物質の半減期も永遠に変わらないのだから、30年前の論文は十分に賞味期限内だと自分に言い聞かせた。まえがきで小出裕章さん、あとがきで後藤政志さんが丁寧に解題して30年の溝を埋めてくださった。やっと安心できた。

◉──「草分け」と言われる、水戸巖の原点とは

ここには水戸が頼まれて雑誌などに書いたり、講演のテープを起こしたものが再録されている。この論文を整理する過程で見つかったノートやメモ、手紙の束、計算したノートもまた興味深いものだった。

推進派の学者が圧倒的に多い中で、ひとにぎりの反対派の研究者や弁護士、地元住民、市民運動家が「事故を起こす前に原発をとめたい」と日夜考え情報交換し、連絡を取り合い、運動を作り、裁判を起こすなどして走り回る姿が浮かび上がってくる。圧倒的な安全神話の中で、真摯な少数者の必死の努力が偲ばれる。この反対派科学者の奮闘・献身を持ってすれば、せめて推進側の1%のお金と人手があったら、福島を、この国を救っていたかもしれない。彼らを支える国民の力があまりにも小さすぎた。

科学者の中で、反原発派がなぜ多数派になれないのか、と夫に聞いたことがある。彼は「ひとの命をどれだけ重く考えられるかどうかが分かれ道だね」と言った。

時々、「水戸さんは、なぜ反原発の草分けであったのか」と聞かれるので私なりに考えてみた。

彼は物理学者として、素粒子論の解明の一端を担いたいという目標をもって励んでいたが、そのことと反原発とは彼の中で一つに繋がっていたように思う。人類が滅びたら好きな研究などしている意味がないこと。つねに弱い立場の人を基準に物事の判断をする者として、原発に反対する以外に原発事故が起きた場合に立地住民を救

第二次大戦中に福島県から栃木県に
疎開して(左下)

東大理学部大学院時代の合宿(夏の学校)
(後列右から2番目)

甲南大学教員時代、組合のメンバーと(前列中央)

疎開先の旧制宇都宮中学に進学(後列左)

1965年9月18日から、ベトナム反戦を訴えて
70日間の座り込みを始める

ボリビアにて、現地の子どもたちと

う方法はないこと。娘が美大の卒業制作は反原発と決め、青森県六ヶ所村の住民運動を訪ねたことがある。「お父さんのこと、みんな大好きみたいね」と言って帰ってきた。反原発の理論家はいても、手弁当で現地に足を運ぶ専門家はいなかった。60年代末に東京湾の漁師さんと話してきたよ、と目を輝かせて話してくれたことも思い出す。

三つ目は、原発は必ず事故を起こすものであるという確信から、事故を未然に防ぐため日本中の原発所在地の周辺から定期的に松葉を採集し、線量測定を続けていた。自分で運転して日本中〈沖縄北海道を除く〉を、走り回る。東大から芝工大に移った１９７４年から始まり、今なお後継者に引き継がれて測定は続けられている。この資料は、今や国さえもが欲しがる40年にわたる基本的なデータだそうだ。松ヤニと花粉にまみれてボロ車を運転して帰ってくる姿は確かに怪しげで、ヤクザまがいの東電の警備員に追い回されてもしようがないかと、私でも思ったものだ。よほど嫌な思いをしたのだろう。「東電ほど陰湿で官僚的体質の強い会社はない」と腹立たしそうに語ることがよくあったが、松葉取りの妨害はよほど腹立たしかったようである。私が思い及ぶ「草分け説」についての根拠らしきものである。

高校時代には解析概論を独習し、量子力学に親しみ、素粒子の世界に憧れをもっていたことを宇都宮高校当時の同級生の手記で初めて知ったが、その思いは死ぬまで持ち続けていたようだった。ぼろ布のようになって帰宅した日も深夜家族が寝静まるとこっそり起きだして勉強に打ち込む。熟睡型の私は、たまに気づくことがあると呆れたものだった。ときどき「最近になって、昔分からなかったことが分かるようになったよ！」とうれしそうに言った。「まだ学問諦めないの?」ときくと「ノーベル賞でヨーロッパに連れて行くからね（笑）」という。大口をたたかぬ人の言葉だから、冗談とも断定できず、首を傾げるばかり。

私は研究機関にいたことがあり、研究者の研究したい本能の凄さを知っている。これほど強烈に学問が好きなのに「物言わぬ科学者」の仲間入りまでして、居心地のいい研究条件を手に入れようとしない彼を誇らしく、でも少し気の毒に思ったものだ。

これはあくまで私の想像だが、もしかして物理学者として一流であることと筋金入りの〃反原発派〃であることとは、実は同じことなのだと世間様に示したかったのかもしれない。メディアはもちろん、裁判所までが反原発派の研究者を「被害妄想のオオカミ少年」扱いしたが、世間に反原発派を信用してもらうには「ノーベル賞」をとることが近道だと考えたかもしれない。「不可能」という言葉を知らない水戸らしい壮大な作戦が、もし成功していたら……と。今となってはかなわぬ夢のヨーロッパ旅行だが、想像するだけで楽しい。ノーベル賞もヨーロッパ旅行もいらないから、長生きしてほしかったなぁ。

水戸巌は、東北人の生真面目さを備えたキリスト者を父に、病弱な母のおなかの中ではぐくまれて、この世に生をうけたので、やさしさはおばあちゃんのおなかの中からだね、と娘は信じている。

それだから、権力を盾に金にあかした問答無用の仕打ち——原発でいえば、現地住民の反対運動つぶし——がゆるせない。そんな時、彼が発する「紙の弾丸」は本当に鋭く、敵の心臓を射抜くものであった。


反原発派の多くが体験されているように、脅迫、嫌がらせがエスカレートする時期があり、郵便物は触るなと子供に言いつけても、電話は親からの連絡もあるので受話器を取るなとは言えず、6年生の子が「父親を殺すぞ」という電話を受けたと聞くと、さすがの私も子供に万一のことがあったらと心配になった。この事情を知った知人が、関西に来なさいと手を差し伸べてくださった。ご厚意がありがたかった。「10年たって子供が大学生になるまでね」と少し悲壮な気分で始まった別居生活だったが、結果的には家族の絆はかえって強まった。私は部落子供会でお世話になり、親たちが自分の活動に夢中になっている間に子供たちはいつしか成人し、晴れて86年の正月から夫婦二人の生活が再開した。父子3人で剱岳に入ったのは、その年の暮れであった。

●――未来に向けて――お願いと感謝

チェルノブイリの後、彼は常々『理工系学生が教養で学ぶ原発の教科書』を書かねば、と語っていた。目次と枠組みだけ書きはじめて、止まってしまった。今後世界の原発が必然的に廃炉に向かうとしても、世界中で今も使用済み核燃料は増え続けているわけで、放射能との闘いはいつ果てるとも予測すらつかない。私たちの子供が未来永劫に付き合わざるを得ない放射能禍を思う時「原発は斜陽の学問」で片づけるわけにはいかない。後藤さんがあとがきで書いておられるように、能天気な「安全神話」は影をひそめて、新たな安全神話が登場している。福島事故に一言も触れない「原発教科書」が、すでに公費をふんだんにつかって、配布されている現実がある。人間本位の論理に貫かれた原発教科書が早急に反原発の科学技術者の知恵を結集して書かれ、若い人に技術と思想が引き継がれることを願ってやまない。

今後起きるであろう健康被害の訴訟にも耐えるようにと、東北現地で丁寧に測定を続ける京大工学部の河野益近さんは全般に目を通し、単位や規制値の変更、脚注などをお世話になりました。日本の「良心ある科学者」を代表して国内外に真実を発信し続けてくださっている小出裕章さんと水戸との接点を知り、偶然とは思えない歴史の継承に心打たれました。後藤政志さんは真っ当な技術者の立場から、福島事故に新たな光を当てて水戸の著述を読み解いてくださいました。東海原発訴訟の相沢一正さんや原子力資料情報室の高木久仁子さん、天笠啓祐さんには、写真その他で助けていただきました。

わがままな注文にも我慢強くお付き合い下さったこの本の生みの親、村上幸治さん、中澤透さん、箕浦卓さん、「もうひとつの全共闘」ブログ管理者さんら「編集委員会」の皆さん、緑風出版の高須次郎さんに感謝を捧げます。

水戸巌（みと　いわお）◉1933年3月、神奈川県横浜市鶴見区に生まれる。小学6年の時に姉弟だけで一時福島県相馬郡新地村に疎開。1945年、栃木県宇都宮市雀宮町に家族全員で疎開。その年に旧制宇都宮中学に入学し、新制宇都宮高校を卒業する。1951年、東京大学理科一類に入学、大学院での原子核乾板を解析して宇宙線の起源を考察する研究が学位論文。1960年、結婚。甲南大学に就職。エマルジョンチェンバーによる研究を継続。いっぽう甲南大学労働組合の活動と神戸アメリカ領事館前座り込みを続け、神戸ベ平連の設立にかかわる。一女二男にめぐまれる。1967年、東大原子核研究所の宇宙線部門に移る。反戦運動が高揚する時期とかさなり、おびただしい逮捕者がでて単身救援活動をはじめる中から、救援連絡センター設立にむかう。70年代に入り、原発に反対する地域住民運動の要請を受けて、一人で現地に入りはじめる。やがて、全国各地の地域住民運動、弁護士、学者を結び付けるという水戸巌でなければできない地道な役割を担いつつ、自らも物理学者として、法廷に立った。1974年、芝浦工業大学電気工学科に移ったのを契機に、放射能測定装置・ゲルマニウム半導体ガンマ線スペクトルメーターを設置し、原発立地地域の松葉を採取して放射能漏れを監視し、原発事故を予見する活動を始めた。チェルノブイリ原発事故でもいち早く、この装置が放射能の飛来をキャッチした。1986年12月30日か31日、最愛の息子二人と共に北アルプス最北端の剱岳北方稜線で遭難。53歳。

脚注執筆：河野益近（こうの　ますちか）◉1953年、四国電力伊方原発から8kmほどにある町に生まれる。母親は原発冷却水の送水を阻止するために61年頃結成された「保内町の水を守る会」に参加（73年勝利）。1979年、芝浦工業大学大学院工学研究科高エネルギー学専攻（水戸研究室）課程修了。修士論文のタイトルは、「環境放射能汚染の指標としての松葉」。卒業後は、東大アイソトープ総合センター非常勤職員などを経て、現在京都大学大学院工学研究科原子核工学専攻教務職員。1999年のJOC東海事業所の臨界事故では、5円玉に含まれる亜鉛の放射化量から距離ごとの中性子被曝線量を推定した。結果は、小泉好延氏との共著でイギリスの科学雑誌ネイチャーに掲載された。3・11後の現在も、東北各地の被曝線量を測定する活動を続け、将来の住民による訴訟に役立てようとしている。

原発《げんぱつ》は滅《ほろ》びゆく恐竜《きょうりゅう》である
―― 水戸巌著作・講演集

2014年3月30日　初版第1刷発行
2014年5月10日　初版第2刷発行
2014年6月20日　初版第3刷発行

定価2800円＋税

著　者　水戸 巌 ©
発行者　高須次郎
発行所　緑風出版
〒113-0033　東京都文京区本郷2-17-5　ツイン壱岐坂
［電話］03-3812-9420　［FAX］03-3812-7262［郵便振替］00100-9-30776
［E-mail］info@ryokufu.com［URL］http://www.ryokufu.com/

装　幀　水戸晶子
制　作　水戸巌著作・講演集 編集委員会
印　刷　中央精版印刷・巣鴨美術印刷
製　本　中央精版印刷
用　紙　大宝紙業・中央精版印刷　　E700

ISBN978-4-8461-1403-9　C0036

原発閉鎖が子どもを救う
乳歯の放射能汚染とガン
ジョセフ・ジェームズ・マンガーノ著／戸田清、竹野内真理 訳

Ａ５判並製
二七六頁
２６００円

平時においても原子炉の近くでストロンチウム90のレベルが上昇する時には、数年後に小児ガン発生率が増大すること、ストロンチウム90のレベルが減少するときには小児ガンも減少することを統計的に明らかにした衝撃の書。

放射性廃棄物
原子力の悪夢
ロール・ヌアラ著／及川美枝訳

四六判上製
二三二頁
２３００円

過去に放射能に汚染された地域が何千年もの間、汚染されたままであること、使用済み核燃料の「再処理」は事実上存在しないこと、原子力産業は放射能汚染を「浄化」できないのにそれを隠していることを、知っているだろうか？

終りのない惨劇
チェルノブイリの教訓から
ミシェル・フェルネクス／ソランジュ・フェルネクス／ロザリー・バーテル著／竹内雅文訳

四六判上製
二一六頁
２２００円

チェルノブイリ原発事故による死者は、すでに数十万人ともいわれるが、公式の死者数を急性被曝などの数十人しか認めない。ＩＡＥＡやＷＨＯがどのようにして死者数や健康被害を隠蔽しているのかを明らかにし、被害の実像に迫る。

脱原発の市民戦略
真実へのアプローチと身を守る法
上岡直見、岡將男著

四六判上製
二七六頁
２４００円

脱原発実現には、原発の危険性を訴えると同時に、原発は電力政策やエネルギー政策の面からも不要という数量的な根拠と、経済的にもむだということを明らかにすることが大切。具体的かつ説得力のある脱原発の市民戦略を提案する。

世界が見た福島原発災害
海外メディアが報じる真実
大沼安史著

四六判並製
二七六頁
１７００円

福島原発災害は、東電、原子力安全・保安院など政府機関、テレビ、新聞による大本営発表、御用学者の楽観論で、真実をかくされ、事実上の報道管制がひかれている。本書は、海外メディアを追い、事故と被曝の全貌と真実に迫る。

脱原発の経済学
熊本一規著

四六判上製
二三二頁
２２００円

脱原発すべきか否か。今や人びとにとって差し迫った問題である。原発の電気がいかに高く、いかに電力が余っているか、いかに地域社会を破壊してきたかを明らかにし、脱原発が必要かつ可能であることを経済学的観点から提言する。

クリティカル・サイエンス2
核燃料サイクルの黄昏
緑風出版編集部編
A5判並製
二四四頁
2000円
もんじゅ事故などに見られるように日本の原子力エネルギー政策、核燃料サイクル政策は破綻を迎えている。本書はフランスの高速増殖炉解体、ラ・アーグ再処理工場の汚染など、国際的視野を入れ、現状を批判的に総括したもの。

プロブレムQ&A
むだで危険な再処理
［いまならまだ止められる］
西尾　漠著
A5判並製
一六〇頁
1500円
高速増殖炉開発もプルサーマル計画も頓挫し、世界的にみても危険でコストのかさむ再処理はせず、そのまま廃棄物とする直接処分が主流になっているのに、「再処理」をなぜ強行しようとするのか。本書は再処理問題をQ&Aでやさしく解説。

プロブレムQ&A
どうする？　放射能ごみ
［実は暮らしに直結する恐怖］
西尾　漠著
A5判並製
一六八頁
1600円
原発から排出される放射能ごみ＝放射性廃棄物の処理は大変だ。再処理をするにしろ、直接埋設するにしろ、あまりに危険で管理は半永久的だからだ。トイレのないマンションといわれた原発のツケを子孫に残さないためにはどうすべきか？

プロブレムQ&A
なぜ脱原発なのか？
［放射能のごみから非浪費型社会まで］
西尾　漠著
A5判並製
一七六頁
1700円
暮らしの中にある原子力発電所、その電気を使っている私たち……。原発は廃止しなければならないか、増え続ける放射能のごみはどうすればいいか、原発を廃止しても電力の供給は大丈夫か――暮らしと地球の未来のために改めて考えよう。

低線量内部被曝の脅威
［原子炉周辺の健康破壊と疫学的立証の記録］
ジェイ・M・グールド著／肥田舜太郎他訳
A5判上製
三八八頁
5200円
本書は、一九五〇年以来の公式資料を使って、全米三〇〇〇よの郡の内、核施設に近い約一三〇〇郡に住む女性の乳癌リスクが極めて高いことを立証して、レイチェル・カーソンの予見を裏付ける。福島原発災害との関連からも重要な書。

クリティカル・サイエンス2
核燃料サイクルの黄昏
緑風出版編集部編
A5判並製
二四四頁
2000円
もんじゅ事故などに見られるように日本の原子力エネルギー政策、核燃料サイクル政策は破綻を迎えている。本書はフランスの高速増殖炉解体、ラ・アーグ再処理工場の汚染など、国際的視野を入れ、現状を批判的に総括したもの。